U0181402

智能时代下的电子信息技术基础要论

王 军 著

科学出版社

北京

内容简介

思维方式决定科学成就。本书运用智能时代知识挖掘的大数据思维理念，通过系统地提炼和剖析电子信息技术领域四大技术基础（半导体器件发明、半导体电路优化设计、电信号建模与电信号处理）的基本概念、基本原理和基本方法的理论与技术内涵以及知识内容要点之间潜在的关联性，揭示电子信息技术领域引发技术质变的拐点知识如何从最初的理论概念最终演化成为能够有效解决复杂工程问题的实用技术的发展脉络，探讨如何重塑个人科研思维模式，构想未来科技社会的图景，期望为电子信息技术领域的科研人员提供理论创新和技术创新的方法论参考。

本书适合电子科学与技术、信息与通信工程、微电子学与固体电子学、控制科学与工程等研究领域的高校学生、教师和科研人员，以及专门从事半导体器件与电路研发、电子信息系统设计的工程技术人员参考使用。

图书在版编目(CIP)数据

智能时代下的电子信息技术基础要论 / 王军著. —北京:科学出版社，2023.9
ISBN 978-7-03-075994-8

Ⅰ.①智… Ⅱ.①王… Ⅲ.①电子技术–信息技术–研究 Ⅳ.①TN

中国国家版本馆 CIP 数据核字(2023)第 127358 号

责任编辑：张　展　雷　蕾 / 责任校对：彭　映
责任印制：罗　科 / 封面设计：墨创文化

科 学 出 版 社 出版
北京东黄城根北街16号
邮政编码：100717
http://www.sciencep.com

成都锦瑞印刷有限责任公司印刷
科学出版社发行　各地新华书店经销
*

2023 年 9 月第 一 版　开本：B5（720×1000）
2023 年 9 月第一次印刷　印张：12 3/4
字数：257 000

定价：99.00 元
（如有印装质量问题，我社负责调换）

前　言

创新既是科技进步的原动力，也是科技进步的源动力。创新能力塑造的关键在于创新意识的启发、培养和形成。本书通过追根溯源，将现代电子信息技术知识体系中的核心知识实体(包括概念、理论和技术)作为电子信息技术领域的大数据源进行知识挖掘，努力探索并尝试揭示电子信息技术创新的大数据思维模式。

PN 结的发明不仅客观呈现了伏安定律的非线性特性，而且奠定了双极结型晶体管的设计基础，是半导体器件研发的起始点。其中，在四种放大电路模型中确定互导放大电路模型作为设计目标，是能够快速有效地解决问题的关键，而在最优实现互导放大电路模型目标的指引下，通过器件工艺结构的优化，能持续提高新型晶体管的性能。其中，通过工艺结构优化设计发明的标志性器件为金属-氧化物-半导体场效应晶体管。

半导体器件的研发，不仅创造了半导体电路特有的分析方法(直流通路大信号图解分析基础上的交流通路小信号等效电路分析)，而且揭示了将电路结构相对单一的半导体原理电路优化改造为具有不同电路结构形式的实用电路的必要性和复杂性。其中，典型的设计案例为集成运算放大器的研发与应用。

在帕塞瓦尔定理实用性分析的基础上，运用统计数学中随机过程的概念，明确了随机信号分析的目标、基础、方法和结果，从而有效地解决了电信号统一建模问题。其中，在宽平稳过程的各态历经假设下所构建的自功率谱密度函数，不仅成功地将仅适用于确定信号分析和建模的帕塞瓦尔定理升级为适用于随机信号分析的维纳-辛钦定理，还构建了随机信号的统一模型——时间序列模型，从而充实了电子信息系统的设计与应用理论。

电信号所含信息的复杂程度决定了电信号处理存在四种不同的模式(统计信号的参量检测、波形检测、参量估计与波形估计)。运用概率论中的假设检验理论，通过搭建和推理分析二元统计信号检测模型得到贝叶斯准则，其对于四种电信号处理模式的实现具有通用性，并且归纳出恒虚警概率下低输出功率信噪比的信号处理系统的基本设计经验。

总的来说，本书通过分别抽取半导体器件发明、半导体电路优化设计、电信号建模与电信号处理中知识内容实体增生的着力点，系统地刻画了电子信息技术领域四大技术基础中知识内容要点潜在的关联性架构，并展望了智能时代电子信息技术可能的发展方向。本书图文并茂，并尽最大努力做到结构清晰、层次分明。主要章节均有详细的研究方法描述、推理分析和细节讨论。

衷心感谢笔者所在单位、国内外许多研究机构及企业的领导、专家和同行的大力帮助和支持！感谢读者对本书不足之处的包容和指正！

目 录

第1章 绪 论

思维模式的转变与进步，使得当前和未来的一段时间，智能化的时代特征更为鲜明。互联网思维注重对基于经验积累所提炼的智慧结晶进行广泛普及与应用，与之相比，智能时代的大数据思维更加强调通过对已有知识进行深入挖掘，创造新颖、有效、简洁且实用的新知识。

智能时代人类所面临的最大压力依旧是竞争。科技竞争最有力的手段仍然是创新。创新能力的塑造，需要通过对知识不断学习和反复运用，在思维能力提高的基础上，促进创新意识的启发、培养与形成。大数据思维存在三个纬度——定量思维、相关思维和实验思维，分别表明了大数据递进运用的三个层次：首先是描述(有效知识的精准抽取与表达，是充分理解和可靠获取知识的基础)，然后是预测(知识实体之间的相互渗透与关联，是进行分析推理与拓展的手段)，最后是产生攻略(反复地尝试与验证，是提出创新策略的保障)。

智能可以被看作知识、智力与能力三者的有机结合。其中，知识是智力与能力的基础，智力是指获取知识过程中所表现出的综合素质，而能力是指运用知识进行求解和创造过程中所表现出的综合素质。有智方有能，智能之士，方为人才。能否在获取知识的同时，提高运用知识进行求解和创造的能力？其中的关键在于学习过程中怎样对知识进行有效的挖掘。知识挖掘的模式存在多样性，其中最核心的是在考古式学习与探究基础上的发现、抽取、分析、推理、收获与拓展。

目前，智能时代的创新性代表案例为具有人工智能的机器人。人工智能主要研究如何使用计算机模拟人的某些思维过程和智能行为，如学习、推理、思考、规划等。机器学习的方式属于连续型的学习，对经验的依赖性很强。这种学习方式与大多数普通人一样，通过不断地从解决某一类问题的经验中获取知识，学习策略。当再遇到类似的问题时，就运用所学的经验知识解决问题并积累新的经验。机器人虽然在工作强度、运算速度和记忆功能方面远远超越人类，但是在意识、推理等方面可能难以超越人类。这是因为创新者除了会从经验中学习之外，还具有跳跃型的学习能力，能够在对经验的学习过程中激发灵感、产生顿悟，从而克服已有观念和方法在解决新问题时所暴露出的局限性，创造出新的概念和方法，并在丰富现有知识结构的同时，使知识内容产生质的飞跃。

　　电子信息技术本身就是人类智能发挥到极致时的综合产物。电子信息技术的产生主要源于人类实践中对电子信息系统的设计需求。电子信息系统的主要功能是完成应用环境下对感兴趣电信号的传输或获取，其设计取决于对电信号的处理方式。电信号处理方式的研究思路取决于如何对电信号进行有效的建模表征。电子信息系统的实现取决于如何对电信号处理方式进行高性能的电子线路设计。电子线路设计性能的提高取决于核心功能器件的研发。其中，现代电子信息系统的核心功能器件属于半导体器件。半导体器件发明、半导体电路优化设计、电信号建模和电信号处理构成了电子信息技术领域的四大技术基础。

　　电子信息技术体系庞杂，知识内容丰富。本书利用大数据思维，分别对半导体器件发明、半导体电路优化设计、电信号建模和电信号处理的知识内容要点进行挖掘，所归纳梳理出的表征知识内容实体链接规则的知识结构分别如图 1-1～图 1-4 所示。

　　在图 1-1 所示的有关半导体器件发明的知识结构中，基础性知识的核心为四种放大电路模型；创新知识的核心为 PN 结设计；直接创新成果为双极结型晶体管（bipolar junction transistor，BJT）共基极组态设计；典型的间接创新成果分别为金属-氧化物-半导体场效应晶体管（metal-oxide-semiconductor field-effect transistor，MOSFET）共源极组态设计和集成运算放大器。

　　以四种放大电路模型为知识内容和知识结构挖掘的出发点，以 PN 结设计和 BJT 共基极组态设计为知识内容质变的跳跃点，图 1-1 所表明的有关半导体器件发明的知识内容实体之间的链接规则为：首先，通过运用戴维宁定理、诺顿定理和伏安定律，对四种放大电路模型进行分析和推理，在明确了互导放大电路模型属于半导体器件发明的原始设计模型和电压放大电路模型属于半导体器件发明的终极目标设计模型的基础上，实现了 PN 结设计，并同时收获了半导体电路分析方法（直流通路的大信号图解分析和交流通路的小信号等效电路分析）。然后，在分析 PN 结正向偏置电路——硅二极管正向偏置放大电路特性的基础上，通过探究综合利用 PN 结正向偏置和反向偏置的器件结构及外围电路的设计原理，发明了 BJT。最后，通过对共发射极放大电路进行直流通路和交流通路的综合分析，在明确了 BJT 共发射极放大区本征模型属于互导放大电路非理想化实现的同时，也明确了理想化互导放大电路模型器件级别实现的设计目标——MOSFET 在饱和区的共源极组态。此外，图 1-1 还表明，综合利用 BJT 或者 MOSFET 的三种组态，还可以设计电压放大电路模型器件级别的理想化实现——集成运算放大器。

　　鉴于半导体电路是半导体器件的实际应用方式，因此，图 1-2 所示的半导体电路优化设计的知识结构与图 1-1 密切相关。图 1-2 所呈现出的创新性知识为：半导体电路设计一般分为原理电路、实用原理电路和实用电路三个层次。

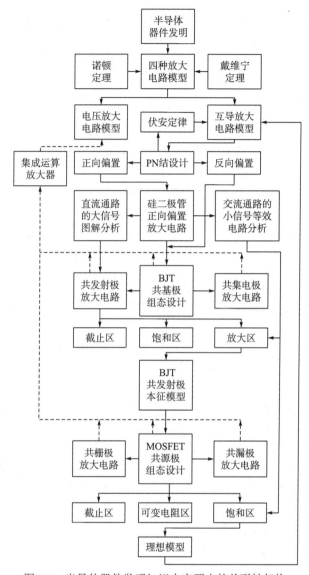

图 1-1 半导体器件发明知识内容要点的关联性架构

以硅二极管正向偏置放大电路为知识内容和知识结构挖掘的出发点，分别以共发射极放大实用原理电路和集成运算放大电路为知识内容质变的跳跃点，图 1-2 所表明的半导体电路优化设计知识内容实体之间的链接规则为：首先，在硅二极管正向偏置放大电路分析和推理的基础上，确定了半导体电路的分析方法(直流通路大信号图解分析基础上的交流通路小信号等效电路分析)和实现了共基极放大原理电路的设计。据此，通过对共发射极放大原理电路进行直流通路和交流通路分析，针对其所暴露出的实用局限性，将其改进为共发射极放大实用原理电路。然后，针对

BJT 器件固有热缺陷，利用电流串联负反馈原理，将其改进为共发射极放大实用电路——基极分压式发射极偏置电路和阻容耦合式双电源发射极偏置放大电路。面向集成运算放大电路输入级的设计需求，在阻容耦合式双电源发射极偏置放大电路基础上，分别进行了共发射极组态原理电路(共发射极直接耦合电路)、实用原理电路(含恒流源的发射极偏置电路)和实用电路(差分式放大电路)的二次设计。此外，图 1-2 还表明，作为本质上属于电压放大电路模型的集成运算放大电路，表征其本质运算的求差原理电路及其实用电路(仪用放大器)的设计，均取决于对集成运算放大电路的典型线性应用电路(同相和反相放大电路)的特性分析。最后，图 1-2 还表明，集成运算放大电路还存在典型非线性应用电路(电压比较电路和相关式处理电路)，以及便于进行同相和反相放大电路特性识别的实用电路——电压跟随器和直流毫伏表。在半导体放大电路优化设计基础上，典型的低频有源滤波电路——RC 桥式振荡电路的优化设计取决于 RC 滤波电路的最优设计，而典型的高频有源滤波电路——三点式振荡电路、小信号谐振放大电路和丙类谐振功率放大电路的优化设计取决于 LC 选频与匹配网络的最优设计。

在图 1-3 所示的电信号建模的知识结构中，基础性知识的核心为随机过程；创新知识的核心为宽平稳过程；直接创新成果为自功率谱密度函数；典型的间接创新成果分别为维纳-辛钦定理、白噪声和时间序列模型。

以帕塞瓦尔定理的实用性分析为知识内容和知识结构挖掘的出发点，以宽平稳过程和自功率谱密度函数为知识内容质变的跳跃点，图 1-3 所表明的电信号建模知识内容实体之间的链接规则为：在分析帕塞瓦尔定理工程应用价值和实用局限性的基础上，不仅明确了随机过程具有将确定信号分析与随机信号分析相统一的理论意义，还囊括了随机信号分析方法、基础、结果和目标的技术内涵。因此，在完备的实验观测条件下，对电信号进行统计平均分析，能够从统计平均分析的结果(一维数字特征和二维数字特征)中抽取出核心数字特征，从而确定随机信号分析的宽平稳过程条件。据此，可以利用非周期平稳过程的自相关函数，得到随机信号分析的结果——最大观测时间间隔。并且，还可以利用时间平均确定随机信号分析的各态历经过程条件，以摆脱统计平均分析下完备的实验观测条件对宽平稳过程概念实用性的约束，从而利用确定信号的傅里叶变换对，通过推理，将帕塞瓦尔定理所描述的确定信号时域能量与频域能量的统一模型成功地升级为随机信号时域平均功率与频域平均功率的统一模型。最终，利用从该模型中抽取出的自功率谱密度函数，能够有效地建立随机信号统一模型——时间序列模型，从而最终达成随机信号分析的目标，这正是自功率谱密度函数的核心工程应用价值所在。此外，利用自功率谱密度函数，能够将仅适用于确定信号分析的帕塞瓦尔定理最终修正为维纳-辛钦定理，从而不仅完善了线性时不变系统的设计理论，还可以通过利用自功率谱密度函数所定义的白噪声，进一步落实线性时不变系统的工程设计与应用条件。

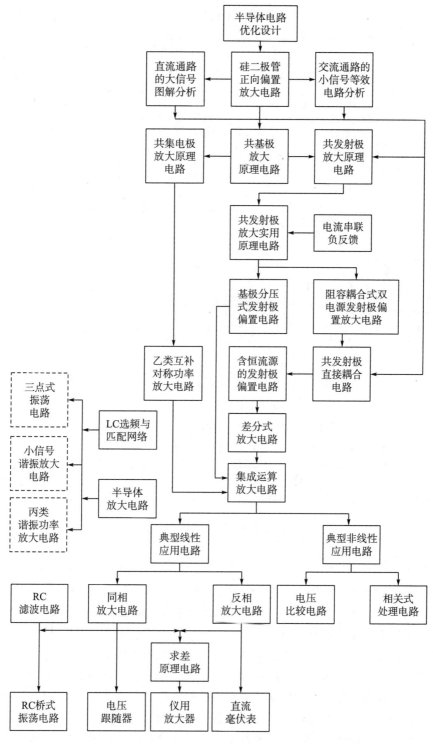

图 1-2　半导体电路优化设计知识内容要点的关联性架构

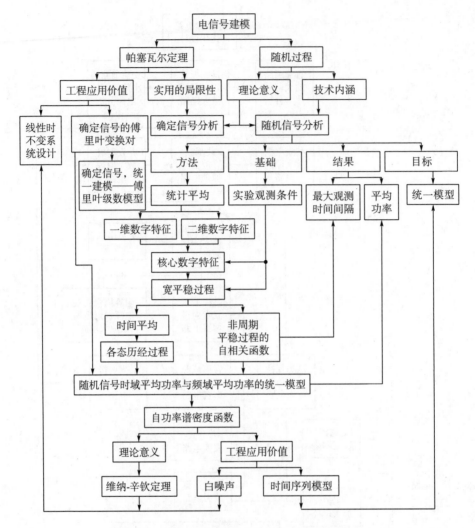

图 1-3　电信号建模知识内容要点的关联性架构

　　在图 1-4 所示的电信号处理的知识结构中，基础性知识的核心为假设检验理论；创新知识的核心为贝叶斯准则；直接创新成果为实现了统计信号的参量检测；典型的间接创新成果为实现了统计信号的波形检测、参量估计和波形估计。

　　以电信号处理模式为知识内容和知识结构挖掘的出发点，以贝叶斯准则的通用性为知识内容质变的跳跃点，图 1-4 所表明的电信号建模知识内容实体之间的链接规则为：根据电信号所含信息的复杂程度，电信号处理的基本模式可以分为信号检测和信号估计两种。电信号处理理论创建的原点始于对二元统计信号检测的研究。通过对基于假设检验理论所搭建的二元统计信号检测模型进行分析，可以推理出贝叶斯准则。利用贝叶斯准则分析统计信号参量检测的典型案例，所归纳出的恒虚警概率条件下的信号检测经验和低功率信噪比条件下的信号检测经验为进一步研究贝叶斯准则的实用性确定了依据。研究结果表明，实用条件下四种派生贝叶斯准则中的最小平均错误概率准则、最大后验(maximum a posteriori，MAP)概率准则和奈曼-皮尔逊准则，可以有效地解决电信号统计检测的普适性问题——一般高斯信号检测，其中兼容了多元信号检测和复杂参量信号检测所面临的问题。据此，可以确定贝叶斯准则的通用性。

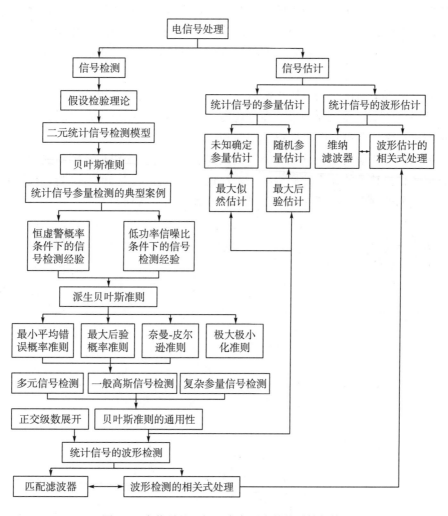

图 1-4　电信号处理知识内容要点的关联性架构

　　如图 1-4 所示，如果将正交级数展开引入贝叶斯准则，就能够实现统计信号的波形检测。据此进行理论分析，所确定的统计信号波形检测装置的设计原理为相关式处理，而利用低功率信噪比条件下的信号检测经验，所确定的统计信号波形检测方案为匹配滤波器的设计。鉴于匹配滤波器的设计经验完全来自贝叶斯准则，因此匹配滤波器与相关式处理本质上是等价的。而且，相关式处理为统计信号波形估计提供了理论依据，是维纳滤波器的设计原理。此外，贝叶斯准则的通用性还体现在：其所衍生的最大似然(maximum likelihood，ML)估计和最大后验估计可以分别解决统计信号的未知确定参量和随机参量估计问题。

图 1-1～图 1-4 亦可作为电子信息技术知识内容要点的记忆与思维导图。本书主要通过对图 1-1～图 1-4 所示的四种知识结构中知识内容实体的来龙去脉进行梳理，深层次地剖析和挖掘知识内容要点的理论意义和技术内涵，并通过运用大数据思维方式，在对知识内容要点追根溯源的基础上，挖掘知识内容实体之间的关联性。

问渠那得清如许？为有源头活水来。本书不仅会帮助知识继承者在学习过程中不被庞杂的知识体系所负累，而且还能够使继承者在工程实践中遇到问题时对知识信手拈来，并得心应手地灵活运用和改革创新。

创新思维在萌发创新意识和激发创新灵感的同时，必将提升创新的实力。本书以电子信息技术的知识挖掘为媒介，通过表征、分析、推理、判断、构思和决策等一系列循序渐进的智能活动，试图使读者以新型器件的发明人、实用电路的设计人、电信号建模与处理新知识创造者的身份去学习和认知，让读者通过感受为什么必须这么做，并体会这么做的巧妙之处，培养创新思维，增强创新意识，跻身创新者的行列。

第 2 章　半导体器件的发明

本章从系统分析半导体器件设计模型出发，通过剖析 PN 结的学术意义和工程应用价值，论述标志现代电子信息技术开端的半导体器件——双极结型晶体管(BJT)设计实现的思维方式，进而揭示理想化器件——金属-氧化物-半导体场效应晶体管(MOSFET)的设计理念和特色。新器件研发属于电子信息技术原始创新的着力点，其设计理念的理论和工程应用价值重大。

2.1　设计模型——创新的源头

2.1.1　戴维宁定理和诺顿定理的理解

如图 2-1 所示，由于电信号源本质上属于线性含源电阻网络，因此，根据电子学基本定律——伏安(V-I)定律，戴维宁电压源等效电路和诺顿电流源等效电路均可以向信号源输出端口 A-A′提供输出电压 v_A 和输出电流 i_A，并且当戴维宁电压源等效电路输出端口 A-A′短路只提供输出电流或者诺顿电流源等效电路输出端口 A-A′开路只提供输出电压时，两种电信号源等效电路在原理上可以相互等价转换(即当 $R_N = R_{Th}$ 时，$i_N = v_{Th}/R_{Th}$；反之亦然)。

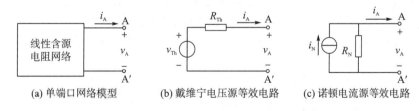

(a) 单端口网络模型　　　(b) 戴维宁电压源等效电路　　　(c) 诺顿电流源等效电路

图 2-1　电信号源的统一模型与两种等效电路

从不同信号源的最佳应用及其自身最优设计的角度分析，如果需要图 2-1(b)所示的戴维宁电压源等效电路向输出端口 A-A′提供理想的输出电压(即 $v_A \approx v_{Th}$)，就必须在理想目标条件下，尽量实现对表征电压源 v_{Th} 提供电压能力的电压源内

阻 R_{Th} 的短路设计(即 $R_{\mathrm{Th}}\to 0$)。同理,如果需要图 2-1(c)所示的诺顿电流源等效电路向输出端口 A-A′提供理想的输出电流(即 $i_{\mathrm{A}}\approx i_{\mathrm{N}}$),就必须在理想目标条件下,尽量实现对表征电流源 i_{N} 提供电流能力的电流源内阻 R_{N} 的开路设计(即 $R_{\mathrm{N}}\to\infty$)。

　　在理想的信号源内阻条件下,将会在图 2-1(b)和图 2-1(c)中的输出端口A-A′分别由 v_{Th} 和 i_{N} 直接激励负载R_{L}产生输出电流$i_{\mathrm{A戴维宁}}$=$v_{\mathrm{Th}}/R_{\mathrm{L}}$和输出电压$v_{\mathrm{A诺顿}}$=$i_{\mathrm{N}}R_{\mathrm{L}}$。并且,所产生的$i_{\mathrm{A戴维宁}}$和$v_{\mathrm{A诺顿}}$大小均随着输出端口A-A′所接入负载$R_{\mathrm{L}}$的不同而动态变化。

　　在工程应用中,通常遇到的实际问题是如何在非理想的信号源内阻条件下,分别使戴维宁电压源等效电路和诺顿电流源等效电路仍然能够提供理想的电压或者电流输出。

　　在图 2-2(a)所示的电子系统的电压源等效输入电路中,根据基尔霍夫电压定律(Kirchhoff voltage law,KVL),表征电子系统输入能力的输入电阻 R_{i} 从戴维宁电压源等效电路获取的电子系统输入电压 $v_{\mathrm{i}}=v_{\mathrm{s}}\dfrac{R_{\mathrm{i}}}{R_{\mathrm{i}}+R_{\mathrm{si}}}$。显然,当 $R_{\mathrm{i}}\to\infty$ 时,可得 $v_{\mathrm{i}}\approx v_{\mathrm{s}}$。这表明,此时即使信号源内阻 R_{si} 的阻值较高,导致信号源自身提供电压输出的能力变差,电子系统仍然能够获得信号源在其理想工作条件下才能够提供的输出电压。也就是说,通过对电子系统的输入电阻进行最优化设计(使 R_{i} 开路),能够使得此时无论信号源的内阻 R_{si} 是低还是高、性能是好还是坏,均有效地保证信号源满足戴维宁定理下提供最佳电压输出所需的理想条件,从而使得信号源能够始终处于输出电流恒定为零的理想应用状态。

　　同理,在图 2-2(b)所示的电子系统的电流源等效输入电路中,根据基尔霍夫电流定律(Kirchhoff current law,KCL),表征电子系统输入能力的输入电阻 R_{i} 从诺顿电流源等效电路获取的电子系统输入电流 $i_{\mathrm{i}}=i_{\mathrm{s}}\dfrac{R_{\mathrm{si}}}{R_{\mathrm{i}}+R_{\mathrm{si}}}$。显然,当 $R_{\mathrm{i}}\to 0$ 时,可得 $i_{\mathrm{i}}\approx i_{\mathrm{s}}$。这表明,此时即使信号源内阻 R_{si} 的阻值较低,导致信号源自身提供电流输出的能力变差,电子系统仍然能够获得信号源在其理想工作条件下才能够提供的输出电流。也就是说,通过对电子系统的输入电阻进行最优化设计(使 R_{i}

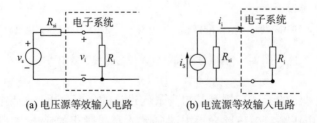

(a) 电压源等效输入电路　　　　　　(b) 电流源等效输入电路

图 2-2　面向电子系统设计的戴维宁定理和诺顿定理的重新理解

短路),能够使得此时无论信号源的内阻 R_{si} 是高还是低、性能是好还是坏,均有效地保证信号源满足诺顿定理下提供最佳电流输出所需的理想条件,从而使得信号源能够始终处于输出电压恒定为零的理想应用状态。

综上所述,戴维宁定理与诺顿定理的本质区别在于只能够分别最佳地提供电压输出或者电流输出。如果仅从信号源自身的输出能力进行独立分析,那么戴维宁电压源只有在低阻值内阻条件下,才能提供理想的电压输出;而诺顿电流源只有在高阻值内阻条件下,才能提供理想的电流输出。如果从信号源输出对象——电子系统输入端口的设计角度进行综合分析,就会发现:完全可以通过对电子系统的输入端口分别采用高阻值输入电阻或者低阻值输入电阻的最优化设计,使得性能较差的高阻值内阻的戴维宁电压源和低阻值内阻的诺顿电流源仍然分别能够理想化地提供电压输出或者电流输出。

2.1.2 设计模型的确定

不同类型的自然信息或者人为信息虽然均可以通过专用的传感器转换为电信号后进行传输和处理,但是经由传感器采集转换后所得到的电信号——模拟信号,通常都是非常微弱的。例如,微音器的输出电压仅为毫伏量级(10^{-3}V),细胞生物电流只有皮安量级(10^{-12}A)。如此微弱的信号既无法观测显示,也无法用于进一步的分析处理。传统指针式仪表需要数百毫伏量级的电压信号才能驱动指针显示,而且进一步的数字化处理,需要数伏量级的电压信号才能驱动一般的模数转换器工作。因此,与模拟信号源直接相连的电子系统输入电路是最基本的模拟信号处理电路——信号放大电路,其他有源电路的核心器件均源于模拟信号放大电路。放大电路的二端口网络模型如图 2-3 所示。

图 2-3 放大电路的二端口网络模型

在实际应用中,即使对于信号强度比较强的信号源而言,往往也需要设计二端口网络对信号源和负载进行有效的隔离。例如,在图 2-4 所示的高阻值内阻(R_s=100kΩ)的强信号源与低阻值负载(R_L=1kΩ)直接相连的电路中,输出电压 $v_o \approx 0.01 v_s$。由此可见,即使信号源的电压 v_s 再强,只要其内阻 R_s 的阻值远远高于负载电阻 R_L,信号源的带载能力就会极差,而且,鉴于信号衰减传输的自然属性，因此在信号源和负载之间，非常有必要插入一个具有放大功能的二端口网络。其中的关键问题是：如何设计所插入的放大电路，以及采用何种技术对其进行器件级别实现。

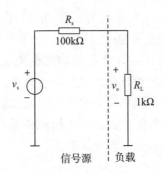

图 2-4　高阻值内阻的强信号源与低阻值负载直接相连的电路

　　根据信号源向二端口网络提供输入信号的方式(电压信号或者电流信号)和负载从二端口网络实际所需输出信号的形式(恒定的电压输出或者电流输出)的不同，可将图 2-3 所示的放大电路的二端口网络模型表征为四种简化等效电路模型。如图 2-5 所示，放大电路的二端口简化等效电路模型包括电压放大、电流放大、互阻放大和互导放大。

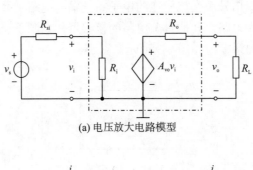

(a) 电压放大电路模型

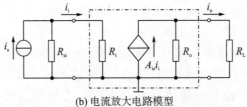

(b) 电流放大电路模型

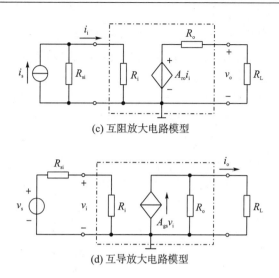

(c) 互阻放大电路模型

(d) 互导放大电路模型

图 2-5　放大电路的四种简化等效电路模型

对于图 2-5(a)和图 2-5(b)中虚线框内分别所示的电压放大电路和电流放大电路而言,当二者的增益 $A=1$ 时,所分别提供的电压和电流跟随功能均可以直接提高强信号源的带载能力。例如,图 2-4 所示电路就需要采用电压跟随电路进行优化改进。由此可见,放大电路性能的好坏并非只是单纯地体现在能否提供高增益上,还应当包括表征其输入和输出端口性能的指标:输入电阻 R_i 和输出电阻 R_o。此外,图 2-5(c)和图 2-5(d)中虚线框内分别所示的互阻放大电路和互导放大电路,分别能够实现诺顿电流源和戴维宁电压源最佳输出能力的本质转化。例如,互导放大电路能够将戴维宁电压源提供输出电压的能力,转化为提供最佳输出电流的能力。

1. 电压放大电路模型分析

在图 2-5(a)所示的电压放大电路模型中,分别存在输入和输出两个戴维宁电压源回路。其中,虚线框标注的二端口网络——电压放大电路由输入电阻 R_i、输出电阻 R_o 和能够提供电压增益 $A_{vo}(A_{vo} \geqslant 1)$ 的受输入端口电压 v_i 控制的受控电压源 $A_{vo}v_i$ 总共三个元件进行简化表征。

电压放大电路模型的组成结构表明,应当通过对其二端口网络内部的三个等效元件进行最优设计,使得无论电压信号源提供电压 v_s 能力强弱(即不管信号源内阻 R_{si} 阻值高低),该电压信号源均具有较强的带载能力,表现在:不管负载 R_L 阻值高低,当 v_s 是强信号时,能够保证 $v_o=v_s$(此时 $A_{vo}=1$);当 v_s 是弱信号时,能够保证 $v_o=A_{vo}v_s$(此时 $A_{vo} \gg 1$)。

对于图 2-5(a)中的输入回路而言，可以通过设计 $R_i \to \infty$，使得电压信号源提供 v_s 电压的能力完全不受其内阻 R_{si} 阻值高低的影响。即使 R_{si} 的阻值非常高，只要 $R_i \to \infty$，就能够保证图 2-5(a)输出回路中的受控电压源完全受无衰减的 v_s 控制（即 $v_i = v_s$）。在能够实现输入电阻理想化设计的条件下，图 2-5(a)中二端口网络的输入端口开路，因此，理想的电压放大电路的输入端口只存在端口电压 $v_i = v_s$，而输入端口电流 $i_i = 0$，从而无须标注 i_i。

对于图 2-5(a)中的输出回路而言，可以通过设计 $R_o \to 0$，使得受控电压源具有很强的带载能力。此时，即使 R_L 的阻值非常低，只要 $R_o \to 0$，就能够保证受控电压源完全能够向 R_L 无衰减地提供输出电压（即 $v_o = A_{vo}v_i$）。因此，在能够实现输入电阻和输出电阻理想化设计的条件下，图 2-5(a)中二端口网络的输出端口将始终提供恒定的端口电压 $v_o = A_{vo}v_s$。输出端口的电流 i_o 将会随着 R_L 的不同而有所变化，故无须标注 i_o。

此外，根据能量守恒定律，为了保证微弱的 v_s 能够获取有效的电压增益（$A_{vo} \gg 1$），完整的放大电路应当包括工作电源。因此，在实现增益指标的设计时，应当重点考虑如何在放大电路输入信号的控制下，将直流供电电源的能量最大化地转换成输出信号的能量。

由此可见，电压放大电路二端口简化等效电路中的三个元件是以受输入端口电压控制的受控电压源为核心，输入电阻和输出电阻综合表征了该受控电压源提供输出电压的能力，而受控源所提供的电压增益来自供电电源。据此，当进行电压放大电路器件级别实现时，应当选取半导体材料。这是因为只要在导体两端接入供电电源，就会无条件地产生电流，导体的阻值相对恒定，电流的大小取决于电源强度。由于半导体材料导电是有条件的，故只有半导体材料的阻值和产生的电流大小，会同时受供电电源所控制，而绝缘体材料阻值无穷大，即使接入很强的供电电源，也绝对不会产生电流。

电压放大电路器件级别的最优实现对半导体设计技术的基本要求是：通过正确选择合适的半导体材料（受成本、加工难度等因素约束）和采用巧妙的工艺设计（包括器件结构设计），使放大电路的基本性能指标满足 $R_i \to \infty$、$R_o \to 0$ 和 $A_{vo} \geq 1$，并在此基础上保证器件的线性特性和进一步地优化器件的频率响应特性。具体将在 2.2 节和 2.3 节中继续探讨半导体有源器件的关键设计理论与技术。

2. 互导放大电路模型分析

在半导体有源器件被发明的初始阶段，如何在图 2-5 所示的四种模型中正确选择易于器件级别实现的原始设计模型非常重要。从放大电路模型的输入端看，问题的关键是选择戴维宁电压源等效电路表征信号源为放大电路输入端口提供控制电压，还是选择诺顿电流源等效电路表征信号源为放大电路输入端口提供控制电流。从放大电路模型的输出端看，问题的关键是选择由输入端口电压或者电流控制的受控电压源表征放大电路为负载提供恒定的电压输出，还是选择由输入端口电压或者电流控制的受控电流源表征放大电路对负载提供恒定的电流输出。

在理论和实际应用中，戴维宁电压源等效电路和诺顿电流源等效电路可以做形式上的相互转换。例如，当图 2-5(c) 所示的互阻放大电路的信号源由电流源转换为电压源时，互阻放大电路可以转换为电压放大电路提供电压增益。3.3.2 节将探讨的反相放大电路作为互阻放大电路，当其与同相放大电路共同组成具有求差功能的电压放大电路时，就属于这种情况。在放大电路设计中，戴维宁电压源等效电路和诺顿电流源等效电路在表征信号源电压强弱上存在本质区别。假设需要被放大的输入电压信号 v_i 的强度下限为 1mV，则可以采用式(2-1)和式(2-2)，分别对图 2-5(a) 和图 2-5(c) 所示电路中对输入信号源 v_s 强度的要求进行分析。

$$v_{i电压} = v_{s电压} \frac{R_{i电压}}{R_{i电压} + R_{si电压}} \tag{2-1}$$

$$v_{i互阻} = v_{s互阻} \frac{R_{i互阻}}{R_{i互阻} + R_{si互阻}} \tag{2-2}$$

对于式(2-1)表征的电压放大电路而言，因为$R_{i电压} \gg R_{si电压}$或者$R_{si电压} \to 0$，从而使得$v_{i电压} \approx v_{s电压}$，所以当要求$v_{i电压}$最小=1mV时，输入信号源的电压强度满足$v_{s电压}$=1mV即可。而对于式(2-2)表征的互阻放大电路而言，因为$R_{i互阻} \ll R_{si互阻}$或者$R_{si互阻} \to \infty$，从而使得$v_{i互阻} \ll v_{s互阻}$，所以当要求$v_{i互阻}$最小=1mV时，输入信号源的电压强度必须满足$v_{s互阻} \gg 1mV$。例如，当$R_{si互阻}/R_{i互阻}$=99 时，输入信号源的电压强度至少要满足$v_{s互阻}$=100mV。

由此可见，图 2-5 所示的放大电路模型中戴维宁电压源等效电路既能够表征微弱信号也能够表征强信号，而诺顿电流源等效电路仅仅适合表征强信号。据此，可以选择图 2-5(a) 所示的电压放大电路或者图 2-5(d) 所示的互导放大电路作为有源器件的设计模型，那么二者中哪种才是半导体有源器件的原始设计模型呢？显然，必定是研制周期短、最易于工程实现的那一种模型。

比较图 2-5(a) 和图 2-5(d) 所示电路模型中的核心部件——受控源可知，二者中一个是受输入电压控制的受控电压源，另一个是受输入电压控制的受控电流源。根据电子学基本定律——伏安定律可以判断，受输入电压控制的受控电流源一定比受输入电压控制的受控电压源更易于实现，这是因为只有它的工作原理才是伏安定律所描述的最基本的电子学问题。

综上所述，首个半导体有源器件——BJT 的设计模型应当属于互导放大电路模型。BJT 的设计者正是据此开展有源电子器件的小型化研究，才快速地将其研发成功。这可从半导体有源器件的实际发展历程中得到印证。

互导放大电路器件级别实现的基本技术要求：围绕核心器件——受电压控制的受控电流源，探索如何在输入电压以及何种输入电压的控制作用下，在获取高互导增益的同时，能够最优化地提供输出电流(即保证其输入电阻和输出电阻均为高阻值电阻)。

3. 工程意义

在图 2-6 所示的集成运算放大器(以下简称集成运放)等效电路的简化模型中，集成运放虽然有同相输入端口(P)和反相输入端口(N)两种输入端口，但是其等效电路模型中的核心元件——受控电压源是受同相输入端口 P 和反相输入端口 N 之间的电位差 v_P-v_N 所控制的，其提供电压的能力由输入电阻 r_i、输出电阻 r_o 和电压增益 A_{vo} 三个基本指标决定。因此，集成运放器件本质上属于电压放大电路。并且，由于集成运放的三个性能指标均已满足电压放大电路模型的理想化应用条件($r_i \geqslant 10^6\Omega$、$r_o \leqslant 100\Omega$ 和 $A_{vo} \geqslant 10^5$)，因此，集成运放本质上是截至目前为止可以采用二端口网络表征的电压放大电路器件级别实现的典型代表。

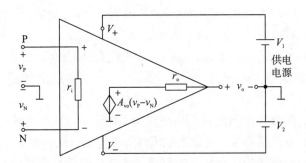

图 2-6　集成运算放大器等效电路的简化模型

值得注意的是，集成运放器件需要通过大规模复杂电路设计和集成工艺加工才能够实现，这期间经历了较为漫长的研发历程。图 2-7(a)和图 2-7(b)分别为 741 型和 CMOS MC14573 型集成运放的原理电路，二者均是大量的 BJT 或者 MOSFET 不同功能的单元电路所组成的大规模复杂电路。由此可见，集成运放是半导体技术发展到高峰时期里程碑式的代表性器件。半导体有源器件真正的技术源头应该存在于设计相对简单且易于实现的半导体分立器件中。

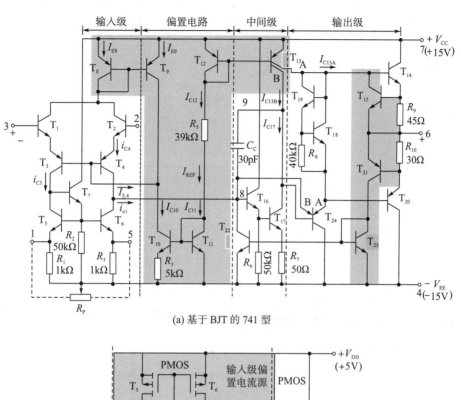

(a) 基于 BJT 的 741 型

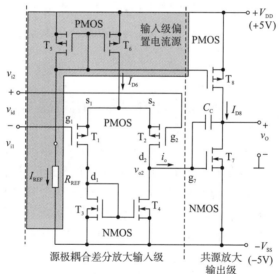

(b) 基于 MOSFET 的 CMOS MC14573 型

图 2-7　集成运算放大器的原理电路

　　而从图 2-8 和图 2-9 分别所示的共射极 NPN 型 BJT 和共源极 N 沟道增强型 MOSFET 的理想化小信号等效电路模型中不难看出，二者本质上都属于互导放大电路模型。不过作为先期研发的 BJT，其共射极组态的输入性能明显劣于改进后的 MOSFET 共源极组态。后续将分别在 2.3 节和 2.4 节中对二者进行设计层面的剖析。

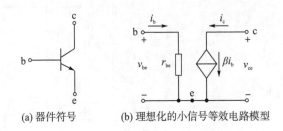

(a) 器件符号　　　　　(b) 理想化的小信号等效电路模型

图 2-8　共发射极 NPN 型 BJT

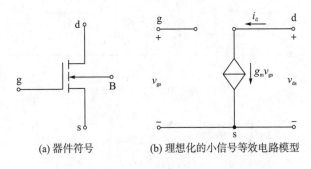

(a) 器件符号　　　　　(b) 理想化的小信号等效电路模型

图 2-9　共源极 N 沟道增强型 MOSFET

对比图 2-6～图 2-9 不难发现,如果在半导体有源器件研发的初期,选择电压放大电路作为设计模型,那么后果可想而知。

从实际应用的角度分析,只有当图 2-5(a) 中的信号源 (v_s, R_{si}) 充分满足戴维宁定理的理想应用条件 $(v_s$ 是强信号的同时 $R_{si} \to 0$ 或者 $R_{si} \ll R_L)$ 时,才不需要在信号源与负载之间插入电压放大电路,此时 $v_o = v_s$。由此可见,图 2-5(a) 所示的电压放大电路模型实际上就是戴维宁定理无条件理想化应用的最佳工程解决方案,即无论信号源 (v_s, R_{si}) 信号强弱和性能好坏,只要设计实现 $R_i \to \infty$, $R_o \to 0$ 和 $A_{vo} \geqslant 1$, 就可以确保任何负载 R_L 均能够得到恒定的输出电压 $(v_o = A_{vo} v_s)$。电压放大电路的器件级别实现非常复杂,代表性器件为集成运放。此外,图 2-5(d) 所示的互导放大电路模型实际上就是戴维宁定理无条件理想化地转换为诺顿定理进行应用的最佳工程解决方案,即无论信号源 (v_s, R_{si}) 信号强弱和性能好坏,只要设计实现 $R_i \to \infty$, $R_o \to \infty$ 和 A_{gs} 足够高,就可以确保任何负载 R_L 均能够得到恒定的输出电流 $(i_o = A_{gs} v_s)$。互导放大电路比较易于器件级别实现,代表性器件为半导体三极管 BJT 和 MOSFET。

2.2　PN 结——创新的基础

2.2.1　学术意义

前面关于半导体有源器件设计模型的剖析与半导体器件发展的技术脉络完全吻合。电压放大电路器件级别实现的代表性器件——集成运放，依赖于晶体管构成复杂的大规模电路后再采用集成工艺加工。其中，晶体管是最基本的半导体有源器件。之所以能够非常确定地选取互导放大电路模型作为最易于实现的半导体有源器件的原始设计模型，根本原因在于该模型中的核心元件——受电压控制的受控电流源，其工作机理与伏安定律完全吻合。

根据伏安定律，基于电压控制导体产生电流的机理所设计的最基本的电子元件为电阻。因此，伏安定律又被称为欧姆定律。在图 2-10 所示的电阻 V-I 特性曲线中，不同阻值的 R_1 和 R_2 电阻分别可以采用两条不同斜率的过原点的直线来表征。在同一个电压为 V_0 的电源激励下，低阻值的 R_1 电阻会比高阻值的 R_2 电阻产生更高的电流，即 $I_1 = V_0/R_1 > I_2 = V_0/R_2$。并且因为电阻是利用导电属性为导体的材料所制作的，所以在同一个电压为 $-V_0$（单位：V）的电源激励下，R_1 和 R_2 电阻的导电特性与二者在同一个电压为 V_0（单位：V）的电源激励下的特性完全相同，仅仅流经电阻的电流方向相反。由此可见，电阻的 V-I 特性曲线具有第一和第三象限的线性对称性。

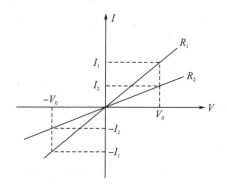

图 2-10　电阻的 V-I 特性

研发初期，互导放大电路器件级别实现的关键在于对互导放大器件及其实现时所需半导体材料 V-I 特性曲线变化趋势的准确预测，具体可以分为以下四个步骤。

步骤 1：通过观察图 2-5(d) 所示的互导放大电路模型的输出回路，会发现：互导放大器件首先应当保证在输入电压 v_i 的控制作用下，能够提供恒定的电流输出，且为了保证输出电流最大化，应当在 R_o 呈开路状态下直接提供电流。据此，可在图 2-11(a) 所示的第一象限绘制多条由不同输入端口电压 $v_{ij}(j=1, 2, \cdots, n$；且 $v_{i1} < v_{i2} < \cdots < v_{in}$) 控制的与横轴平行的直线，以表征互导放大器件在理想的高输出电阻 $(R_o \to \infty)$ 状态下，能够在最大化地提供恒定电流输出的同时，还具有输出电流 $i_{oj}(j=1, 2, \cdots, n$；且 $i_{o1} < i_{o2} < \cdots < i_{on}$) 的大小由输入电压 v_i 单调递增控制的特性。

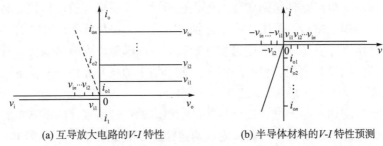

(a) 互导放大电路的 V-I 特性　　　　　　(b) 半导体材料的 V-I 特性预测

图 2-11　互导放大电路及其器件级别实现所需半导体材料的 V-I 特性预测

步骤 2：通过观察图 2-5(d) 所示的互导放大电路模型的输入回路，会发现：互导放大器件输入端口在 $v_{ij}(j=1, 2, \cdots, n$；且 $v_{i1} < v_{i2} < \cdots < v_{in}$) 的作用下，在互导放大器件输入端口产生尽量小的电流。据此，可在图 2-11(a) 的第三象限绘制与横轴平行并且非常接近横轴的直线，以表征互导放大器件输入端口理想的高输入电阻 $(R_i \to \infty)$ 的 V-I 特性，从而保证能够在 $R_i \to \infty$ 的条件下，使得 $v_i \approx v_s$。

步骤 3：根据图 2-11(a) 第一象限描述的互导放大器件输出电流 i_{oj} 与输入电压 v_{ij} 的关系，可在图 2-11(a) 所示的第二象限绘制一条斜率为 A_{gs} 的虚线。

步骤 4：分析图 2-11(a) 会发现：互导放大器件最为复杂的 V-I 特性是第一象限所表征的电流大小受控可变的理想大电阻恒流特性；第三象限虽然也同样表现出理想大电阻恒流特性，但却要求所生成的电流要足够小。由此可见，互导放大器件在第三象限所呈现出的 V-I 特性相对简单，更易于实现，应当为设计互导放大器件所需的半导体材料的基本 V-I 特性，可将其绘制于图 2-11(b) 所示的拟研发的半导体材料 V-I 特性曲线的第一象限中，而利用此材料，也能够实现图 2-11(a) 中第一象限复杂的伏安特性，呈现在图 2-11(a) 中第二象限所表征的第三象限的激励电压 $v_{ij}(j=1, 2, \cdots, n$；且 $v_{i1} < v_{i2} < \cdots < v_{in}$) 对第一象限的输出电流 $i_{oj}(j=1, 2, \cdots, n$；且 $i_{o1} < i_{o2} < \cdots < i_{on}$) 的转移控制特性。可以大胆地预测：此特性应当为设计互导放大器件所需的半导体材料在激励电压 $-v_{ij}(j=1, 2, \cdots, n$；且 $-v_{i1} > -v_{i2} < \cdots > -v_{in}$) 下，所应同时具备的另一种 V-I 特性，因此，将其绘制于图 2-11(b) 中的第三象限。

　　由此可见，互导放大器件的设计应当从着手研发具有图 2-11(b) 所预测的 *V-I* 特性的半导体材料开始，然后再利用此材料，通过对互导放大器件进行器件工艺结构设计，最终综合实现图 2-11(a) 中第一和第三象限所示的互导放大器件 *V-I* 特性。显然，半导体器件的研发和器件结构的理论设计可以同时进行。

　　互导放大器件设计的关键与创新的基础均集中体现在图 2-11(b) 所示的半导体材料的非线性 *V-I* 特性上：同一个半导体材料，当其在激励电压 v_{ij}($j=1, 2, \cdots, n$; 且 $v_{i1} < v_{i2} < \cdots < v_{in}$) 下，具有第一象限所预测的极小恒定电流的高阻特性时，在大小完全相同的反向激励电压$-v_{ij}$下，也必须具有第三象限所预测的易于生成大电流的低阻特性。只有利用互导放大器件设计所需半导体材料所具有的特殊的二端口异质特性，再通过巧妙的器件结构设计，才有可能研发出三端口结构的互导放大器件。这种面向互导放大器件设计的半导体材料，必须基于半导体原始材料固有的导电特性，通过研发专门的工艺技术进行特殊加工后才能够获取。

　　材料的导电特性由其电导率决定，并且材料的电导率与材料内单位体积中所含电荷载流子的数目成正比。半导体材料内载流子的浓度由材料的基本性质、环境温度及纯净度等诸多因素共同决定。

　　结构完整且完全纯净的半导体晶体被称作本征半导体。在环境温度 $T=0K$ 且无外部激发时，图 2-12(a) 所示的本征硅晶体的每个原子的外围电子均被共价键所束缚，即使在外加电压的作用下，本征硅晶体也无法形成传导电流。正是由于本征硅在单位体积内的自由电子数量极少，所以属于半导体。

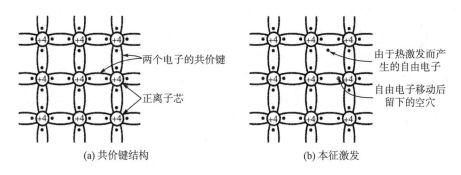

(a) 共价键结构　　　　　　　　　　　　　(b) 本征激发

图 2-12　本征硅晶体

　　本征半导体中共价键对电子的束缚没有绝缘体中的那样坚固。在室温 ($T=300K$) 下，半导体会出现本征激发现象，从而由于随机热振动致使不坚固的共价键束缚被打破而产生空穴-电子对。如图 2-12(b) 所示，在本征激发下，外加电压的作用产生的自由电子运动和共价键中的电荷迁移，都会使本征硅晶体内产生传导电流。

　　由此可见，本征半导体的电导率随其环境温度单调递增。显然，这种在热激发下产生的载流子所形成的电流，对电路设计而言属于热噪声干扰信号，应当被抑制。

为了提高半导体的导电能力，需要通过掺杂工艺技术，在本征半导体中掺入一定浓度的杂质原子以形成所需电导率的载流子浓度。如图 2-13 所示，在本征硅晶体中分别掺入五价元素(如磷)和三价元素(如硼)，可以形成以电子为多数载流子的 N 型半导体和以空穴为多数载流子的 P 型半导体。

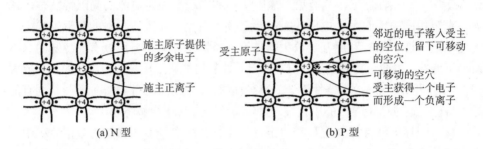

(a) N 型   (b) P 型

图 2-13　杂质半导体的共价键结构

显然，对于同一个 N 型半导体或者 P 型半导体而言，分别在两端施加电压 $V_{ij}(j=1, 2,\cdots, n$；且 $V_{i1}<V_{i2}<\cdots<V_{in})$ 和$-V_{ij}$，均不会产生图 2-11 (b) 所预期的互导放大器件所需材料的那种非对称的 V-I 特性。这是因为无论对 N 型半导体或者 P 型半导体的两端施加电压 V 或者$-V$，所产生的传导电流均主要由它们内部的多数载流子通过漂移运动生成，且电流大小相同、方向相反，因此，N 型半导体和 P 型半导体 V-I 特性曲线的第一和第三象限特性都将是完全对称的。

如图 2-14(a) 所示，当在同一个本征硅晶体的不同区域中分别同时掺入相同浓度的五价元素和三价元素时，将会在同一个本征硅晶体中同时形成 P 型区和 N 型区。并且，P 型区和 N 型区交界处出现的空穴和电子浓度差异所导致的载流子扩散运动，将使得 P 型区和 N 型区交界处原有的电中性被破坏。

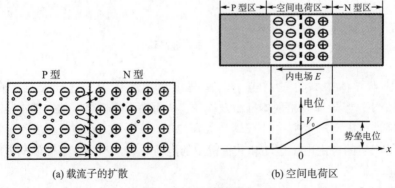

(a) 载流子的扩散   (b) 空间电荷区

图 2-14　PN 结的形成

如图 2-14(b)所示，多数载流子做扩散运动的结果是，在 P 型区和 N 型区交界处，P 型区的一边由于失去空穴，所以仅留下了带负电的杂质离子；而 N 型区的一边由于失去电子，所以仅留下了带正电的杂质离子。由于物质结构的关系，半导体中的这些杂质离子不能任意移动，因此它们不参与导电，使得由这些正负离子组成的空间电荷区内缺少载流子，从而形成了电导率明显低于与其相邻的 P 型区和 N 型区的空间电荷区——PN 结。当利用外接电源施加的外电场，增强或削弱 PN 结内电场 E 形成的势垒电位 V_0 时，将会使得 PN 结变宽或者变薄，从而改变 PN 结的电导率，最终实现同一物质 V-I 特性曲线中第一和第三象限的非对称性。

图 2-15(a)为 PN 结外加正向偏置电压效果图，当电源 V_F 的阳极连接半导体的 P 型区，而阴极连接半导体的 N 型区时，势垒电位由 V_0 降为 V_0-V_F 的结果是 PN 结变薄(P 型区中的多数载流子-空穴进入 PN 结后，中和了一部分原始的负离子；N 型区中的多数载流子-电子进入 PN 结后，中和了一部分原始的正离子)。外加电压 V_F 形成的外电场 E_F 使得 PN 结内电场 E_0 降为 E_F-E_0，从而促进了半导体内多数载流子的扩散运动，可能会形成扩散电流 I_F。

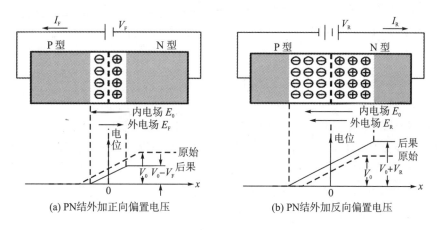

(a) PN结外加正向偏置电压　　　　　　(b) PN结外加反向偏置电压

图 2-15　PN 结的单向导电性

图 2-15(b)所示的 PN 结外加反向偏置电压效果，刚好与 PN 结正向偏置时的情况相反。此时，由于电源 V_R 的阴极连接半导体的 P 型区，而阳极连接半导体的 N 型区，势垒电位由 V_0 增至 V_0+V_R 的结果是 PN 结变厚(P 型区中的多数载流子-空穴离开后，留下了杂质负离子；N 型区中的多数载流子-电子离开后，留下了杂质正离子)。外加电压 V_R 形成的外电场 E_R 使得 PN 结内电场 E_0 增加到 E_0+E_R，在抑制半导体内多数载流子的扩散运动的同时，促进了少数载流子的漂移运动，从而形成了漂移电流 I_R。

半导体结型二极管(以下简称二极管)是 PN 结直接封装后的物化器件。PN 结所具备的所有特性都可以通过对二极管进行实验研究而实际反映出来。实验表明，对于硅基 PN 结而言，如图 2-16 中的第一象限所示，当 $V_F \leq 0.5V$ 时，外电场不足以克服 PN 结的内电场，此时 $I_F \approx 0$，PN 结呈现出大电阻的特性；当 $V_F > 0.5V$ 时，硅基 PN 结的内电场将会大为削弱，PN 结的正向电流随正向偏置电压的增加迅速增加，曲线几乎垂直，电阻特性减弱，极易生成毫安(mA)数量级的大电流。因此，对于硅基 PN 结而言，通常将 0.5V 称为门槛电压，0.7V 称为导通电压。图 2-16 中第三象限所示的图像表明，在常温状态下，硅基 PN 结的反向电流是微安(μA)数量级的微弱恒定电流。这是因为 PN 结内部少数载流子的浓度相对恒定，且仅随温度单调递增。

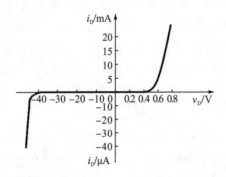

图 2-16 硅基结型二极管 2CP10 的 *V-I* 特性

综上所述，PN 结具有重要的学术意义：基于半导体材料和掺杂工艺技术实现的 PN 结呈现出独特的非线性 *V-I* 特性——单向导电性，表现在其第一象限的 *V-I* 特性具有导通电阻低和导通电流大的特点，而其第三象限的 *V-I* 特性具有截止电阻高和截止电流小且恒定的特点。电子学基本定律——*V-I* 定律的非线性实现，便是 PN 结的学术价值所在。

2.2.2 工程价值

PN 结单向导电性所呈现的 *V-I* 特性(图 2-16)虽然与图 2-11(b)所预测的互导放大器件所需材料的 *V-I* 特性存在偏差，但是二者的变化趋势特性完全吻合，足以表明 PN 结具有器件级别实现互导放大电路的潜力。这是因为 PN 结的单向导电性已经完全满足了设计受电压控制的受控电源所需的基本条件。

PN 结的实际特性与预期特性之间所存在的差异，可以通过进一步的工艺技术改进和器件结构及其外围电路(使用条件)的设计进行弥补，主要表现在以下两个方面。

　　（1）PN 结的反向偏置特性表明其具有在高截止电阻状态下，提供恒定电流输出的功能。PN 结反向偏置的恒流区能够维持在很宽的输出电压动态范围内，因此，反向偏置的 PN 结具有较强的带载能力。显然，与图 2-11（b）预期的相同，此优点也决定了反向偏置的 PN 结应当被用于互导放大器件的输出回路，但同时也存在输出电流小且电流强度仅与温度有关等问题。

　　（2）PN 结的正向偏置特性表明其具有在低导通电阻状态下，产生大电流的功能。此功能在被用于实现互导放大器件的转移控制特性时属于优点，原因在于：据此可以实现高互导增益 A_{gs}。因此，此优点的发挥也就决定了正向偏置的 PN 结应当被用于互导放大器件的输入回路，但同时也暴露出正向偏置的 PN 结被用于互导放大器件输入回路时所存在的不足：无法满足互导放大器件输入端口具大电阻小电流的设计要求。

　　综上所述，利用 PN 结对互导放大电路进行器件级别实现时，所必须面临的核心问题是：如何将 PN 结正向偏置时产生的大电流有效地转换成 PN 结反向偏置时的恒流输出。其中，分析 PN 结正向偏置产生大电流的条件，成为设计器件工艺结构前必须要解决的首要问题。据此，应当先明确高互导增益 A_{gs} 的设计方法和实现条件，再通过器件的工艺结构设计，实现转移控制功能，并尽量提高输入电阻 R_i。

　　为了有效地利用图 2-17 所示的 PN 结正向和反向偏置特性对互导放大电路进行器件级别实现，首先要建立 PN 结 V-I 特性的精确数学模型。根据实验结果和半导体物理的理论分析，建立 PN 结的精确数学模型，如式（2-3）所示。

$$i_D = I_S(e^{v_D/V_T} - 1) \qquad (2\text{-}3)$$

其中，v_D 和 i_D 分别表示施加在 PN 结两端的外加电压和据此所产生的流经 PN 结的电流，下标 D 表示 PN 结所直接对应的物化器件——结型二极管；I_S 表示反向饱和电流，恒温下为常数；V_T 表示温度的电压当量，$V_T = kT/q$，$k = 1.38 \times 10^{-23}$ J/K 表示玻尔兹曼常数，T（单位为 K）表示热力学温度，$q = 1.6 \times 10^{-19}$ C 表示电子电荷，常温（300K）下，$V_T = 26$ mV。

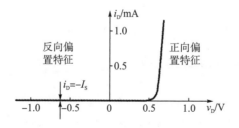

图 2-17　用于互导放大电路器件级别实现的 PN 结 V-I 特性

　　鉴于互导放大电路以提供恒定的大电流输出为最终目的，而且只有在 PN 结正向偏置的导通状态下才能够产生大电流，因此，应当首先通过对二极管正向偏置电路(图 2-18)进行分析，寻找基于 PN 结进行互导放大电路器件级别实现的突破口。

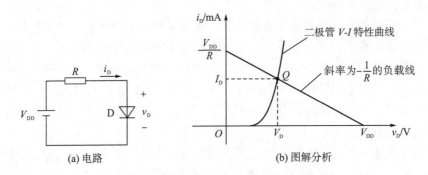

(a) 电路　　　　　　　　　　　　　　(b) 图解分析

图 2-18　二极管大信号正向偏置电路分析

　　在图 2-18(a)所示的二极管电路中，如果将二极管 D 看作放大做功的二端口网络器件，那么就可以分别将电源 V_{DD} 和电阻 R 看作信号源和负载。显然，V_{DD} 在使得 D 导通的同时，产生了如式(2-4)所示的回路电流 I_D。在该电路的定量分析中，使用图 2-19 所示的二极管的大信号恒压降模型。

$$I_D = \frac{V_{DD} - V_D}{R} \tag{2-4}$$

其中，V_D 表示二极管的导通电压。

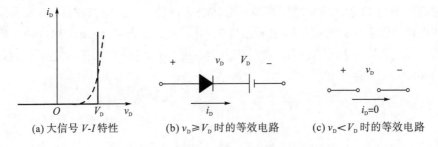

(a) 大信号 V-I 特性　　　(b) $v_D \geqslant V_D$ 时的等效电路　　　(c) $v_D < V_D$ 时的等效电路

图 2-19　二极管的大信号恒压降等效电路模型

　　利用图 2-18(b)中二极管的 V-I 特性曲线和斜率为-1/R 的直流负载线的交点 Q，还可以定性地表征式(2-4)所示的 V_{DD}、R 和 D 与 I_D 的关系。由于对于给定的二极管器件而言，V_D 为常数，因此，图 2-18(a)所示电路设计的关键在于：如何最优化地确定 V_{DD} 的电源电量和 R 的阻值，从而在保证产生毫安数量级 I_D 的同时，最大化地激发 D 的放大功能。为了进一步分析 D 的放大条件，应当在该电路中引入交流小信号源 $v_s = V_m\sin\omega t (V_m \ll V_{DD})$，如图 2-20(a) 所示。

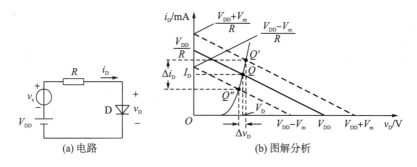

图 2-20　二极管小信号正向偏置电路分析

如图 2-20(b) 所示，为了实现 D 可以尽量地将 v_s 无衰减地传递给负载 R，必须通过电路设计，在确保 D 的交流分压 Δv_D 很小的同时，能够产生较大的回路交流电流 Δi_D。此外，为了确保 D 能够在产生 Δi_D 的同时无失真地传输 v_s，还必须保证 D 在其工作范围 $Q'Q''$ 内具有线性特性。为了有效地进行定量分析，应当对 D 进行小信号等效电路建模，如图 2-21 所示。

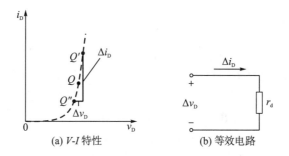

图 2-21　二极管的小信号等效电路建模

如图 2-21(a) 所示，所谓二极管的小信号建模，就是对其在 Q 点附近极小范围内的 V-I 特性曲线进行线性化处理，即将以 Q 点为切点的一条直线 $Q'Q''$ 等效成一个微变电阻 $r_d = \Delta v_D / \Delta i_D$，如图 2-21(b) 所示。

根据式 (2-3) 所示的 PN 结的精确数学模型，可得 Q 点处的微变电导 g_d，如式 (2-5) 所示。

$$g_d = \frac{\mathrm{d}i_D}{\mathrm{d}v_D}\bigg|_Q = \frac{I_S}{V_T}\mathrm{e}^{v_D/V_T}\bigg|_Q \approx \frac{i_D}{V_T}\bigg|_Q = \frac{I_D}{V_T} \tag{2-5}$$

据此可得 $r_d = V_T / I_D$。由此可见，二极管在其交流导通电路中可以等效为一个具有温度依赖性的与其导通条件 Q 点密切相关的可变电阻 r_d。

在图 2-22(a) 所示的硅二极管小信号放大电路的设计中,通过分析该电路输出电压 v_o 对交流小信号源 $v_s = V_{sm}\sin\omega t$($V_{sm} \ll$ 二极管导通电压 $V_D = 0.7V$)具有电压跟随能力时的电路设计要求,明确二极管正向偏置放大电路的设计条件。

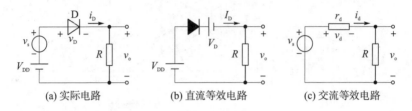

(a) 实际电路　　　　　(b) 直流等效电路　　　　　(c) 交流等效电路

图 2-22　硅二极管小信号放大电路分析

基于 D 的大信号恒压降模型和小信号模型,可以建立实际电路的直流等效电路和交流等效电路,分别如图 2-22(b) 和图 2-22(c) 所示。其中,通过对直流等效电路进行静态分析,可以利用式(2-4)计算 D 在其工作点 Q 所提供的工作电流 I_D,进而可以利用式(2-5)计算 D 在交流等效电路中的等效电阻 r_d 的阻值。

在室温条件下,当图 2-22 中的 D 导通并提供毫安数量级的工作电流($I_D = 0.86mA$)时,利用式(2-5)计算可得 D 的交流等效电阻 $r_d = V_T/I_D = 26mV/0.86mA \approx 0.03k\Omega$。

由图 2-22(c) 可知 $v_o = \dfrac{v_s R}{R + r_d}$,只有当 $R \gg r_d$ 时,输出电压的交流成分才能获得对 v_s 的电压跟随,即 $v_{o交流} \approx v_s$。因此,R 必须选取千欧数量级以上的大电阻。当 R 分别为 $1k\Omega$、$3k\Omega$、$5k\Omega$ 和 $10k\Omega$ 时,$v_{o交流}$ 分别约为 $0.971v_s$、$0.990v_s$、$0.994v_s$ 和 $0.997v_s$,而在图 2-22(b) 中,当 $R = 5k\Omega$ 时,为了使 $I_D = 0.86mA$,利用式(2-4)计算可得 $V_{DD} = 5V$。此时,$v_o \approx 4.3V + 0.994v_s$。由此可见,图 2-22(a) 所示的二极管电路在满足大电源($V_{DD} = 5V$)和大电阻($R = 5k\Omega$)的设计条件下,可以有效地实现输出电压对交流小信号源的电压跟随。

针对图 2-22 的案例分析,充分表明了 PN 结正向偏置电路只有在满足能够提供毫安数量级大电流的直流通路设计条件下,才能具有对交流输入信号的放大能力,但是,即使对 PN 结正向偏置电路进行最优化设计,设计极限也仅仅是能够满足对交流小信号进行电压增益为 1 的电压跟随传输。因此,必须在 PN 结正向偏置直流通路设计条件下,通过进一步研究如何设计 PN 结反向偏置电路,并将其与 PN 结正向偏置电路进行有机的结合,将 PN 结正向偏置电路产生的大电流转换成 PN 结反向偏置状态下的大信号恒流输出,从而最终设计出对微弱交流电压信号具有放大传输能力(电压增益远远大于 1)的半导体器件。具体将在 2.3.1 节中剖析。

综上所述，PN 结的工程价值体现在：基于 PN 结的数学模型和大信号恒压降等效电路模型，在探索利用 PN 结对互导放大电路进行器件级别实现的过程中，奠定了半导体电路分析的两种基本方法，一种是定性分析的方法，即基于 *V-I* 特性曲线的图解分析；另一种是定量分析的方法，即在直流(大信号)等效电路静态分析基础上交流(小信号)等效电路的动态分析。

2.3　双极结型晶体管——创新的成果

2.3.1　设计原理

双极结型晶体管——BJT 采用相对易于实现的工艺设计(包括器件结构和半导体掺杂)，并通过结合外围电路设计，将 PN 结正向偏置和反向偏置的特性有机地组合在一个三端口半导体有源器件内，使其具有互导放大电路的功能，从而完成互导放大电路的器件级别实现。

参考图 2-22 所示二极管放大电路的分析结论，可以确定 BJT 器件结构的设计问题主要是如何将一个能使 PN 结正向偏置的电路和另一个能使 PN 结反向偏置的电路，通过构造一个三端口器件有机地组合在一起。其中，具有放大功能的 NPN 型 BJT 器件结构的设计原理如图 2-23 所示。

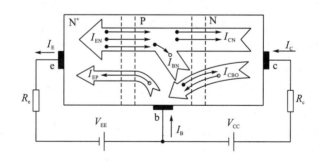

图 2-23　具有放大功能的 NPN 型 BJT 器件结构的设计原理

为了能够在同一个半导体器件内部分别形成一个正向偏置的 PN 结与一个反向偏置的 PN 结，必须在同一个本征半导体基片上，通过掺杂生成三个杂质半导体区域，一个 P 型区夹在两个 N 型区之间；当然也可以一个 N 型区夹在两个 P 型区之间。这三个杂质半导体区域各自独立地引出一个电极，用以形成 BJT 器件的工作管脚，分别称为发射极 e、基极 b 和集电极 c，三个电极所对应的杂质半导体区域分别称为发射区、基区和集电区。因此，BJT 存在两种类型：NPN 型和 PNP

型, 二者的设计原理和工作原理完全相同。

根据 PN 结正向和反向偏置的 V-I 特性, 可以通过采用外围电路(V_{EE}, R_e)和 (V_{CC}, R_c), 分别使发射结(发射区和基区之间形成的 PN 结)正向偏置和集电结(集电区和基区之间形成的 PN 结)反向偏置, 从而在发射极、基极和集电极上, 分别生成发射结电流 I_E(发射极电流)和 I_B(基极电流)以及集电结电流 I_C(集电极电流)。因此, 发射结电流 I_E 和 I_B 属于正向偏置电流, 集电结电流 I_C 属于反向偏置电流。并且, 这三个管脚电流之间的关系为 $I_E = I_B + I_C$。

如图 2-23 所示, I_E 是在发射结正向偏置后, 由发射区的多子——电子和基区的多子——空穴分别形成的电子扩散电流 I_{EN} 与空穴扩散电流 I_{EP} 之和, 即 $I_E = I_{EN} + I_{EP}$。I_B 却是在发射结正向偏置后, 由从发射区扩散到基区的电子与基区的空穴复合所产生的复合电流 I_{BN}, 而从发射区扩散到基区并且未与基区的空穴进行复合的电子, 将会以基区少子的身份扩散到集电结边缘, 因此在集电结反向偏置时, 会形成电子漂移电流 I_{CN}, 与此同时, 基区的少子电子与集电区的少子空穴形成了集电结反向饱和电流 I_{CBO}, 因此, $I_C = I_{CN} + I_{CBO}$。显然, I_C 中的 I_{CN} 来自发射结正向偏置所产生的电流, 即 $I_{CN} = I_{EN} - I_{BN}$。由此可见, I_{CN} 是受发射结电压 V_{EE} 所控制的, 同时 I_{CBO} 与 V_{EE} 无关, 仅与集电结电压 V_{CC} 有关。

综上所述, BJT 面向互导放大电路实现的关键在于: 通过器件结构的工艺设计和外围电路配合, 形成关系式 $I_{CN} = I_{EN} - I_{BN}$。该式表明, PN 结(集电结)反向偏置形成的电流 I_{CN}, 来自 PN 结(发射结)正向偏置所产生的电流 I_{EN}。并且, 由于 I_{BN} 是 μA 数量级的小电流, 因此只需要保证 I_{EN} 是 mA 数量级的大电流并且为 I_E 的主要成分, 即 $I_E \approx I_{EN}(I_{EP} \approx 0)$, 就能够获得 mA 数量级的反向偏置恒流 I_{CN}。为了定量表征 BJT 将 I_E 转化为 I_{CN} 的能力, 工程上定义了共基极直流放大系数 $\bar{\alpha} = I_{CN}/I_E$, 并要求 $\bar{\alpha} \geqslant 0.98$。

如图 2-23 所示, 为了确保 I_{EN} 是 mA 数量级的大电流并且 $I_{EP} \approx 0$, I_{BN} 是 μA 数量级的小电流, 从而满足 $\bar{\alpha} \geqslant 0.98$ 的 BJT 设计要求, 需要对 BJT 的工艺设计作如下要求: 发射区和集电区是同类型的杂质半导体, 且发射区应比集电区的掺杂浓度高; 集电结面积大于发射结面积; 基区宽度很小且掺杂浓度低。

有关对激活 BJT 放大能力外围电路的设计要求, 本书将在 3.1 节进行剖析。

2.3.2 三种组态的排序

BJT 是一种三端口器件, 因此, 当 BJT 被用于二端口网络时, 存在如图 2-24 所示的三种放大电路组态。三种组态的 BJT 放大激活条件相同, 均为发射结正向偏置和集电结反向偏置。在放大状态下, 三种组态 BJT 内部载流子的输运机理和管脚电流的分配关系完全相同, 其特性存在明显差异。

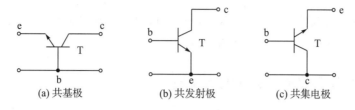

(a) 共基极　　　　　　(b) 共发射极　　　　　　(c) 共集电极

图 2-24　BJT 的三种组态

　　显然，在 BJT 三种组态的排序中，共基极组态应当被排在首位。这主要是因为与其他两种组态相比，共基极组态的放大电路结构相对简单，其输入回路和输出回路各自仅包含一个正向偏置的 PN 结（发射结）和一个反向偏置的 PN 结（集电结）。因此，在共基极组态下，更易于准确观察和有效获取 BJT 器件内部载流子的输运机理及其放大能力被激活的工艺设计条件和外围电路的设计要求。正如 2.3.1 节所述，共基极组态是 BJT 器件被设计发明时所采用的放大电路组态。

　　下面将从三种组态放大能力被激活的 PN 结偏置条件出发，通过分析三种组态输入和输出端口的 $V\text{-}I$ 特性，定性地对比三种组态放大电路的本质属性和实用性。

　　图 2-24 中，排在第二位的是共发射极组态。该组态与共基极组态相似，即通过 c 管脚输出，并且 c 管脚的输出恒流受输入回路的发射结导通电压控制，因此，在 BJT 放大状态下，这两种组态的工作机理均与 BJT 本征模型——互导放大电路模型的特性完全吻合。然而，如果利用互导放大电路的性能指标对二者进行对比分析，会发现在同一个 BJT 器件中，二者虽然均具有 PN 结反向偏置的高输出电阻性能，并且这两种组态的互导增益强度也完全相同，但是共发射极组态的输入性能却明显优于共基极组态。这主要是因为在 BJT 的放大状态下，共发射极组态的输入端口电流远远小于共基极组态的输入端口电流，即 $i_B \ll i_E$，然而这两种组态的输入端口电压却均为发射结导通电压，因此，共发射极放大电路的输入电阻会远远大于共基极组态的输入电阻，从而使得共发射极组态的输入性能远远优于共基极组态的输入性能。

　　在 BJT 处于放大状态下时，共发射极组态输出端口的电压 v_{CE} 会略高于共基极组态输出端口的电压 v_{CB}，并且由于这两种组态的输入端口电压均为发射结导通电压，因此，二者的电压增益能力基本相同，同时共发射极放大电路的电流放大能力明显优于共基极组态，原因在于共发射极直流放大系数 $\beta = I_{CN}/I_B = \alpha/(1-\alpha) \gg \alpha$。

　　与另外两种组态相比，图 2-24(c) 所示的共集电极组态的特点在于：它将反向偏置的集电结作为输入端口和将正向偏置的发射结作为输出端口，因此该组态下的放大电路具有输入电阻高和输出电阻低的电压跟随功能，其本质上应当属于电压放大电路。显然，共集电极组态与共基极组态构成复合管，或者当作共基极组态放大电路的输入级，均可以明显提高共基极放大电路的输入性能。此外，共集电极放大电路也具有较高的电流增益$(1+\beta)$。

2.3.3　BJT 的本征等效电路模型

鉴于在 BJT 的三种组态中，共发射极组态的性能和放大能力均较好，因此，通过分析该组态下 BJT 输入和输出端口 $V\text{-}I$ 特性的实验观测结果，建立共发射极组态下 BJT 的本征等效电路模型。该模型的建模分析过程不仅在理论上系统证明了实用状态下的 BJT 本质上属于互导放大器件，同时也为 BJT 放大电路的定量分析与设计提供了技术基础。

图 2-25 所示的共发射极组态在被放大激活后，表征 BJT 输入端口 $V\text{-}I$ 特性的 $v_{\mathrm{BE}}\text{-}i_{\mathrm{B}}$ 曲线关系如图 2-26 所示，而表征其输出端口 $V\text{-}I$ 特性的 $v_{\mathrm{CE}}\text{-}i_{\mathrm{C}}$ 曲线关系如图 2-27 所示。

在图 2-25(a)中，$(v_{\mathrm{BE}},\ i_{\mathrm{B}})$ 和 $(v_{\mathrm{CE}},\ i_{\mathrm{C}})$ 分别为输入和输出端口的总瞬时伏安分量。图 2-25(b)中，$(v_{\mathrm{BB}},\ R_{\mathrm{b}})$ 和 $(v_{\mathrm{CC}},\ R_{\mathrm{c}})$ 分别为输入和输出端口的偏置电压和偏置电阻；$(v_{\mathrm{BEQ}},\ I_{\mathrm{BQ}})$ 和 $(v_{\mathrm{CEQ}},\ I_{\mathrm{CQ}})$ 分别为输入和输出端口的直流偏置伏安分量。

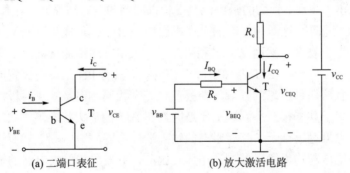

(a) 二端口表征　　　　　　　　(b) 放大激活电路

图 2-25　共发射极组态下的 NPN 型 BJT

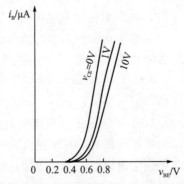

图 2-26　共发射极组态下 BJT 输入端口 $V\text{-}I$ 特性的 $v_{\mathrm{BE}}\text{-}i_{\mathrm{B}}$ 曲线关系

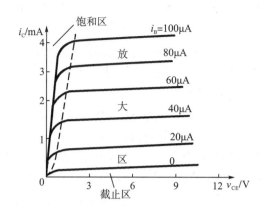

图 2-27 共发射极组态下 BJT 输出端口 $V\text{-}I$ 特性的 $v_{CE}\text{-}i_C$ 曲线关系

图 2-26 所示的共发射极组态下 BJT 输入端口的 $V\text{-}I$ 特性曲线表明，其输入端口电压 v_{BE} 对输入端口电流 i_B 的激励关系与 PN 结的正向偏置特性完全相符。i_B 在受 v_{BE} 激励的同时，也会受到输出端口电压 v_{CE} 的反向控制影响。

图 2-26 所示的实验观测结果表明，当 $v_{CE}=0V$ 时，$v_{BE}\text{-}i_B$ 曲线关系相当于发射结的正向伏安特性曲线。当 $0<v_{CE}<1V$ 时，集电结处于正向偏置或者反向偏置电压很小的状态，集电极区收集发射区漂移到基区的电子的能力很弱，而基区的复合作用很强。当 $v_{CE}\geq 1V$ 时，$v_{CB}=v_{CE}-v_{BEQ}>0$，集电结已完全进入反向偏置状态，能够将绝大部分电子收集到集电极区，基区复合也随之减少并趋于饱和，因此，相同 v_{BE} 下 I_{BQ} 随着 v_{CE} 增加而减小，输入特性曲线随 v_{CE} 的增加而右移。对于小功率的 BJT，可用 $v_{CE}>1V$ 后的任何一条输入特征曲线代表其输入端口 $V\text{-}I$ 特性。

值得注意的是，共发射极组态下 BJT 输入端口 $V\text{-}I$ 特性与图 2-11(a) 中第三象限所描述的设计预期不完全吻合，主要表现在：未实现互导放大器件应该具备的理想大输入电阻的特性。显然，共发射极组态下 BJT 输入端口电流 i_B 为微安数量级的小电流，与设计预期相吻合。对于共基极组态而言，输入端口电流 i_E 将会是毫安数量级的大电流，由此也可以说明共基极组态的输入性能比共发射极组态差。

图 2-27 所示的共发射极组态下 BJT 输出端口的 $V\text{-}I$ 特性曲线表明，输出端口电流 i_C 同时受到输入端口电流 i_B 和输出端口电压 v_{CE} 的控制，并且二者控制的强弱将决定 BJT 工作在放大区、饱和区还是截止区。下面将通过分析 BJT 在这三个工作区的特点，对该器件的本质属性和不足之处进行剖析。

1. 放大区

如果从能否有效实现互导放大电路的角度分析，会发现放大区是由一组与横坐标几乎平行的曲线所组成的。其中，i_C 主要受输入端口电流 i_B 的单调递增控制，并且 BJT 的发射结和集电结分别处于正向和反向偏置状态。另外，i_B 是在输入端口电压 v_{BE} 激励下生成的，因此，BJT 输出特性曲线在放大区的特点表现为该器件完全能够满足互导放大电路器件级别实现所要求的设计目标，即互导放大器件的输出端口具有在高输出电阻状态下提供恒流输出的能力，并且输出电流受输入端口电压控制。由此可见，放大区作为 BJT 输出端口 *V-I* 特性的有效工作区，其特性与图 2-11(a) 中第一象限所描述的设计预期完全吻合。

如图 2-28 所示的实验测试结果却表明，BJT 在放大区的输出特性曲线会随着 v_{CE} 增大而略向上翘，即在保持 i_B 不变的情况下，i_C 会随着 v_{CE} 增大而略增加。这主要是因为 v_{CE} 增大时，集电结反向偏置所导致的基区宽度减小会减少基区载流子的复合，该效应被称为基区宽度调制效应，可用厄利(Early)电压 V_A 定量表征。显然，应当通过工艺设计，使 V_A 值尽量大，以减弱基区宽度调制效应，从而使得在 BJT 的放大区，i_C 尽量完全服从 $i_C = \bar{\beta} i_B$ 的电流分配控制关系。

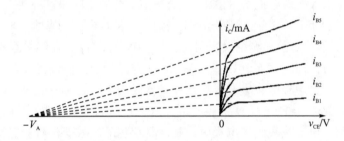

图 2-28　v_{CE} 对 i_C 控制的基区宽度调制效应

2. 饱和区

如图 2-27 所示，BJT 的发射结和集电结均处于正向偏置时的工作区域为饱和区。此时 $v_{CE} \leqslant v_{BE}$，集电结收集载流子的能力很弱，导致即使 i_B 增加，i_C 也不再服从 $i_C = \bar{\beta} i_B$ 的电流分配控制关系。图 2-27 中的虚线为饱和区与放大区的分界线——临界饱和线(此时 $v_{CE} = v_{BE}$)。实验表明，在小功率 BJT 共发射极组态下，临界饱和状态实际上也是临界放大状态，当集电结上所加的正向偏置电压较小时(硅管小于 0.4V，锗管小于 0.1V)，集电结仍然具有较强的载流子收集能力，此时输入端口电压 v_{BE} 对输出端口电流 i_C 的控制作用与 BJT 在放大区的状态非常接近。

3. 截止区

图 2-27 所示的截止区是指 BJT 的发射结未导通，且集电结反向偏置。此时 $i_B = 0$，i_C 也不再服从 $i_C = \bar{\beta} i_B$ 的电流分配控制关系。截止区的 $i_C = I_{CEO}$ 为集电极-

发射极反向饱和电流。小功率管的 I_{CEO} 通常都非常小(硅管在数微安以下,锗管在数十微安以上),$I_{CEO}=(1+\overline{\beta})I_{CBO}$。其中,$I_{CBO}$ 为集电结反向偏置时,由集电极区和基区的少数载流子的漂移运动形成的反向饱和电流,其对温度十分敏感,温度每升高 10℃,其值约增加一倍。此外,BJT 在截止区和放大区的输出特性曲线都将随着温度升高向上平移,如图 2-29 中虚线所示。由此可见,设计 BJT 放大电路时,应当通过电路结构的优化设计,稳定输出电流,使之不随温度升高而变化。

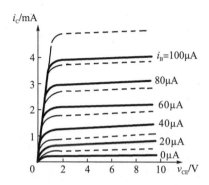

图 2-29 温度对共发射极组态 BJT 输出特性的影响

综上所述,在共发射极组态下,当 BJT 工作在放大区时,完全实现了输入端口电压对输出端口电流的放大控制,属于互导放大器件。并且,可以利用共发射极组态下 BJT 二端口网络的输入特性曲线 $i_B = f(v_{BE})\big|_{v_{CE}=\mathrm{const}}$ 和输出特性曲线 $i_C = f(v_{CE})\big|_{i_B=\mathrm{const}}$ 所呈现出的输入端口电压 v_{BE} 对输出端口电流 i_C 的控制关系,建立 BJT 的本征小信号等效电路模型。

鉴于在共发射极组态下,BJT 本征小信号等效电路模型实质上属于互导放大电路模型,如式(2-6)和式(2-7)所示,输入和输出端口的建模目标函数应当分别为输入端口电压 v_{BE} 和输出端口电流 i_C。据此,采用二端口网络的 H 参数对 BJT 进行交流小信号等效电路建模。

$$v_{BE} = f_1(i_B, v_{CE}) \tag{2-6}$$

$$i_C = f_2(i_B, v_{CE}) \tag{2-7}$$

其中,(v_{BE}, i_B) 和 (v_{CE}, i_C) 分别为输入和输出端口的总瞬时伏安分量(直流偏置分量和交流小信号分量的线性叠加)[图 2-30(a)]。

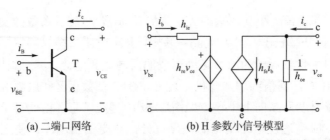

(a) 二端口网络   (b) H 参数小信号模型

图 2-30 共发射极组态下 NPN 型 BJT 小信号等效电路的低频本征建模

在低频条件下，小信号建模理论分析的关键是对式(2-6)和式(2-7)所示的建模目标函数分别进行微分状态下的小信号 H 参数数学方程描述，分别如式(2-8)和式(2-9)所示。

$$dv_{BE} = \frac{\partial v_{BE}}{\partial i_B}\bigg|_{V_{CEQ}} \cdot di_B + \frac{\partial v_{BE}}{\partial v_{CE}}\bigg|_{I_{BQ}} \cdot dv_{CE} \tag{2-8}$$

$$di_C = \frac{\partial i_C}{\partial i_B}\bigg|_{V_{CEQ}} \cdot di_B + \frac{\partial i_C}{\partial v_{CE}}\bigg|_{I_{BQ}} \cdot dv_{CE} \tag{2-9}$$

其中，(dv_{BE}, di_B) 和 (dv_{CE}, di_C) 分别为输入和输出端口的小信号交流分量，可以分别采用 (v_{be}, i_b) 和 (v_{ce}, i_c) 来表示。据此，可得共发射极组态下 BJT 的 H 参数小信号方程，分别如式(2-10)和式(2-11)所示。基于该 H 参数方程，可以建立共发射极组态下 BJT 的小信号等效电路模型，如图 2-30(b)所示。

$$v_{be} = h_{ie}i_b + h_{re}v_{ce} \tag{2-10}$$

$$i_c = h_{fe}i_b + h_{oe}v_{ce} \tag{2-11}$$

其中，$h_{ie} = \dfrac{\partial v_{BE}}{\partial i_B}\bigg|_{V_{CEQ}}$ 为 BJT 输出端口交流短路时 ($v_{ce}=0$, $v_{CE} = V_{CEQ}$)，基极与发射极之间的交流小信号等效输入电阻，可用 r_{be} 表征；$h_{fe} = \dfrac{\partial i_C}{\partial i_B}\bigg|_{V_{CEQ}}$ 为 BJT 输出端口交流短路时的正向电流传输比，即共发射极电流放大系数 β；$h_{re} = \dfrac{\partial v_{BE}}{\partial v_{CE}}\bigg|_{I_{BQ}}$ 为 BJT 输出端口交流开路时 ($i_b=0$, $i_B = I_{BQ}$)的反向电压传输比，它表征了 v_{ce} 对 v_{be} 控制 i_b 的影响程度；$h_{oe} = \dfrac{\partial i_C}{\partial v_{CE}}\bigg|_{I_{BQ}}$ 为 BJT 输出端口交流开路时的输出电导，它表征了 v_{ce} 对 i_b 控制 i_c 的影响程度，可用 $1/r_{ce}$ 表征，r_{ce} 为集电极与发射极之间的交流小信号等效输出电阻。

利用式(2-12)所示的共发射极组态下 BJT 放大激活时 H 参数的量纲数值特征，可以得到 BJT 小信号低频等效电路的简化模型，如图 2-31 所示。该模型不仅表明了 BJT 是一种输入性能一般且输出性能较好的互导放大器件，还可以有效地用于 BJT 放大电路性能指标的定量分析。

$$[h]_e = \begin{bmatrix} h_{ie} & h_{re} \\ h_{fe} & h_{oe} \end{bmatrix} = \begin{bmatrix} 10^3 \Omega & 10^{-3} \sim 10^{-4} \\ 10^2 & 10^{-5}S \end{bmatrix} \qquad (2\text{-}12)$$

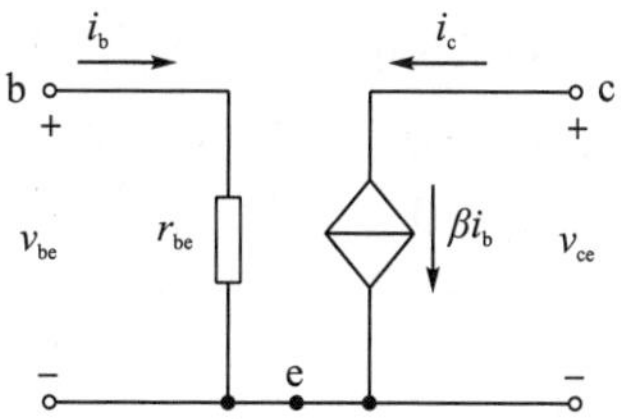

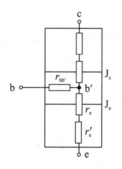

图 2-31　共发射极组态下 NPN 型 BJT 小信号低频等效电路的简化模型

在图 2-31 所示的 BJT 交流等效电路简化模型中，r_{be} 的值与 BJT 直流通路中输入回路的静态工作点 I_{BQ} 密切相关。

图 2-32　BJT 内部交流等效电阻

根据图 2-32，可得 r_{be} 的数学模型为

$$r_{be} = r_{bb'} + (1+\beta)(r_e' + r_e) \qquad (2\text{-}13)$$

其中，$r_{bb'}$ 和 r_e' 分别为 BJT 的基极区和发射区的体电阻，鉴于体电阻的大小仅与掺杂浓度及制造工艺有关，而基极区的掺杂浓度远低于发射区，因此 $r_{bb'} \gg r_e'$。对于小功率管，$r_{bb'}$ 约为几十至几百欧姆，而 r_e' 仅为数欧姆或者更小；r_e 为发射结电阻，根据式（2-5），可得 $r_e = V_T/I_{EQ}$。

2.4　MOSFET——理想化的实现

MOSFET 的出现绝非偶然。实际上，在发现 PN 结的单向导电性并据此发明 BJT 的同时，曾特别针对 BJT 性能优化的需要，提出过场效应理论。这应当是因

为半导体器件的开拓者们已经非常清楚地认识到 BJT 共基极与共发射极组态在实现互导放大电路时，存在输入电阻不高的性能缺陷。

在共集电极组态的配合下，采用复合管技术或者两级组合电路设计，均能够设计出实用的 BJT 放大电路，同时这也充分表明了 BJT 器件绝非互导放大电路器件级别的理想化实现。由此可见，BJT 的发明虽然意义重大，但是实际上并未最终解决基本半导体有源器件的最优设计问题。

2.4.1 设计原理

如图 2-33(a)所示，与 NPN 型 BJT 相比，N 沟道增强型 MOSFET 在使用半导体(P 型衬底与 N^+ 型半导体工作区)和导体材料(铝电极)的基础上，还使用了厚度为 t_{ox} 的无导电性能的绝缘体材料(二氧化硅绝缘层)作为该器件栅极管脚 g 所对应的工作区。由于绝缘栅极的管脚电流始终为零，因此当栅极管脚 g 被用作晶体管的输入管脚时，完全能够有效地保证晶体管的输入端口始终处于开路状态，从而有效地实现了互导放大电路的理想输入性能。由此可见，如果以晶体管的本征模型——互导放大电路模型为参考对 MOSFET 与 BJT 进行一致性对比，那么 MOSFET 的栅极管脚 g 应当与 BJT 的基极管脚 b 相对应。

如图 2-33(b)所示，MOSFET 还存在另外三个功能管脚：源极 s、漏极 d 和衬底管脚 B。其中，哪一个管脚是 MOSFET 比 BJT 多出的一个功能管脚，另外两个管脚又是如何与 BJT 的发射极管脚 e 和集电极管脚 c 相对应的，恰好正是如何通过 MOSFET 的器件结构设计而最终实现理想化互导放大电路的关键所在。

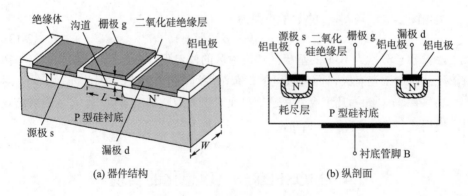

(a) 器件结构　　　　　　　　　　(b) 纵剖面

图 2-33　N 沟道增强型 MOSFET

如图 2-33(a)所示，高浓度 N 掺杂的两个 N^+ 型半导体区对称分布在栅极 g 覆盖的长度为 L、宽度为 W 的 P 型沟道区的两侧，二者均可分别对应 MOSFET

的源极管脚 s 或者漏极管脚 d。源极管脚 s 与漏极管脚 d 的功能实际上是完全不同的。

如图 2-34(a)所示，当栅极 g 作为晶体管的输入管脚时，源极 s 为其他三个管脚的共用管脚，因此，MOSFET 的源极管脚 s 应当与 BJT 的发射极管脚 e 相对应，并且与共发射极对应的共源极组态应当提供恒定的输出电流。在图 2-34(a) 中，由于栅极管脚 g 和衬底管脚 B 始终被二氧化硅绝缘层所隔离，因此管脚 g、管脚 s 与管脚 B 之间无法形成电流回路。由此可见，衬底管脚 B 无法提供输出电流，从而不具备成为 MOSFET 共源极组态输出管脚的条件。因此，只能由漏极 d 担当共源极组态的输出管脚。由于此时源极 s 和漏极 d 之间的电流回路尚未形成，因此漏极电流 $i_D=0$。

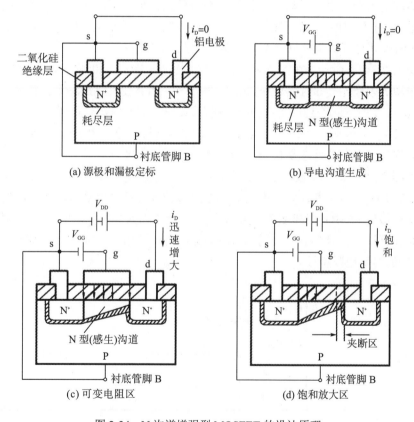

图 2-34　N 沟道增强型 MOSFET 的设计原理

如图 2-34(a)所示，如果将目前标定为漏极 d 的管脚作为其他三个管脚的共用管脚，那么目前标定为源极 s 的管脚也完全可以作为漏极 d 的管脚使用。由此可见，在通过采用比较复杂的器件结构优化 MOSFET 器件性能的同时，由于其源极

s 与漏极 d 对称分布在栅极两侧，因此，源极 s 的管脚与漏极 d 的管脚存在通用性，从而使得在实际的电路设计与实现中，MOSFET 比 BJT 更具应用的便捷性和灵活性，尤其是在大规模集成电路设计的应用中。

如图 2-34(b)所示，在图 2-34(a)的基础上，在栅极 g 和源极 s 之间施加电源 V_{GG}（电源的阳极连接 g 且阴极连接 s），这将会使得栅极铝板和 P 型衬底铝板构成以二氧化硅为介质的平板电容器，并同时在二氧化硅绝缘层中产生由栅极垂直指向 P 型衬底的电场。为了保证数伏的栅-源电压 v_{GS} 可以产生较强的电场，绝缘层的厚度（t_{ox}）必须很薄。

如图 2-34(b)所示，在栅极区对应的绝缘层内电场的作用下，P 型衬底中的空穴被排斥，形成了耗尽层，同时，P 型衬底中的少数载流子电子被吸引到临近栅极区的沟道内形成电子反型层，相当于在器件内部形成了源极 s 和漏极 d 之间的 N 型导电(感生)沟道，从而在源极 s 和漏极 d 之间形成了电流回路。由于此时源极 s 和漏极 d 之间的电流回路尚无电源，因此仍然 $i_D=0$。

如图 2-34(c)所示，在图 2-34(b)的基础上，在漏极 d 和源极 s 之间施加电源 V_{DD}（电源的阳极连接 d 且阴极连接 s），将会产生 i_D 并使其迅速增大。其中，在漏-源电压 v_{DS} 作用下，产生 i_D 所需的栅-源电压 v_{GS} 被称为开启电压（V_T）。正如图 2-35 所示，当 $v_{GS}<V_T$ 时，即使施加很大电压的 V_{DD} 电源，也会由于图 2-34(b)中的 N 型导电沟道尚未生成而导致 $i_D=0$，MOSFET 处于截止区。

如图 2-35 中的 OA 段所示，只要已经生成了 N 型导电沟道（即 $v_{GS}>V_T$），即使 v_{DS} 较小（$v_{DS}\leqslant v_{GS}-V_T$），漏极电流 i_D 也将随着 v_{DS} 迅速地单调递增。此外，OA 段之所以被定为 MOSFET 的可变电阻区，完全是因为当 v_{DS} 较小时，OA 段可以近似看作直线，并且其斜率将随着 v_{GS} 单调递增而变化，进而呈现出阻值大小受 v_{GS} 控制的可变电阻特性。

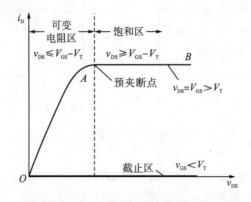

图 2-35　N 沟道增强型 MOSFET 可变电阻区与饱和区的形成机制

如图 2-34(c) 和图 2-34(d) 所示，当 $v_{GS}>V_T$ 时，随着 v_{DS} 的增大，沟道的电位从源极到漏极逐渐升高，而此时栅极电位在整个沟道长度内保持均匀分布，从而导致沟道的厚度呈现出靠近源极端口厚而靠近漏极端口薄的楔形沟道形态。当 v_{DS} 增大到使得 $v_{GD}=v_{GS}-v_{DS}=V_T$ 时，靠近漏极端口的反型层将会消失，从而形成图 2-35 中的预夹断点 A；此时，如果继续增加 v_{DS}，预夹断点就会不断地向源极方向扩展，从而形成图 2-34(d) 所示的夹断区。

如图 2-34(d) 所示，夹断区实际上为反型层消失后的耗尽区。由于夹断区的长度远远小于沟道的长度，因此，当沟道夹断后如果继续增加 v_{DS}，就会使得夹断区的电场强度足以将沟道中的电子拉过夹断区，继续生成漏极电流 I_{DS}，同时，由于沟道夹断后所增加的 v_{DS} 将主要作用在夹断区，而导电沟道上的电压保持恒定，因此，沟道夹断后 v_{DS} 增加，所生成的 I_{DS} 将会趋于饱和。正如图 2-35 所示，当 $v_{DS}\geqslant v_{GS}-V_T$ 时，MOSFET 工作在饱和区。很显然，饱和区输出特性曲线 AB 段的特征是斜率为零。由此可见，N 沟道增强型 MOSFET 在其放大工作区-饱和区，能够理想地实现互导放大器件的输出功能。

2.4.2　理想化的体现

如图 2-36 所示，针对 N 沟道增强型 MOSFET 的进一步实验观测结果表明，MOSFET 在可变电阻区生成的电阻大小和在饱和区生成的放大输出电流大小，均受 v_{GS} 和 v_{DS} 所控制。同理，P 沟道增强型以及 N、P 沟道耗尽型的 MOSFET 同样在 v_{GS} 和 v_{DS} 的控制作用下，具有与图 2-36 相似的输出特性曲线。

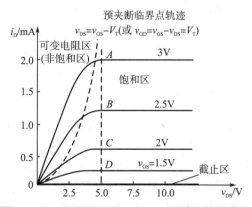

图 2-36　N 沟道增强型 MOSFET 的输出特性曲线

基于图 2-36 所示的器件饱和区实验观测结果中的采集点 $A\sim D$($v_{DS}=5$V)，通过绘制如图 2-37 所示的 MOSFET 共源极组态的转移特性曲线，可以显著地表征共源极放大电路输出电流 i_D 受输入电压 v_{GS} 所控制的互导放大器件属性。

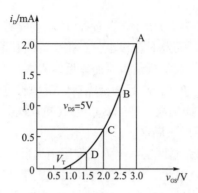

图 2-37　N 沟道增强型共源极组态的转移特性曲线

此外，由于共源极放大电路的输入管脚为绝缘栅极，因此其输入电阻处于开路状态(即 $r_{gs}\rightarrow\infty$)。又由于共源极放大电路的输出电流可以有效地实现恒定供流，因此其输出电阻也处于开路状态(即 $r_{ds}\rightarrow\infty$)。由此可见，共源极放大电路可以完全实现理想的互导放大电路，如图 2-38(b) 所示。其中，g_m 为互导增益，它既定量表征了 v_{GS} 对 i_D 的控制能力，又表明了共源极放大电路对小信号的放大能力。

$g_m=\dfrac{\partial i_D}{\partial v_{GS}}\Big|_{V_{DS}}$ 的值为图 2-37 所示的转移特性曲线中某静态工作点的斜率，即在给定的 v_{DS} 处，i_D 微变量与控制 i_D 微变量的 v_{GS} 微变量之间的比值，量纲为西门子。

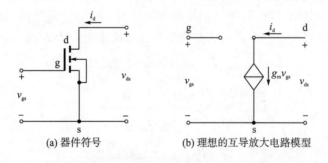

(a) 器件符号　　　　　　　　(b) 理想的互导放大电路模型

图 2-38　共源极 N 沟道增强型 MOSFET 等效电路的理想模型

与 BJT 的共发射极组态相比，MOSFET 的共源极组态不仅实现了输入性能的理想化，而且更具有实用性，尤其是在大规模集成电路设计中。例如，与利用双载流子导电实现放大功能激发的 BJT 不同，MOSFET 的放大功能激发是靠单一载流子导电而实现的。据此，MOSFET 的源极区与漏极区对称分布在栅极区两侧，从而使得 MOSFET 的源极管脚与漏极管脚可以根据电路设计和集成电路版图布局的需要进行灵活标定，使用更为便捷。此外，MOSFET 良好的开关特性使得其在数字电路和存储中得以广泛应用。模-数混合电路与存储电路的 MOS 工艺一体化设计，使得片上系统(system on chip，SoC)能够低成本、高可靠性地实现。

　　MOSFET 与 BJT 本质上都是属于互导放大电路的有源器件，由于二者的工艺设计原理完全不同，因此，v_{GS} 对 i_D 的控制关系肯定与 v_{BE} 对 i_C 控制的 PN 结正向偏置数学关系有所不同。

　　图 2-39 中，沿源极到漏极方向上长度为 L 的沟道 x 点处的电子密度 $Q_d(x)$ 为

$$Q_d(x) = WC_{ox}[v_{GS} - v(x) - V_T] \tag{2-14}$$

其中，W 为沟道的宽度；C_{ox} 为栅极(与衬底间)氧化层的单位面积电容；$v(x)$ 为 x 点处的沟道电势。

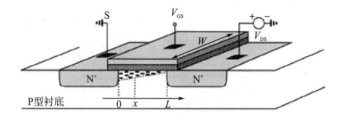

图 2-39　N 沟道增强型 MOSFET 的 V-I 关系推导

　　当沟道中的电子以速度 v 进行漂移时，所形成的沟道电流 i_D 为

$$i_D = -Q_d(x)v = -WC_{ox}[v_{GS} - v(x) - V_T]v \tag{2-15}$$

　　对于半导体中 x 点处的漂移电子而言，$v = \mu_n E(x)$。其中，μ_n 为反型层中电子迁移率；$E(x)$ 为半导体中 x 点处的电场，且 $E(x) = -dv(x)/dx$。由此可得

$$\int_0^L i_D dx = \int_0^{v_{DS}} WC_{ox}\mu_n[v_{GS} - v(x) - V_T]dv(x) \tag{2-16}$$

　　考虑到沿沟道方向 i_D 为常数，因此有

$$i_D = \mu_n C_{ox} \frac{W}{L}\left[(v_{GS} - V_T)v_{DS} - \frac{1}{2}v_{DS}^2\right] \tag{2-17}$$

　　当 $v_{DS} = v_{GS} - V_T$ 器件进入饱和区时，则有

$$i_D = \frac{\mu_n C_{ox}}{2}\frac{W}{L}(v_{GS} - V_T)^2 = K_n(v_{GS} - V_T)^2 \tag{2-18}$$

其中，K_n 为电导常数，单位为 mA/V^2。

　　式(2-18)表明，MOSFET 作为互导放大电路的器件级别实现，当其放大功能被激活时，其输入电压 v_{GS} 是以平方律的数学关系对其所提供的输出电流 i_D 进行控制的。

　　此外，当 $v_{DS} \ll 2(v_{GS} - V_T)$ 时，则有

$$i_D = \mu_n C_{ox} \frac{W}{L}(v_{GS} - V_T)v_{DS} \tag{2-19}$$

式 (2-19) 表明，共源极组态在深三极管区，漏极输出电流 i_D 与漏-源输出电压 v_{DS} 之间形成了有效的线性关系。此时，MOSFET 可以作为大小由 v_{GS} 控制的可变线性电阻应用于集成电路设计。

实际上，当 MOSFET 用于集成电路设计时，输出性能会比其分立应用时变差。如图 2-40 所示，当 v_{GS} 不变时，如果沟道长度 L 比较短，i_D 就会明显地随着 v_{DS} 单调递增，使得饱和区的输出特性曲线向上翘，从而造成输出电阻的阻值明显降低，MOSFET 的输出特性因此变差。考虑沟道长度调制效应时的共源极 N 沟道增强型 MOSFET 的等效电路模型如图 2-41 所示。

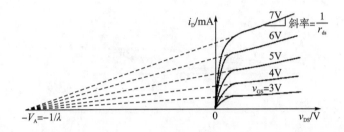

图 2-40　考虑沟道长度调制效应时的 N 沟道增强型 MOSFET 的输出特性曲线

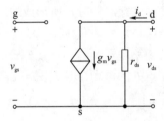

图 2-41　考虑沟道长度调制效应时的共源极 N 沟道增强型 MOSFET 的等效电路模型

通过引入沟道长度调制系数 λ，可将式 (2-18) 所示的 MOSFET 在饱和区的 V-I 关系修正为式 (2-20)。

$$i_D = K_n (v_{GS} - V_{TN})^2 (1 + \lambda v_{DS}) \tag{2-20}$$

其中，$\lambda = 1/V_A \approx 0.1/L$，$V_A$ 为厄利电压。

另外，同为三极管器件，MOSFET 与 BJT 在管脚组成上最大的不同之处在于，MOSFET 为了利用电场效应形成沟道反型层，比 BJT 多出了一个衬底管脚。在分立元件电路中，MOSFET 的衬底与源极管脚直接相连，即 $v_{BS}=0$。在大规模集成电路设计中，需要将多个 MOS 管制作在同一个衬底上，因此不可能将所有 MOS 管的源极都与公共衬底相连，于是衬底与源极之间必然会形成衬底偏压 v_{BS}。

为了保证导电沟道与衬底之间相互隔离，导电沟道与衬底之间所形成的 PN 结必须要反向偏置，因此对于 N 沟道器件而言，其衬底必须处于电路的最低电位，

才能确保 $v_{BS} \leqslant 0$。如图 2-42 所示，如果 N 沟道器件 $v_{BS} < 0$，沟道与衬底之间耗尽层的厚度就会大于 $v_{BS} = 0$ 时的厚度，从而使得 $v_{BS} < 0$ 时的开启电压 V_{TN} 明显高于 $v_{BS} = 0$ 时的 V_{TN0}。并且，v_{BS} 越小，V_{TN} 就越大，这种现象被称为衬底调制效应。

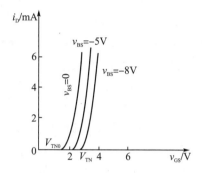

图 2-42　考虑衬底效应时的 N 沟道增强型 MOSFET 的转移特性曲线

同时考虑了沟道长度调制效应和衬底调制效应的共源极 N 沟道增强型 MOSFET 的等效电路模型如图 2-43 所示。该图表明衬底偏压 v_{BS} 的存在，将会削弱共源极组态下输入电压 v_{GS} 对其所提供的输出电流 i_D 的控制能力。

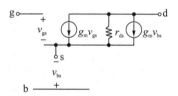

图 2-43　同时考虑了沟道长度调制效应和衬底调制效应的共源极 N 沟道
增强型 MOSFET 的等效电路模型

显然，根据图 2-40 和图 2-42 以及式 (2-20) 可知，当 MOSFET 被用于集成电路设计时，如果对其进行放大激活的电源 V_{GG} 和 V_{DD} 均处于低压状态，则可以大大弱化沟道长度调制效应和衬底调制效应，从而使得共源极组态的等效电路模型更加接近于图 2-38 所示的理想互导放大电路模型。此外，当 MOSFET 在集成电路设计中被用于高阻值的线性电阻时，也恰好处于可变电阻区的低电源电压偏置条件下。由此可见，MOSFET 性能最优时的工作条件与现代大规模集成电路的低压低功耗设计理念完全吻合，因此 MOSFET 更具实用性，是最基本的理想半导体有源器件。

2.5 本 章 小 结

标志现代电子信息技术开端的半导体器件 BJT 的创新性设计，是对互导放大电路模型的本质进行认识而发端的。认识的核心在于：在放大电路的四种简化等效模型基础上，对戴维宁定理和诺顿定理最佳使用条件的深入剖析，以及对电子学基本定律——伏安定律本质的深刻体会和应用。互导放大电路的器件级别创新实现的关键在于：半导体器件的发明创新基础——PN 结的突破性设计所呈现出来的重要学术意义和工程价值。互导放大器件的创新设计集中体现在：创新成果——BJT 的器件结构及其外围电路的合理设计。共发射极组态下 BJT 本征等效电路的建模结果表明，BJT 并非互导放大电路最优的器件级别实现。在 BJT 创新性设计的启发下，工艺结构进一步优化设计的成果——MOSFET，并非仅仅局限在对晶体管器件输入性能的理想化实现上，其最大的特色在于工艺设计原理与 BJT 有巨大区别，因此比 BJT 更具应用的便捷性和灵活性，尤其是在大规模集成电路的设计应用中。

由此可见，创新并非无源之水、无本之木。恪守专业基础理论和基本规律，对基础知识中的基本概念和基本原理深入体会与深刻理解，往往是创新思维快速形成、创新成果有效推动和实施的原始动力与加速器，而创新意识的培养和创新能力的不断提高，往往是在对海量知识和经典案例深刻学习的过程中逐步得以落实的。在大多数创新设计过程中，思维的方式有可能将决定一切。

第3章 半导体电路的优化设计

本章将通过剖析典型半导体原理电路的固有局限性，揭示半导体电路需要历经原理电路、实用原理电路和实用电路三个研发阶段的必要性及其优化改进的设计理念。并且，本章还将通过论述集成运算放大器和电信号滤波处理电路的设计理念，揭示半导体电路优化由量变到质变、由简单到复杂的技术原理内涵。

3.1　基本放大电路的局限性

3.1.1　原理电路

鉴于 BJT 是首个器件级别实现的半导体互导放大电路，而且是在其共基极组态下被设计发明出来的(图 2-23)，因此，半导体放大电路的初始原理电路应当为如图 3-1 所示的共基极放大电路。

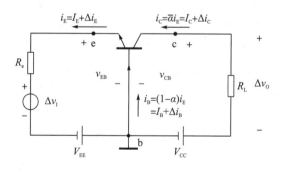

$i_E = I_E + \Delta i_E$　　$i_C = \overline{a} i_E = I_C + \Delta i_C$

$i_B = (1-a)i_E = I_B + \Delta i_B$

图 3-1　共基极放大电路

正如图 2-23 所呈现的 BJT 设计原理那样，与图 2-22 中关于硅二极管放大电路的分析相同，BJT 的放大作用也是在其直流通路中被大信号直流源所激活的。因此，为了激活 BJT，使之能够处于放大状态下工作，应当合理地设计其外围直流通路。此外，仍然与图 2-22 中关于硅二极管放大电路的分析相同，BJT 对交流微弱信号的放大传输能力，也是在其交流通路中体现的。

基于图 2-23 所示的 BJT 直流通路，可以设计 BJT 在共基极组态下完整的放大电路，如图 3-1 所示。其中，考虑到 BJT 的集电极管脚 c 具有高阻和恒流的输出特性，并据此对比互导放大电路模型的功能和特点，应当将 BJT 的 c 管脚当作共基极放大电路的输出管脚，并把图 2-23 中的 R_c 看作此放大电路的直流负载 R_L。同时，应当将待放大的交流小信号源 Δv_I 放置在控制 I_C 电流强度的直流电压源 V_{EE} 所在的 BJT 发射极 e 管脚。

图 3-1 所示放大电路设计的关键在于，在选择共基极直流放大系数 α 在 0.98 以上的 BJT 之后，应当合理设计外围电路 (V_{EE}, R_e) 和 (V_{CC}, R_L)，从而在激活 BJT 电流跟随能力的同时（共基极放大电路的电流增益 $A_i = i_C/i_E \approx \alpha$，且 $1 > \alpha > 0.98$），使之也具有电压放大能力（共基极放大电路的电压增益 $A_v = \Delta v_o/\Delta v_I$）。

在图 3-1 所示的输入回路中，利用 KVL 定律可以描述输入回路信号的传输特性，可得 $V_{EE} - \Delta v_I = -v_{EB} + i_E R_e$，其中，$v_{EB}$ 为发射结外加电压。

(V_{EE}, R_e) 的设计原则与图 2-22 所示的硅二极管放大电路中的 (V_{DD}, R) 完全相同，只有选择大电源和大电阻，才能够产生毫安数量级的大电流 I_E。

在图 3-1 所示的输出回路中，利用 KVL 定律可以描述输出回路信号的传输特性，可得 $V_{CC} = V_{EE} = v_{CB} + i_C R_L$，其中，$v_{CB}$ 为集电结外加电压（V_{CBQ} 为集电结反向偏置静态电压）。

为了保证共基极放大电路能够对 Δv_I 进行最大摆幅的无失真输出，应当设计 $V_{CBQ} \approx V_{CC}/2$，$v_{CB} \gg v_{EB}$，所以，比较 $V_{EE} - \Delta v_I = -v_{EB} + i_E R_e$ 和 $V_{CC} = v_{CB} + i_C R_L$，可得：当 $V_{CC} = V_{EE}$ 时，$R_L < R_e$。

在图 3-1 所示的放大电路中，当 BJT 的放大能力被激活后，由于 PN 结的正向偏置电压对电流的控制作用灵敏，因此，交流输入信号 Δv_I 的微小变化（如 $\Delta v_I = 20\text{mV}$）可以引起很大的 i_E 变化 Δi_E（如 $\Delta i_E = 1\text{mA}$）。假设 BJT 的 $\alpha = 0.98$，当要求该放大电路的设计指标 $A_v = 49$ 时，Δv_o 能够达到 0.98V。根据 $\Delta v_o = -\Delta i_C \cdot R_L = -\alpha \Delta i_E \cdot R_L = 0.98\text{V}$，可得 $R_L = 1\text{k}\Omega$。

由此可见，为保证获取足够高的电压增益，直流负载 R_L 的阻值不能选择太低，至少应该选择千欧数量级的电阻。

如 2.3.2 节中所述，在 BJT 的三种组态中，共发射极组态的放大性能最好。为此，参考图 3-1，可以设计空载共发射极放大电路的原理电路，如图 3-2 所示。其中，R_c 为图 3-1 中的直流负载 R_L，外接实际负载是以与 R_c 并联的方式接入集电极管脚。

下面将通过对共发射极放大电路的原理电路进行图解分析和小信号等效电路分析，剖析该原理电路存在的局限性及其电路结构优化设计的必要性。

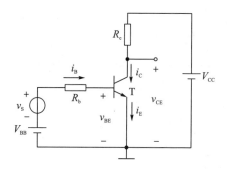

图 3-2　空载共发射极放大电路的原理电路

　　图 3-3(a)所示的空载共发射极放大原理电路的直流通路表明，在此电路结构下，输入回路的 (V_{BB}, R_b) 应当使 BJT 的发射结正向偏置导通，输出回路的 (V_{CC}, R_c) 应当使 BJT 的集电结反向偏置在最有利于交流信号放大输出的状态，因此，直流通路分析的关键是如何有效地确定输入和输出回路的电源和偏置电阻。

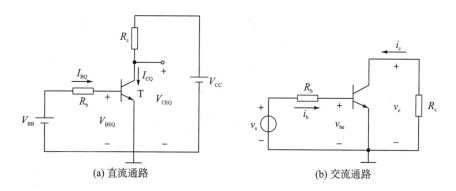

(a) 直流通路　　　　　　　　　　　　　　　　　(b) 交流通路

图 3-3　空载共发射极放大原理电路的分析

　　图 3-3(a)中，BJT 的静态输出电压 V_{CEQ} 和静态输入电流 I_{BQ} 的计算公式分别为

$$V_{CEQ} = V_{CC} - I_{CQ}R_c \tag{3-1}$$

$$I_{BQ} = \frac{V_{BB} - V_{BEQ}}{R_b} \tag{3-2}$$

其中，静态输出电流 $I_{CQ}=\beta I_{BQ}$。

　　当半导体放大电路设计的第一步——选择晶体管完成后，图 3-3(a)中 BJT 的导通电压 V_{BEQ} 和共发射极组态的电流放大系数 β 均为确定的常数。据此，可以在图 3-4 中确定 BJT 静态输入工作点 $Q(V_{BEQ}, I_{BQ})$ 所在的位置，从而在图 3-5 中确定 BJT 输出工作点 Q 所在的与横轴平行的放大区特征线 $i_B=I_{BQ}$ 的位置所在。

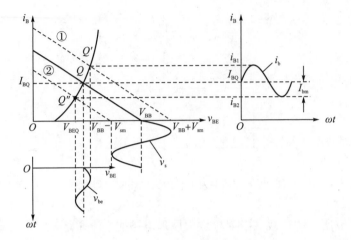

图 3-4　图 3-2 中输入回路的图解分析

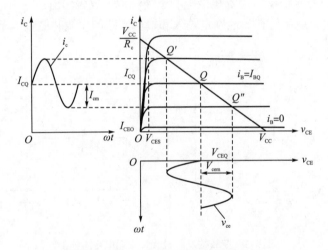

图 3-5　图 3-2 中输出回路的图解分析

　　紧接着，应当根据此放大电路设计所预期的电压增益指标以及可放大的输入信号的最小摆幅，确定输出信号的最大摆幅 V_{cem}。据此，可以根据图 3-5 中 BJT 输出 $V\text{-}I$ 特性曲线的横轴，并结合 BJT 的饱和压降 V_{CES}，实现 V_{CC} 电源值的估算，即 $V_{\mathrm{CC}}=V_{\mathrm{CES}}+2V_{\mathrm{cem}}$。同时，这样处理之后，也能够在图 3-5 中确定 V_{CEQ} 的值，即 $V_{\mathrm{CEQ}}=(V_{\mathrm{CC}}-V_{\mathrm{CES}})/2$，进而可以确定 BJT 输出工作点 $Q(V_{\mathrm{CEQ}},I_{\mathrm{CQ}})$ 所在的位置。

　　在图 3-5 所示的 BJT 输出 $V\text{-}I$ 特性曲线中，可以将已确定的横轴上的 V_{CC} 点和已确定的输出工作点 Q 相连，并将直线向纵轴方向延长，从而利用其与纵轴的交点 $V_{\mathrm{CC}}/R_{\mathrm{c}}$ 确定 R_{c} 的值。这便是利用式(3-1)计算 R_{c} 的图解分析方法。

在完成输出回路(V_{CC}, R_c)设计的基础上,可以进一步实现输入回路(V_{BB}, R_b)的设计。其中,理论上考虑到 V_{BB} 与 V_{CC} 最大的不同之处在于,其功能是控制发射结导通,生成预期的 I_{BQ},而无须为电路的电压增益直接做贡献,因此,V_{BB} 的值通常是 V_{CC} 的 1/3。据此,可以在图 3-4 所示的 BJT 输入 V-I 特性曲线中,确定横轴上 V_{BB} 点的位置,将其与已确定的输入工作点 Q 相连,并将直线向纵轴方向延长,从而利用其与纵轴的交点 V_{BB}/R_b 确定 R_b 的值。这便是利用式(3-2)计算 R_b 的图解分析方法。

综上所述,基于直流通路,利用图解分析方法,似乎完全可以完成共发射极放大电路的原理电路设计。那么,交流通路分析的工程意义体现在哪里呢?

假设硅 BJT 的 $\beta=80$,忽略其 V_{CES}。当该 BJT 管导通($V_{BEQ}=0.7V$)时,$I_{BQ}=15\mu A$,则 $I_{CQ}=1.2mA$。根据以上基于直流通路的图解分析结果可知,当设计 $V_{CC}=12V$ 时,$V_{BB}=4V$,输出信号的最大摆幅 $V_{cem}=V_{CEQ}=6V$。据此,输入和输出回路偏置电阻的设计结果为 $R_b=220k\Omega$,$R_c=5k\Omega$。

上述基于定量分析的设计结果,初步呈现出空载共发射极放大原理电路在实际应用中的局限性。其中,该 BJT 管导通状态下的 $V_{CEQ}=6V$,表明该 BJT 工作在放大区的最佳工作点。因此,该电路的输出回路的电路结构应当不存在问题。但是,在图 3-3(b)所示的共发射极放大原理电路的交流通路中,设计结果 $R_b=220k\Omega$ 却表明交流信息源 v_s 在被 BJT 放大之前,必然先要经历偏置电阻 R_b 的严重衰减。

如图 3-4 所示,以 V_{BB} 为波动中心、峰值为 V_{sm} 的电压信号源 v_s,在经共发射极放大电路获取电压增益之前,先被 R_b 衰减成以 Q 为中心、在 $Q''Q$ 范围内波动的微弱信号 v_{be}。因此,共发射极放大原理电路实际上只能够将 v_{be} 反相放大成图 3-5 中以 Q 为中心、在 $Q'Q''$ 范围内波动的峰值为 v_{cem} 的大信号 v_{ce}。其中,$v_{cem}=v_{sm}$。

空载共发射极放大原理电路的交流通路分析表明,放大电路的高电压增益虽能提供给微弱信号 v_{be},却仅仅只能够实现对交流大信号源 v_s 的反相电压跟随作用,实际上缺乏对微弱的交流信号源进行放大增强的能力,从而暴露出空载共发射极放大原理电路的局限性。这也便是对放大电路进行交流通路分析的工程意义所在。

3.1.2　实用的原理电路

下面通过对图 3-6(a)所示的有载共发射极放大原理电路进行实用性分析,进一步探明共发射极放大原理电路的所有局限性,从而对其进行有效的优化改进。

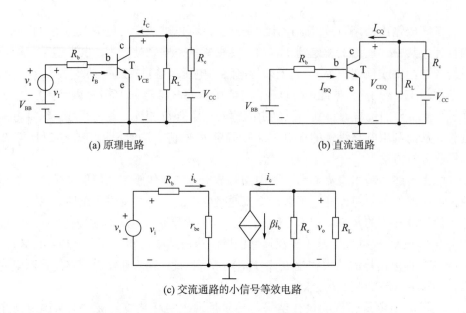

(a) 原理电路　　　(b) 直流通路

(c) 交流通路的小信号等效电路

图 3-6　有载共发射极放大原理电路的实用性分析

在图 3-6(b)所示的直流通路中，输出回路的静态 *V-I* 方程如式(3-3)所示。

$$V_{CEQ} = \left(\frac{V_{CC} - V_{CEQ}}{R_c} - I_{CQ} \right) R_L \tag{3-3}$$

式(3-3)表明，与空载共发射极放大原理电路相比，有载放大电路输出回路的静态工作点(V_{CEQ}, I_{CQ})不仅与其偏置电路(V_{CC}, R_c)有关，还与负载电阻 R_L 密切相关。R_L 变化将直接严重影响输出回路静态工作点的稳定性。因此，非常有必要通过耦合电容将 R_L 接入 BJT 的集电极管脚，使得 R_L 永远不会出现在放大电路的直流通路中，从而有效实现直流通路与交流通路的隔离。

此外，为了保证放大状态下 I_{BQ} 微安数量级的极小电流特性，需要将输入回路中的偏置电阻 R_b 设置为高阻值的大电阻。在实际情况中，通常交流信号源 v_s 的内阻 $R_s \ll R_b$，因此，在图 3-2 和图 3-6 所示电路的分析中，忽略了与 R_b 串联的 R_s 对输入回路静态工作点稳定性的影响，当信号源内阻较高时，同样也需要通过耦合电容将信号源接入 BJT 的基极管脚。

有载共发射极放大原理电路输入回路所存在的问题，主要体现在对图 3-6(c)所示交流通路的小信号等效电路的分析中。根据图 3-6(c)，可以得到该电路电压增益的数学表达式为

$$A_v = \frac{v_o}{v_i} = \frac{-i_c \cdot (R_c /\!/ R_L)}{i_b \cdot (R_b + r_{be})} = -\frac{\beta \cdot (R_c /\!/ R_L)}{(R_b + r_{be})} \tag{3-4}$$

由式 (2-13) 可知，BJT 工作在放大区时 $R_c//R_L$ 在数千欧左右，r_{be} 约为 $1\text{k}\Omega$，然而 $R_b \gg r_{be}$ 且 R_b 为数十万欧，因此，式 (3-4) 表明非常有必要将 R_b 以并联的方式接入 BJT 的基极管脚，否则共发射极放大电路将有可能无法正常提供电压增益。

综上所述，对于有载共发射极放大电路而言，为了保证其实用性，非常有必要利用耦合电容将信号源和负载分别接入 BJT 的基极和集电极管脚，并且还非常有必要将 R_b 以并联的方式接入 BJT 的基极管脚。据此，可以将有载共发射极放大原理电路优化改进为其实用的原理电路，如图 3-7(a) 所示。

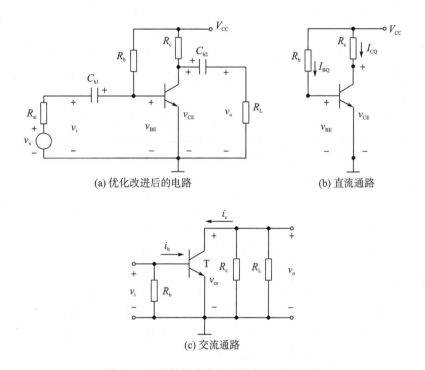

图 3-7　共发射极放大电路的实用原理电路

如图 3-7(a) 所示，实用原理电路的改进体现在：将 R_b 由交流串联接入 BJT 基极管脚改成以并联的方式接入，同时还分别在基极和集电极管脚增添了耦合电容 C_{b1} 和 C_{b2}。其中，C_{b1} 的选取是以 v_s 的下限截止频率为依据，而 C_{b2} 的选取一般以 C_{b1} 为依据，通常 $C_{b2}=C_{b1}$。这也是当 C_{b2} 位于集电极 c 管脚，其下标仍然采用基极 b 标注的原因。

如图 3-7(b) 所示，信号源内阻 R_{si} 和负载 R_L 将永远不会再出现在直流通路中，从而确保了放大电路输入和输出静态工作点的稳定。

在图 3-7(c) 所示的交流通路中，$v_i=i_b \cdot r_{be}$，从而使被 BJT 放大处理的净输入交

流信号 v_i 不会再被 R_b 衰减，但是，R_b 在直流通路中所发挥的作用，仍然与其在改进前的电路中完全相同。如图 3-7(b) 所示，R_b 仍然按式 (3-2) 的方式生成 I_{BQ} 电流，只是因为输入回路的供电电源由 V_{BB} 换成了 $V_{CC} \approx 3V_{BB}$，所以改进电路中的 R_b 阻值也必然更高了。

3.2 面向实用性的电路结构优化

半导体有源器件及其放大电路的设计表明，半导体有源器件是在输入信号的控制作用下放大做功，并在将供电电源能量转换为交流小信号源的能量之前，借助供电电源，将作为大信号输入的直流电源与偏置电阻一起组成直流通路，利用直流通路将有源器件的放大能力激活，使其能够渡越截止区和饱和区，最终维持在放大工作区。

由此可见，半导体有源器件放大做功需要耗能，而耗能所产生的热量会激发半导体材料产生电流。如图 2-29 所示，温度升高会使得 BJT 在放大区的输出特性曲线向上平移，引起放大电路静态工作点 (V_{CEQ}, I_{CQ}) 不稳定，造成静态工作点由放大区向饱和区漂移，使电路的放大能力不断减弱。

对于图 3-7 所示的共发射极放大实用原理电路而言，如果采用工作环境恒温设计（如密封充氮制冷），则能够非常有效地解决静态工作点随温度漂移的问题。显然，使用成本的增加和应用的复杂性都会大大限制半导体有源器件及其放大电路的实用性。

下面针对分立电路和集成电路设计与实际应用，根据共发射极组态实用放大电路的发展脉络，分别剖析基极分压式发射极偏置电路、阻容耦合式双电源发射极偏置放大电路和差分放大电路的设计过程，进而揭示如何通过电路结构的优化，灵活地解决半导体放大电路的实用性问题。

3.2.1 共发射极分立放大电路的结构

与图 3-7(a) 相比，图 3-8(a) 所示的基极分压式发射极偏置电路中不仅增添了一个基极偏置电阻 R_{b2}，同时还在 BJT 的发射极管脚增添了一个偏置电阻 R_e。显然，增添这两个电阻的目的是稳定 I_{CQ}。

在图 3-8(b) 所示的直流通路中，因为 BJT 发射极管脚增添了 R_e，所以发射结导通控制电压将会由 V_{BEQ} 变为 $V_{BQ}=V_{BEQ}+V_E$。其中，$V_E=I_{EQ}\cdot R_e \approx I_{CQ}\cdot R_e$。由此可见，当由于温度等因素造成 I_{CQ} 增大或者减小时，只要 V_{BQ} 保持恒定，V_{BEQ} 将会随着 I_{CQ} 的增大或者减小而自动减小或者增大，从而使 I_{CQ} 基本保持不变。因此，

为了保持 V_{BQ} 恒定，应当合理设计 R_{b1} 和 R_{b2} 的阻值，使得 $I_1 \approx I_2 \gg I_{BQ}$，确保
$V_{BQ} \approx \dfrac{R_{b2}}{R_{b1}+R_{b2}} \cdot V_{CC}$。

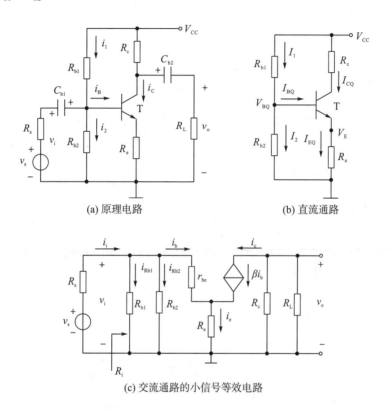

(a) 原理电路　　　　　　　　　　　　　(b) 直流通路

(c) 交流通路的小信号等效电路

图 3-8　基极分压式发射极偏置电路

　　在图 3-8(b) 中，(V_{CC}, R_{b1}, R_{b2}) 支路实际上起到图 3-2 所示原理电路中输入偏置回路的作用，V_{BQ} 的作用相当于图 3-2 中输入回路电源 V_{BB}，因此，工程上一般取 $V_{BQ} \approx V_{CC}/3$。同时，为了尽量兼顾 $R_{b1}//R_{b2}$ 不降低 BJT 共发射极组态的交流输入电阻 r_{be} 和保证 R_e 偏置耗能的需要，在保证 $R_{b1}//R_{b2}$ 为高阻值的条件下，工程上一般取 $(1+\beta)R_e = 10(R_{b1}//R_{b2})$。

　　将图 3-8(b) 所示电路与图 3-9 所示电流串联负反馈放大电路的原理框图进行对比可知，图 3-8(b) 所示电路是通过 R_e（即反馈网络 F_r）将共发射极放大电路（即本质上为互导放大电路的主网络 A_g）的静态输出电流 I_{CQ}（即 i_o）形成反馈电压 V_E（即 v_f），并在放大电路静态输入电压 V_{BQ}（即 v_i）恒定的条件下，利用负反馈电压 $-V_E$ 自动控制 BJT 净输入电压 $[V_{BEQ}=V_{BQ}-V_E$（即 $v_{id}=v_i-v_f$）$]$ 的大小，从而达到稳定放大电路静态输出电流的目的。

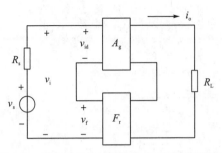

图 3-9　电流串联负反馈放大电路的原理框图

　　从电路结构设计的角度分析，图 3-8 所示的电路是在图 3-7 所示的共发射极放大实用原理电路的基础上，通过采用电流串联直流负反馈的电路结构设计，进一步增强共发射极放大电路的实用性。

　　理论上，互导放大电路通过采用电流串联负反馈结构进行优化后，在稳定放大电路互导增益的同时，还会通过增大互导放大电路的输入电阻和输出电阻，达到提高放大电路性能的目的。实际上，基于图 3-8(c) 所示的交流通路进行电路分析，可以得到表征图 3-8(a) 所示放大电路性能的三个基本指标：输入电阻 R_i、输出电阻 R_o 和电压增益 A_v，分别如式(3-5)～式(3-7)所示。

$$R_i = \frac{v_i}{i_i} = R_{b1} \parallel R_{b2} \parallel [r_{be} + (1+\beta)R_e] \tag{3-5}$$

$$R_o \approx R_c \tag{3-6}$$

$$A_v = \frac{v_o}{v_i} = \frac{-i_c(R_c \parallel R_L)}{i_b[r_{be} + (1+\beta)R_e]} = -\frac{\beta \cdot (R_c \parallel R_L)}{r_{be} + (1+\beta)R_e} \tag{3-7}$$

　　式(3-5)表明，因为 $R_i \gg r_{be}$，所以 R_e 在稳定 I_{CQ} 的同时，确实也提高了放大电路的输入性能；式(3-6)表明，R_e 对放大电路的输出性能几乎没有影响，这主要是因为共发射极组态的输出电阻 r_{ce} 本身已经很高，所以 R_o 受 R_e 的影响极小；式(3-7)表明，R_e 对放大电路所提供的电压增益有很强的衰减作用，这是因为 $(1+\beta)R_e \gg r_{be}$，所以会导致 $A_v \to 1$ 甚至 $A_v < 1$。

　　上述分析表明，与图 3-8(a) 所示电路相比，应当如图 3-10(a) 所示的那样，通过增添与 R_e 并联的旁路电容 C_e，使得 R_e 仅发挥其作为电流串联直流负反馈电阻稳定 I_{CQ} 的有益作用。C_e 的存在将使得 R_e 不会再出现在放大电路的交流通路中，以此抑制 R_e 对放大电路电压增益的衰减作用。虽然这会造成放大电路的输入电阻明显降低，但是 BJT 共发射极组态电路本质上就仅适用于中间级放大电路，需要将具有高输入电阻、低输出电阻以及电压跟随功能的共集电极放大电路作为其输入级电路。显然，如果在图 3-8 中采用 FET 替代 BJT 构成共源极放大电路，那么放大电路的输入电阻就会完全由高阻值的输入回路偏置电阻决定，输入性能会明显提高，从而使得共源极放大电路能够直接作为输入级电路使用。

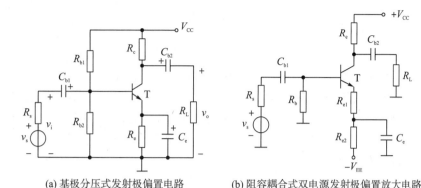

(a) 基极分压式发射极偏置电路　　(b) 阻容耦合式双电源发射极偏置放大电路

图 3-10　实用的共发射极分立放大电路

基于图 3-8(b) 所示的直流通路进行电路分析, 还可以得到放大电路的输入和输出静态工作点的数学模型, 分别如式(3-8)~式(3-10)所示。

$$V_{BQ} \approx \frac{R_{b2}}{R_{b1} + R_{b2}} \cdot V_{CC} \tag{3-8}$$

$$I_{CQ} = \beta I_{BQ} \approx I_{EQ} = \frac{V_{BQ} - V_{BEQ}}{R_e} \tag{3-9}$$

$$V_{CEQ} \approx V_{CC} - I_{CQ}R_c - I_{CQ}R_e \tag{3-10}$$

与图 3-7(a) 所示的实用原理电路相比, 式(3-8)表明, 通过增添 R_{b2}, 并使之与 R_{b1} 形成有效的基极分压后, 所获得的恒定电压 V_{BQ} 相当于重新创建了图 3-6(a) 所示原理电路中输入回路的供电电源 V_{BB}。式(3-9)则表明, 在输入偏置回路中真正起到输入回路偏置电阻作用的是 R_e, 它与 V_{BQ} 配合生成了发射结导通电流 I_{EQ}。由此可见, R_b 输入回路偏置电阻的身份已经被 R_e 所替代。式(3-10)表明, 当 R_e 出现在输出回路时, 它将会使静态输出工作点 V_{CEQ} 向饱和区移动, 从而造成输出交流信号的摆幅减小, 最终使得放大电路的电压增益有所降低。据此, 可以将图 3-10(a) 所示放大电路进一步改进为图 3-10(b) 所示的阻容耦合式双电源发射极偏置放大电路。

在图 3-10(b) 中, 输入偏置回路的供电电源是 V_{EE}, 并且如式(3-11)所示, R_b 仍然是输入回路的偏置电阻, 它与 R_{e1} 和 R_{e2} 一起生成了静态输入电流 I_{BQ}。同时, 如式(3-12)所示, V_{EE} 也有效地补偿了发射极偏置电阻对输出偏置回路供电电源 V_{CC} 的能量消耗, 从而确保 V_{CEQ} 始终处于能够使得放大电路电压增益最大化(即能够使输出信号的电压摆幅最大化)的最佳静态输出工作点位置。

$$I_{BQ} = \frac{V_{EE} - V_{BEQ}}{R_b + (1+\beta)(R_{e1} + R_{e2})} \tag{3-11}$$

$$V_{CEQ} \approx V_{CC} + V_{EE} - I_{CQ}R_c - I_{CQ}(R_{e1} + R_{e2}) \tag{3-12}$$

在图 3-10(b) 中，发射极偏置电阻由 R_{e1} 和 R_{e2} 组成，其中 R_{e2} 仅在直流通路中起稳定电流串联直流负反馈的作用，而 R_{e1} 既在直流通路中起到与 R_{e2} 相同的作用，又在交流通路中起到改善放大电路输入性能的作用。如式(3-13) 和式(3-14) 所示，在合理设计 R_{e1} 和 R_{e2} 使得 $A_v \gg 1$ 的条件下，R_{e1} 能够在稳定放大电路电压增益的同时，提高其输入电阻 R_i。

$$A_v = -\frac{\beta \cdot (R_c \parallel R_L)}{r_{be} + (1+\beta)R_{e1}} \tag{3-13}$$

$$R_i = R_{b1} \parallel R_{b2} \parallel [r_{be} + (1+\beta)R_{e1}] \tag{3-14}$$

由此可见，图3-10所示电路在回归共发射极放大原理电路结构特征的基础上，通过进一步优化设计发射极偏置电路的结构，完全实现了该电路的实用性。

与图 3-6 所示的原理电路相比，具有实用性的共发射极放大电路需要采用三个必不可少的电容器件，按重要性排序依次为旁路电容 C_e、耦合电容 C_{b1} 和耦合电容 C_{b2}。这三个电容的设计要求可根据图 3-11 中针对旁路电容的分析结果得到。

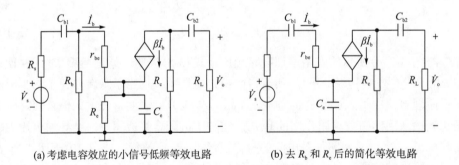

(a) 考虑电容效应的小信号低频等效电路   (b) 去 R_b 和 R_e 后的简化等效电路

(c) C_{b1} 与 C_e 合并后的简化等效电路

图 3-11　旁路电容与耦合电容的频率特性分析

在图 3-11(a)所示的包含电容的共发射极放大电路的小信号低频等效电路中，由于 C_e 的作用是使交流传输信号短路，因此其容抗值 $(1/\omega C_e)$ 必须远远小于 R_e 和 r_{be} 的值。此外，由于 R_b 远远大于 r_{be}，所以 R_e 和 R_b 对小信号等效电路的影响可以忽略不计，如图 3-11(b)所示。

在图 3-11(b)中，由于流径 C_e 的电流近似为 $\beta \dot{I}_b$，所以当选取 $C_e \gg C_{b2}$ 时，可以保证 C_e 对输出回路几乎无任何影响，而仅与位于输入回路的 C_{b1} 串联。于是，可以将 C_e 等效到基极管脚，并与 C_{b1} 合成为 C_1，如图 3-11(c)所示。其中，合成电容 C_1 的数学模型如式(3-15)所示。

$$C_1 = \frac{C_{b1}C_e}{(1+\beta)C_{b1} + C_e} \tag{3-15}$$

在图 3-11(c)中，当输出回路的受控电流源 βi_b 与 R_c 等效为受控电压源 $\beta i_b R_c$ 后，可以明显看出 C_1 与 r_{be}、C_{b2} 与 R_L 分别在输入和输出回路构成了高通滤波电路，因此，耦合电容与旁路电容均影响放大电路的下限截止频率。

综上所述，C_{b2} 的选取可由被放大信号 v_s 的下限频率决定，并且 $C_1 = C_{b2}$。再利用 $C_e \gg C_{b2}$ 选取 C_e 后，就可以利用式(3-15)确定 C_{b1} 的值。据此，可以完成实用的共发射极放大电路耦合电容与旁路电容的分析与设计。

实际上，由于 PN 结在正向偏置和反向偏置时，分别存在电容值较大的扩散电容效应和电容值较小的势垒电容效应，因此，在图 3-12 所示的共发射极组态高频混合 Π 型小信号模型中，应当考虑发射结电容 $C_{b'e}$ 和集电结电容 $C_{b'c}$ 对放大电路性能的影响。

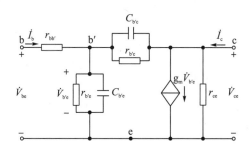

图 3-12　共发射极组态的高频混合 Π 型小信号模型

在图 3-12 中，$r_{bb'}$ 是基区的体电阻，b′ 是假想的基区内的一个点；$r_{b'e}$ 是发射结电阻 r_e 归算到基极回路的电阻；$r_{b'c}$ 是集电结电阻；r_{ce} 是共发射极组态的输出电阻；互导增益 $g_m = \left.\dfrac{\partial i_C}{\partial v_{B'E}}\right|_{V_{CE}}$ 表明了共发射极组态输入电压(发射结电压)对输出电流的控制能力。

由于 $r_{b'c}$ 是反向偏置的 PN 结电阻,以及 $r_{ce} \gg$ 共发射极放大电路的实际负载电阻 $R'_L = R_c /\!/ R_L$,因此,在图 3-13(a)所示的实用基极分压式发射极偏置放大电路的高频小信号等效电路中,$r_{b'c}$ 和 r_{ce} 均可以做开路处理。

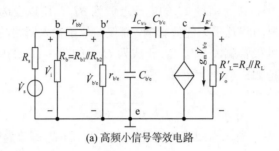

(a) 高频小信号等效电路

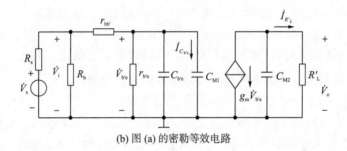

(b) 图 (a) 的密勒等效电路

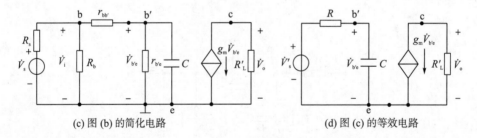

(c) 图 (b) 的简化电路   (d) 图 (c) 的等效电路

图 3-13   基极分压式发射极偏置放大电路中 BJT 扩散电容 $C_{b'e}$ 和势垒电容 $C_{b'c}$ 的频率特性分析

在图 3-13(b)中,利用密勒定理,可以将 $C_{b'c}$ 等效变换到输入回路(b'~e)和输出回路(c~e)。其中,密勒等效电容 C_{M1} 和 C_{M2} 分别为 $C_{M1}=(1+g_m R'_L)C_{b'c}$、$C_{M2} \approx C_{b'c}$。由于 $C_{b'c}$ 很小,可以忽略不计,因此,可以将图 3-13(b)简化为图 3-13(c)。其中,$C=C_{b'e}+C_{M1}$。

图 3-13(b)所示的共发射极放大电路的高频等效电路表明,由于 C 与 $R=r_{b'e} /\!/$ $(r_{bb'}+R_b /\!/ R_s) \approx r_{b'e}$ 构成了低通型滤波电路,因此 BJT 的发射结和集电结的电容特

性决定了共发射极放大电路的上限截止频率 $f_\beta \approx \dfrac{1}{2\pi(C_{b'e}+C_{b'c})r_{b'e}}$。这就决定了为了无失真地放大传输带宽为$[f_L, f_H]$的信号源 v_s，在设计共发射极放大电路时，应当通过 f_β 参数，合理地选择 BJT 器件。其中，f_L 和 f_H 分别为信号源带宽的上限和下限频率。

3.2.2 共发射极集成放大电路的结构

图 3-10 所示的两种实用的共发射极分立放大电路，都是利用偏置电阻实现 BJT 静态工作点的最佳偏置设置。其中，基极偏置电阻 R_b 的阻值非常大。为了使信号源电压能够得到电压增益最大化的无失真传输，图 3-10 所示电路必须使用电容值较高的旁路电容 C_e 以及耦合电容 C_{b1} 和 C_{b2}。

大电阻和大电容不仅要占用集成电路版图中较大的面积，还会因为制作工艺与晶体管的工艺不兼容，造成集成电路的设计与工艺成本提高以及成品率降低。因此，集成电路设计中应当尽量避免采用高阻值的电阻和高容值的电容。据此，可以初步确定共发射极集成放大电路的原理电路——直接耦合电路的结构，如图 3-14 所示。

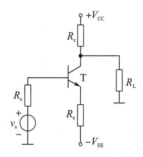

图 3-14　共发射极集成放大电路的原理电路——直接耦合电路

与图 3-10 所示的实用的共发射极分立放大电路相比，在图 3-14 所示的直接耦合电路中，高阻值的基极偏置电阻 R_b 以及高容值的旁路电容 C_e 和耦合电容 C_{b1} 与 C_{b2} 都不存在。

通过分析图 3-14 中 BJT 被放大激活后的工作状态，可以评估直接耦合电路的实用性。其中，在图 3-14 中不再使用 C_{b2} 是完全合理的。这是因为对于统一固化并封装的集成电路而言，负载 R_L 实际上是第二级电路的输入电阻，当第二级电路的设计完成后，R_L 的值是绝对固定不变的，因此不必再担心因为未使用 C_{b2} 而造成 BJT 输出节点上的静态工作点随 R_L 的变化而变得不稳定。

　　根据之前关于式(3-7)的分析可知，如果 C_e 不存在，则即使 BJT 被放大激活，也会导致直接耦合电路的 $A_v \leqslant 1$，因此，如果希望直接耦合电路的 $A_v > 1$，就必须使用 C_e。

　　此外，当 $v_s = 0$ 时，根据直流通路的基极-发射极输入回路，可得 $I_{BQ} = \dfrac{V_{EE} - V_{BEQ}}{R_s + (1+\beta)R_e}$。由此可见，$I_{BQ}$ 由于受 R_s 的随机影响而变得不稳定，为了保证 I_{BQ} 满足微安数量级，必须使用阻值足够大的 R_e，从而使得直接耦合电路无法提供有效的电压增益。如果希望直接耦合电路具有与图 3-10 所示的实用共发射极分立放大电路相同的放大功能，那么就必须使用 R_b 和 C_{b1}。

　　综上所述，应当将直接耦合电路改进为如图 3-15 所示的含有恒流源的发射极偏置电路。该电路中虽然恢复使用了高阻值的 R_b 和高容值的 C_{b1} 和 C_e，但是由于同时还使用恒流源 I_o 代替了发射极偏置电阻 R_e，因此实际上弱化了共发射极放大电路对基极偏置电阻 R_b 的依赖性。这是因为如果恒流源 I_o 能够有效地提供发射极偏置电流(即 $I_o = I_{EQ}$)，那么就不再需要依靠 R_b 构成输入偏置回路用于生成 I_{EQ}。同时，如果图 3-15 所示电路完全借助恒流源 I_o 激活发射结产生 I_{EQ}，那么 C_e 的存在就会显得更加必要。这是因为只有当恒流源 I_o 被设计成理想的诺顿电流源时，才能保证 $I_o = I_{EQ}$。为此，恒流源 I_o 的内阻 r_o 必须满足 $r_o \to \infty$ 的理想化设计要求。显然，只有使用 C_e，才能够保证 r_o 不影响共发射极放大电路提供高电压增益的功能。

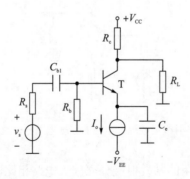

图 3-15　共发射极集成放大电路改进后的原理电路——含有恒流源的发射极偏置电路

　　由此可见，如何在利用恒流源 I_o 的基础上，通过进一步优化设计共发射极放大电路的结构，从而保证即使不使用 C_e，仍然能够有效地实现 C_e 所提供的功能，是使得图 3-15 所示电路具有实用性的关键所在。实际上，这种优化后的电路就是图 3-16 所示的差分式放大电路。

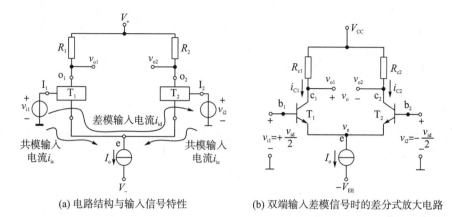

(a) 电路结构与输入信号特性　　　　(b) 双端输入差模信号时的差分式放大电路

图 3-16　共发射极集成放大电路的实用原理电路——发射极耦合差分式放大电路

差分式放大电路应当被作为集成电路的输入级。这样，信号源 v_s 就可以通过外接 C_{b1} 与集成电路的输入级相连，因此没有必要将高容值的 C_{b1} 固化到集成电路的内部，而在实际情况中，由于 C_{b1} 是根据 v_s 信号带宽的下限频率 f_L 选取的，具有一定的随机性，因此无法集成到芯片内部。且由于静态工作点的生成和稳定已经由恒流源提供保障，因此，差分式放大电路实际上对输入耦合电容不再存在依赖性，输入信号的下限截止频率可以扩展到直流。特别是通过对输入级电路的输入电阻进行理想化设计与实现时，信号源内阻对电压增益的影响可以忽略不计。

如图 3-16(a) 所示，在具有 I_1 和 I_2 两个输入端口的差分式放大电路中，存在两种电流信号，一种是从 I_1 端口到 I_2 端口的差模输入电流 i_{id}，另一种是分别从 I_1 端口和 I_2 端口流入恒流源的共模输入电流 i_{ic}。实际上，i_{id} 和 i_{ic} 是由 I_1 端口和 I_2 端口的输入电压信号 v_{i1} 和 v_{i2} 产生的。其中，差模电压信号 v_{id} 是 v_{i1} 与 v_{i2} 的差值部分；共模电压信号 v_{ic} 是 v_{i1} 与 v_{i2} 中的相同部分。如果分别用式(3-16)和式(3-17)定义 v_{id} 和 v_{ic}，那么就可以分别用式(3-18)和式(3-19)表示差分式放大电路的输入电压 v_{i1} 和 v_{i2}。

$$v_{id} = v_{i1} - v_{i2} \tag{3-16}$$

$$v_{ic} = (v_{i1} + v_{i2})/2 \tag{3-17}$$

$$v_{i1} = v_{ic} + v_{id}/2 \tag{3-18}$$

$$v_{i2} = v_{ic} - v_{id}/2 \tag{3-19}$$

由式(3-18)和式(3-19)可知，两个输入端口的共模电压信号的大小相等且极性相同，而差模电压信号大小相等且极性相反。

由于差分式放大电路是线性放大电路，因此，可以利用叠加原理分别分析差模信号和共模信号对电路的作用机理。例如，在图 3-16(b) 所示的双端输入差模信号时的差分式放大电路中，根据叠加原理，可得双输出差分式放大电路的总输出电压 $v_o = A_{vd}v_{id} + A_{vc}v_{ic}$。其中，$A_{vd}$ 为差模电压增益，A_{vc} 为共模电压增益。

在图 3-16(a) 所示的发射极耦合差分式放大电路结构设计中，如果将 $V_+ \to R_1 \to T_1 \to I_o \to V$ 支路看作图 3-15 中的 $V_{CC} \to R_c \to T \to I_o \to -V_{EE}$ 支路，那么 $V_+ \to R_2 \to T_2 \to I_o \to V$ 支路的作用就是替代图 3-15 中的 C_e。鉴于 C_e 主要是针对交流输入信号起短路的作用，因此，下面分别针对差模信号输入时和共模信号输入时的差分式放大电路的交流通路进行分析，以观察差分式放大电路是如何通过电路结构的设计补偿 C_e 的交流短路特性的。

当差分式放大电路处于图 3-17(a) 所示的差模信号的双端输入状态时，T_1 管输出电流 i_{c1} 增大，而 T_2 管输出电流 i_{c2} 减小。如果 T_1 支路与 T_2 支路完全对称，即 $R_1 = R_2 = R_c$，并且 T_1 与 T_2 的特性完全相同，那么 i_{c1} 的增大量将与 i_{c2} 的减小量相等，此时发射极 e 的电位不变，即 $v_e = 0$，相当于恒流源 I_o 在差模信号的交流通路中虚假短路。由此可见，双端输入差模信号时，T_1 支路与 T_2 支路之间的对称性，是利用差分式结构代替 C_e 作用时的差分式放大电路的设计条件。

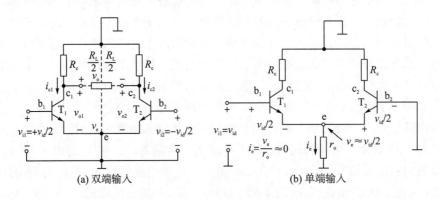

(a) 双端输入　　　　　　　(b) 单端输入

图 3-17　差模信号输入时差分式放大电路的交流通路

当差分式放大电路处于图 3-17(b) 所示的差模信号的单端输入状态时，如果 T_1 支路与 T_2 支路完全对称，那么发射极 e 的电位 $v_e \approx v_{id}/2$。此时，只要恒流源 I_o 的内阻 r_o 足够大，能够保证 $i_e = v_e/r_o \approx 0$，就相当于恒流源 I_o 在差模信号的交流通路中虚假断路。由此可见，单端输入差模信号时，T_1 支路与 T_2 支路之间的对称性以及恒流源 I_o 接近诺顿电流源的理想条件(即 $r_o \to \infty$)，是利用差分式结构代替 C_e 作用时的差分式放大电路的设计条件。

当差分式放大电路处于图 3-18 所示的共模信号输入状态时，如果 T_1 支路与 T_2 支路完全对称，那么双输出时的 $A_{vc} = v_{oc}/v_{ic} = (v_{oc1} - v_{oc2})/v_{ic} = 0$，相当于电路的对称结构对共模信号有很强的抑制作用，而单输出时的 $A_{vc} = \dfrac{v_{oc1}}{v_{ic}} = \dfrac{v_{oc2}}{v_{ic}} =$

$-\dfrac{\beta R_c}{r_{be}+(1+\beta)2r_o} \approx -\dfrac{R_c}{2r_o}$，只要恒流源 I_o 的内阻 r_o 足够大，能够保证 $A_{vc}\rightarrow 0$，就相当于恒流源 I_o 的理想化设计对共模信号同样有很强的抑制作用。由此可见，输入共模信号时，T_1 支路与 T_2 支路之间的对称性以及恒流源 I_o 接近诺顿电流源的理想条件(即 $r_o\rightarrow\infty$)，仍然是利用差分式结构代替 C_e 作用时的差分式放大电路的设计条件。

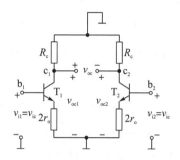

图 3-18　共模信号输入时差分式放大电路的交流通路

综上所述，差分式放大电路中 T_1 支路与 T_2 支路之间的对称性以及恒流源 I_o 接近诺顿电流源的理想条件(即 $r_o\rightarrow\infty$)，是图 3-16 中用 $V_+\rightarrow R_2\rightarrow T_2\rightarrow I_o\rightarrow V_-$ 支路替代图 3-15 中的 C_e 的电路设计条件。

以上分析过程还表明，如果用电路指标表征差分式放大电路的设计要求，那么就应该是差模电压增益 A_{vd} 高和共模电压增益 A_{vc} 低。显然，当满足差分式放大电路的设计条件时，无论是双端输出还是单端输出，均能够满足 $A_{vc}\rightarrow 0$ 的设计要求。分析图 3-17 可知，双端输出时的 A_{vd} 是单端输出时的 2 倍，并且双端输出时的差模电压增益与图 3-15 所示的单管共发射极放大电路的电压增益相同，而在实际情况中，差分式放大电路的下一级电路是单端输入的，因此，必须将图 3-17 所示电路单端输出时的差模电压增益提高 2 倍，该电路才具备实用性。

图 3-19 所示的带有源负载的射极耦合差分式放大电路，是双输入-单输出差分式放大电路。其中，NPN 型的 T_1 与 T_2 构成了差分放大对管，NPN 型的 T_5 与 T_6 对管和 R、R_{e5} 与 R_{e6} 组成的镜像恒流源电路为电路提供稳定的静态工作电流，而 PNP 型的 T_3 与 T_4 对管组成的镜像恒流源电路替代图 3-16 中的 R_1 和 R_2 作为差分对管的有源负载，作用是使单端输出的差模电压增益接近双端输出的差模电压增益。设计原理是，带有源负载的差分式放大电路的单端输出电流 i_o 是图 3-16 所示差分式放大电路的单端输出电流的 2 倍，即 $i_o=i_{c4}-i_{c2}= i_{c1}-(-i_{c1})=2\,i_{c1}$。

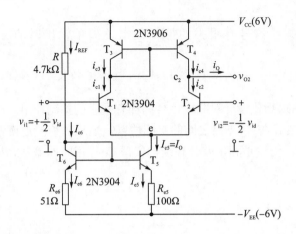

图 3-19　共发射极集成放大电路的实用电路——带有源负载的射极耦合差分式放大电路

3.3　集成电路运算放大器——量变到质变

3.3.1　集成电路运算放大器的设计

集成电路运算放大器简称集成运放，是继 BJT 之后现代电子技术发展中又一个里程碑式的重要半导体器件。集成运放器件设计的重要性体现在其电路设计所特有的复杂性和代表性。它以本质上属于互导放大电路的半导体三极管为核心，在对具有不同功能的半导体三极管放大电路进行高性能设计的基础上，最终以集成工艺在小尺寸单晶硅上对大规模电子线路进行了器件级别实现。

集成运放器件设计的重要性还体现在，集成运放本质上属于电压放大电路器件级别的理想化实现，是在本质上与其设计基础——半导体三极管完全不同的高性能半导体器件。集成运放器件的设计是电子线路设计从量变到质变的典型体现。

如图 3-20 所示，集成运放器件的电路被分解成三级级联的结构。其中，输入级电路的功能为差分放大，即在抑制输入信号中共模干扰信号的同时，给输入差模电压信号 v_P-v_N 提供高电压增益（$A_{v1}\gg1$）。

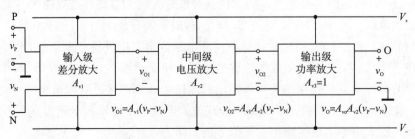

图 3-20　集成运放电路的组成结构框图

　　显然，集成运放的输入级电路应当采用 3.2.2 节中剖析的差分式放大电路，无论是采用 BJT 或 FET 实现的差分式放大电路，其本质上属于互导放大电路。

　　输入级采用差分放大使得集成运放器件具有两个输入端口：同相输入端口 P（用符号"+"表示）和反相输入端口 N（用符号"−"表示）。所谓同相输入端口，就是指当只在 P 端口施加输入电压信号 v_P 而 $v_N=0$ 时，在集成运放器件输出端口 O 处得到的输出电压 v_O 与 v_P 的相位相同；反相输入端口是指，当只在 N 端口施加输入电压信号 v_N 而 $v_P=0$ 时，在集成运放器件输出端口 O 处得到的输出电压 v_O 与 v_N 的相位相反。

　　中间级电路的功能是为输入级输出的电压信号提供高电压增益 A_{v2}。中间级电路应当采用单级或者多级级联的共发射极放大电路或者共源极放大电路，二者本质上均属于互导放大电路，由 3.1 节和 3.2 节可知，这两种电路都可以提供高电压增益（$A_{v2}\gg1$）。

　　根据图 3-21 所示的集成运放的放大电路模型可知，集成运放电路的设计目标是对电压放大电路进行器件级别的理想化实现，其输入级和中间级电路均属于互导放大电路，其输出级电路本质上属于电压放大电路。这是因为由图 2-5 所示的四种放大电路模型可知，理想的电压放大电路模型的信号源为戴维宁电压源，并且能够为负载理想地提供输出电压；理想的互导放大电路模型的信号源也为戴维宁电压源，只能够为负载理想地提供输出电流。因此，只有将戴维宁电压源作为信号源，并且将可以为负载理想提供输出电压的高性能电压放大电路作为集成运放电路的输出级电路，才有可能与前级互导放大电路级联组成理想的电压放大电路。如图 3-20 所示，鉴于输入电压信号已经在前两级级联电路中获取了足够高的电压增益，因此输出级电路实际上为 $A_{v3}=1$ 的电压跟随电路。

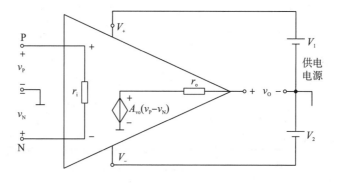

图 3-21　集成运放的电压放大电路模型

　　在图 3-22（a）所示的乙类双电源互补对称功率放大电路的原理电路中，NPN型的 T_1 管和 PNP 型的 T_2 管都在共集电极组态下对输入电压 v_i 进行放大处理。

其中，T_1 和 T_2 管被放大激活时的发射结正向偏置导通不是依靠直流电压源，而是借助输入电压 v_i 的大信号条件，依靠 v_i 的正半周和负半周信号分别使 T_1 和 T_2 管的发射结导通，并以电压跟随的方式输出。由此可见，v_i 是已经被前级电路放大处理后的大电压信号。正如 2.3.2 节中所指出的那样，共集电极放大电路具有输入电阻高、输出电阻低以及电压跟随的功率放大特性，本质上属于高性能的电压放大电路。因此，图 3-22(a) 所示电路可以作为图 3-20 中集成运放的输出级电路。

如图 3-22(b) 所示，由于 BJT 发射结导通需要耗能，因此，v_i 正半周和负半周的波形在分别使 T_1 和 T_2 管发射结导通的同时被削底输出，从而使输出电压中出现了交越失真现象。为此，如图 3-22(c) 所示，可以在图 3-22(a) 所示电路前一级共发射极放大电路的集电极管脚添加一对二极管 D_1 和 D_2 使 T_1 和 T_2 微导通，以克服交越失真。

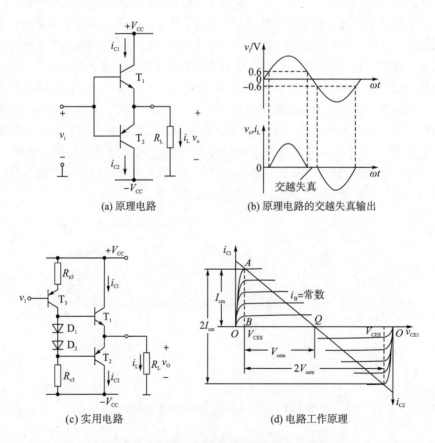

图 3-22 乙类双电源互补对称功率放大电路

　　如图 3-22(d)所示，由于乙类双电源互补对称功率放大电路的静态工作点 Q 降至截止点，因此，T_1 和 T_2 管被放大激活后，都能够产生峰值为 I_{cm} 的输出电流 i_{C1} 和 i_{C2}，使得负载 R_L 能够最大效率地获得电源 V_{CC} 的电压($V_{cem}=I_{cm}R_L=V_{CC}-V_{CES}$)，从而提高电路的输出功率。其中，$V_{CES}$ 为功率管的饱和压降。

　　通过对图 3-20 所示三级级联电路进行最优化设计，可以实现图 3-21 所示集成运放电压放大电路模型的典型参数：输入电阻 $r_i>10^6\Omega$、输出电阻 $r_o<100\Omega$ 和开环电压增益 $A_{vo}\geqslant10^5$。此时，集成运放器件的设计处于最优状态，其放大电路模型可由图 3-21 简化为图 3-23(a)所示的理想工作状态。

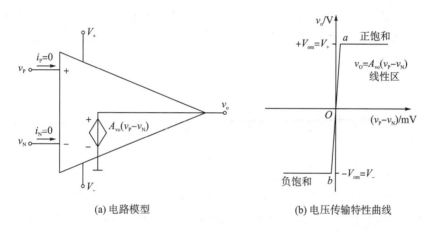

(a) 电路模型　　　　　　　　　　　　　(b) 电压传输特性曲线

图 3-23　理想集成运放的特性

　　在图 3-23 中，当理想集成运放工作在线性区时，其输出电压 $v_o=A_{vo}(v_P-v_N)$，由于 $A_{vo}\geqslant10^5$，且 v_o 的值为不能超出电源电压的有限值，所以有 $v_P-v_N=v_o/A_{vo}\approx0$。此时，理想集成运放的两个输入端近似短路，这种现象被称为"虚短"。

　　利用理想集成运放输入端口的虚短特性 $v_P-v_N\approx0$ 及其高输入电阻特性 $r_i>10^6\Omega$，可得其输入电流 $i_P=-i_N=(v_P-v_N)/r_i\approx0$。此时，理想集成运放的输入端口将会出现近似断路的现象。

　　由此可见，理想集成运放的输入端口具有虚短和断路的特性。鉴于集成运放器件本质上属于电压放大电路，因此，集成运放器件的放大能力应当采用图 3-23(b)所示的集成运放输入与输出电压的电压传输特性关系曲线来表征。

　　图 3-23(b)中横轴所示的 v_P-v_N 实际上为集成运放器件的净输入电压 v_i。这不仅表明了集成运放器件的本质运算是对其两个输入端口 P 和 N 的输入电压信号进行的求差运算，而且还表明了集成运放器件实际上仅对微弱的电压信号具有线性放大能力。

如图 3-23(b)所示，理想集成运放的输入端口特性使得其线性放大区 ab 段几乎是一条垂直线。显然，集成运放器件的性能越好，其输入端口的虚短和断路特性就愈明显，从而使得其线性放大区的输入信号动态范围反而愈小。例如，高性能集成运放器件输入信号 v_P-v_N 的典型动态范围为[-55,55]（单位 μV），然而，在实际应用中，虽然传感器输出的电信号非常微弱，但是其输出的电压信号通常为毫伏数量级。显然，毫伏数量级的电信号无法直接通过高性能的集成运放器件进行无失真的线性放大。

由此可见，由于高性能的集成运放器件在实际应用中存在输入信号线性放大区动态范围过小的局限性，因此非常有必要通过设计集成运放线性放大电路，拓展集成运放器件输入信号线性放大区的动态范围，增强其实用性。其中，集成运放线性放大电路设计和应用的关键在于：如何准确地识别两种基本集成运放线性放大电路的本质特性，以及如何利用这两种基本放大电路的本质特性，优化设计实用的集成运放求差运算电路。

3.3.2 集成运放线性电路的设计

1. 同相和反相放大电路

以集成运放器件为核心所设计的线性放大电路，具有同相放大电路和反相放大电路两种基本的电路结构，分别如图 3-24 和图 3-25 所示。在电路组成上，二者均是由高性能的集成运放器件和在其反相输入端口引入的两个电阻 R_1 与 R_2 构成的。二者的不同之处在于，同相放大电路的输入电压信号直接接入集成运放的同相输入端口，R_1 接地；而反相放大电路的输入电压信号则是通过 R_1 接入集成运放的反相输入端口，同相输入端口接地。

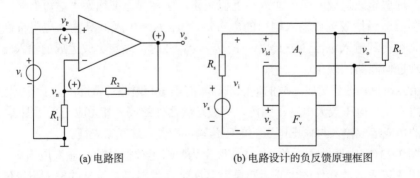

(a) 电路图   (b) 电路设计的负反馈原理框图

图 3-24   同相放大电路

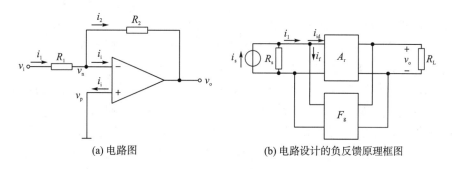

(a) 电路图　　　　　　　　　　(b) 电路设计的负反馈原理框图

图 3-25　反相放大电路

对于图 3-24(a)所示的同相放大电路而言，其设计是利用图 3-24(b)所示的电压串联负反馈原理，通过由 R_1 和 R_2 组成的电压反馈系数 $F_v=v_f/v_o=R_1/(R_1+R_2)$ 的电压串联负反馈网络，使输出电压 v_o 形成反馈电压 $v_f=v_oF_v$，并将 v_f 反馈到集成运放的反相输入端，即 $v_f=v_n$，从而使得集成运放的净输入电压 v_{id} 减小，即 $v_{id}=v_p-v_n=v_i-v_f$。这样就能够保证集成运放的净输入电压 v_{id} 始终处于其工作在线性放大区时所要求的绝对弱电压信号状态(微伏数量级)。据此，将同相放大电路的信号电压源 $v_s=v_i$ 在线性放大区的动态范围有效地拓宽到伏数量级，从而达到增强集成运放器件线性放大功能实用性(同相放大电路)的设计目标。

如图 3-24 所示，根据集成运放器件的高输入电阻特性($r_i\to\infty$)，有 $v_s\approx v_i=v_p$。这表明同相放大电路的设计与应用对电压信号源 v_s 的内阻 R_s 没有任何要求，因此，同相放大电路对低内阻戴维宁电压源所表征的小信号和高内阻戴维宁电压源所表征的大信号都能够可靠地提供相同的线性放大能力。

在图 3-24(a)中，利用集成运放器件在理想状态下的虚短特性 $v_p=v_n$，可得同相放大电路的电压增益 $A_{v同相}=v_o/v_i=1/F_v=1+R_2/R_1$。由此可见，由 R_1 和 R_2 组成的电压串联负反馈网络，能够稳定集成运放器件的电压增益，而且由于负反馈网络的输出端口和输入端口分别在集成运放的输入端口和输出端口以串联和并联的方式接入，因此会使同相放大电路的输入电阻 R_i 比集成运放的输入电阻 r_i 更高(从而确保 $R_i\to\infty$)，以及同相放大电路的输出电阻 R_o 比集成运放的输出电阻 r_o 更低(从而确保 $R_o\to0$)。

上述分析充分表明，同相放大电路不仅有效拓宽了集成运放器件输入电压信号在线性放大区的动态范围，而且如图 3-24(b)所示，在同相放大电路的设计过程中，待优化的主网络 A_v 就是通过将集成运放器件当作电压放大电路(输入信号为戴维宁电压源，并提供稳定的输出电压)进行优化设计的，从而能够使本质上属于电压放大电路的集成运放器件的性能有所提高，是集成运放器件在理想性能条件下的最优线性设计。因此，同相放大电路本质上与集成运放器件一样，也属于电压放大电路，而且是理想的电压放大电路。

对于图 3-25(a) 所示的反相放大电路而言，其设计是利用图 3-25(b) 所示的电压并联负反馈原理，通过由 R_2 组成的互导反馈系数 $F_g=i_f/v_o=-1/R_2$ 的电压并联负反馈网络，使输出电压 v_o 形成反馈电流 $i_f=v_oF_g$，并将 i_f 反馈到集成运放的反相输入端，即 $i_f=i_2$，从而使得集成运放的净输入电流 i_{id} 减小，即 $i_{id}=i_i=i_1-i_2=i_1-i_f$。这样就能够保证即使 i_1 较大时，集成运放的净输入电流 $i_{id}=i_i$ 也能够始终处于其工作在线性放大区时所要求的绝对弱信号电流状态 $i_i\approx0$（断路或者接近断路）。据此，将反相放大电路的实际输入电流信号 i_s 或者等效输入电压 v_i 在线性放大区的动态范围有效地拓宽，从而达到增强集成运放器件线性放大功能实用性（反相放大电路）的设计目标。

如图 3-25(b) 所示，反相放大电路的设计原理与同相放大电路显然完全不同。在利用电压并联负反馈原理优化设计反相放大电路的过程中，待优化的主网络 A_r 是通过将集成运放器件当作互阻放大电路（输入信号为诺顿电流源，并提供稳定的输出电压）进行优化设计的。因此，反相放大电路与同相放大电路的不同之处在于，反相放大电路本质上属于互阻放大电路，其负反馈网络仅由电阻 R_2 构成。

在图 3-25(a) 中，利用集成运放器件理想状态下的虚短特性 $v_n=v_p=0$ 和断路特性 $i_i=0$，可得 $i_1=\dfrac{v_i-v_n}{R_1}=i_2=\dfrac{v_n-v_o}{R_2}$，所以反相放大电路的电压增益 $A_{v反相}=v_o/v_i=-R_2/R_1$。由此可见，由 R_2 组成的电压并联负反馈网络同样能够稳定集成运放器件的电压增益，而且由于负反馈网络的输入端口在集成运放的输出端口以并联的方式接入，因此会使得反相放大电路的输出电阻 R_o 比集成运放的输出电阻 r_o 更低（$R_o{\rightarrow}0$）。也就是说，当反相放大电路被作为电压放大电路设计使用时，能够像同相放大电路一样，使集成运放器件能够最优化地提供输出电压。

然而遗憾的是，对比图 3-25(a) 和图 3-25(b) 可知，反相放大电路的信号源实际上是诺顿电流源 i_s，电阻 R_1 实质上是诺顿电流源的内阻 R_s。因此，反相放大电路本质上属于互阻放大电路，其输入端口在 R_1 之后，但当反相放大电路被作为电压放大电路应用时，输入端口则在 R_1 之前，并且不仅 $R_s=R_1$ 永远无法达到电压放大电路输入电阻所要求的理想开路状态，而且 R_1 的阻值也不可能太高。因此，当反相放大电路被作为电压放大电路应用，并要求其提供电压增益 $A_{v反相}$ 时，其输入性能（$R_i=R_1$）就会显得较差。此外，为了保证反相放大电路在被用作电压放大电路时，其诺顿电流源 i_s 能够有效地提供电流，因此要求反相放大电路的输入电压信号 $v_i=i_sR_s$ 为强信号。

上述分析充分表明，反相放大电路本质上与集成运放器件完全不同，并非属于电压放大电路，而属于互阻放大电路。因此，当反相放大电路像同相放大电路一样，被当作电压放大电路设计和应用时，输入性能根本无法达到输入电阻

$(R_i=R_1)$ 开路的最优设计状态，从而造成反相放大电路的应用存在局限性：其仅适用于强电压信号作为输入信号时的电压放大电路。

下面通过分析同相和反相放大电路的典型应用电路，更好地理解放大电路中的诺顿电流源表征强电压信号的本质特性，以及同相和反相放大电路在传输电压信号时存在的本质上的不同。其中，可用于达到此分析目的的电路包括：同相放大电路的典型应用电路——电压跟随器电路，如图 3-26 所示；反相放大电路的典型应用电路——直流毫伏表电路，如图 3-27 所示。

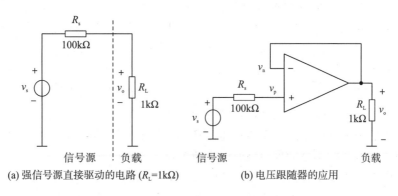

(a) 强信号源直接驱动的电路 (R_L=1kΩ)　　　　(b) 电压跟随器的应用

图 3-26　同相放大电路的典型应用电路——电压跟随器电路

在图 3-26(a) 中，信号源 (v_s, R_s) 未经放大，而是与负载 R_L 直接相连。这种情况只可能出现在信号源已经是最佳的戴维宁电压源或者诺顿电流源，并且 v_s 的信号强度已经足够大时。

在图 3-26(a) 中，根据 KVL 分析，可得 $v_o \approx 0.01v_s$。这表明，信号源的输出电压严重衰减，其根本原因在于 $R_s \gg R_L$。如果该信号源直接向负载提供输出电流，同样因为 $R_s \gg R_L$，得到 $i_o = \dfrac{R_s}{R_s + R_L} i_s \approx i_s$。也就是说，在图 3-26(a) 所示电路中，内阻 R_s=100kΩ 的电压信号源 v_s 只能够向负载 R_L=1kΩ 提供有效的输出电流，却根本无法直接向负载提供有效的输出电压。

由此可见，图 3-26(a) 中的信号源是采用电压源的形式表征的，根据其内阻 R_s=100kΩ 的高阻值特征，利用戴维宁定理和诺顿定理，可以判断其实际上为诺顿电流源且 $i_s = v_s / R_s$。

由图 3-26(a) 的分析表明，由于该电路中的信号源本质上属于诺顿电流源，所以其提供输出电流的性能非常好，但是当其向阻值远远小于其内阻的负载提供输出电压时，即使信号源电压 v_s 的强度足够大，其提供输出电压的性能仍然很差。因此，有必要采用图 3-26(b) 所示的电压跟随器对图 3-26(a) 中的信号源和负载进行隔离，以提高强电压信号源 v_s 向负载 ($R_L \ll R_s$) 提供输出电压的能力。

在图 3-26(b) 所示的电压跟随器电路中,对于高性能集成运放而言,由于 $v_n=v_p$ (虚短),以及 $v_p=v_S$ (高性能集成运放输入端口近似于断路)和 $v_n=v_o$,则 $v_o=v_S$,即 $A_v=1$。并且,由于电压跟随器电路仍然具有输入电阻高($R_i\to\infty$)和输出电阻低 ($R_o\to 0$)的理想特性,因此,与图 3-24(a)相比,电压跟随器电路中未采用 R_1 和 R_2,其实质上仍然属于同相放大电路。这是因为电压跟随器电路传输的是强电压信号,不必提供大于 1 的电压增益,所以无须同标准的同相放大电路一样,完全不需要使用 R_1 和 R_2。

上述针对图 3-26 所做的电路分析表明,在放大电路的设计与应用中,高内阻的诺顿电流源(i_s, R_s),无论其本质上用于提供电流输出,还是兼顾提供电压输出,其等效电压源 $v_s=i_sR_s$ 的强度都足够强。因此,放大电路中高内阻的诺顿电流源实际上表征的是强电压信号。并且,同相放大电路对强电压信号和弱电压信号均可以进行高性能的电压传输,尤其是当输入电压信号的强度足够强时,可以采用其简化电路——电压跟随器电路,以提高信号源的带载能力。

放大电路中高内阻信号源本质上应该属于大信号诺顿电流源,这可以通过分析反相放大电路的典型应用电路——直流毫伏表电路明确。

在图 3-27 所示的直流毫伏表电路的设计中,由于 R_1 实际上为信号源 V_S 的内阻、R_3 为负载电阻,且二者通常是已知的,因此,设计对象为负反馈电阻 R_2,设计方法为通过选取高性能的集成运放器件,并根据 R_1 与 R_3 的阻值关系,以 $A_{v反相}$ 指标为依据确定 R_2 的阻值。

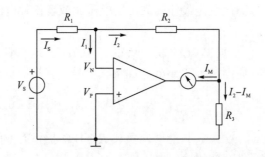

图 3-27　反相放大电路的典型应用电路——直流毫伏表电路

直流毫伏表电路应用对象的典型特征是:输入电压 V_S 为强信号,并且 $R_1\gg R_3$。设计条件的典型数值为:V_S=100mV,R_1=150kΩ,R_3=1kΩ。由此可见,即使信号源是高内阻的强电压信号,如果该信号源与 R_3 直接相连,形成的回路电流($I_S=V_S/R_1\approx 0.67\mu A$)依然非常微弱。显然,如此微弱的电流无法驱动传统指针式仪表显示 R_3 所获得的电流大小,更不用说数字化仪表了。

如图 3-27 所示，通过采用反相放大电路，将信号源 (V_S, R_1) 与负载 R_3 进行隔离，而且必须设计 $R_2=R_1$，使得 $A_{v反相}=-1$，才能保证直流毫伏表显示的是信号源的 V_S 电压。其原因在于，此时 R_3 已经完全获得了与信号源相同的电压大小，并且因为 $I_2=I_S-I_1=I_S$，所以流经 R_3 的电流 I_2-I_M 非常接近驱动毫伏表的大电流 $I_M=V_SR_2/(R_1R_3)=100\mu A$。

由此可见，直流毫伏表精确显示信号源 V_S 电压的条件是其满足强电压信号条件。

上述针对图 3-27 所做的电路分析进一步表明，互阻放大电路中的高内阻诺顿电流源实际上表征的是强电压信号。因此，反相放大电路只能够对强电压信号进行高性能的电压传输，而不能对微弱的电压信号进行高性能的电压传输。

2. 求差运算电路

如图 3-23(b) 所示，集成运放器件的本质运算是对其同相和反相输入端口的输入电压信号 v_p 和 v_n 进行求差运算，集成运放器件的性能愈好，其能够线性放大的求差输入信号 v_p-v_n 的动态范围就愈窄。因此，如图 3-28 所示，可以通过综合应用同相和反相放大电路，设计能够有效实现集成运放求差运算的线性放大电路，以拓展其输入电压 $v_{i2}-v_{i1}$ 的线性动态范围。

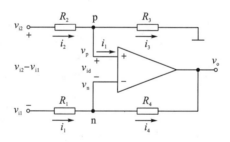

图 3-28　集成运放求差运算的原理电路

对于图 3-28 所示的集成运放求差运算线性放大电路而言，当 v_{i1} 和 v_{i2} 分别短路接地时，放大电路的输出电压 v_{o2} 和 v_{o1} 分别如式 (3-20) 和式 (3-21) 所示。

$$v_{o2} = \frac{R_1+R_4}{R_1} \cdot \frac{R_3}{R_2+R_3} v_{i2} \qquad (3-20)$$

$$v_{o1} = -\frac{R_4}{R_1} v_{i1} \qquad (3-21)$$

由式 (3-20) 和式 (3-21) 可知，图 3-28 中的电阻 R_1 和 R_4 就是标准的同相和反相放大电路中提供电压增益的比例电阻。与标准的同相和反相放大电路相比，在图 3-28 中增添了电阻 R_2 和 R_3。这是因为如果不使用 R_2 和 R_3，那么同相端口的输

入电压信号 v_{i2} 所获取的电压增益就会比反相端口的输入电压信号 v_{i1} 的大系数 1，于是求差电路无法实现对 $v_{i2}-v_{i1}$ 的线性放大输出。因此，电阻 R_2 和 R_3 只对 v_{i2} 起分压衰减的校正作用，以使得同相和反相端口的输入电压信号能够获取大小相同的电压增益 R_4/R_1。其中，使用 R_2 和 R_3 进行比例分压的校正条件为 $R_3/R_2=R_4/R_1$。据此，利用叠加原理以及式 (3-20) 和式 (3-21)，可得图 3-28 所示求差电路的输出电压为

$$v_{o} = \frac{R_4}{R_1}(v_{i2} - v_{i1}) \tag{3-22}$$

图 3-28 所示的电路虽然能够对动态范围较宽的 $v_{i2}-v_{i1}$ 进行线性放大，但是其并不实用。一方面是因为该求差电路的输入电阻 $R_i=R_1+R_2$ 不高，从而导致其作为电压放大电路应用时的输入性能较差；另一方面，如果从应用要求的角度分析，该电路较差的输入性能则体现在其反相端口的输入电压信号 v_{i1} 必须绝对满足大信号条件。为此，可以在图 3-28 所示电路的基础上，在其反相输入端口前，增添一级具有高电压增益的同相放大电路，先对 v_{i1} 进行放大后，v_{i2} 再与其进行求差运算。据此改进后的求差电路如图 3-29 所示，实用性明显增强。

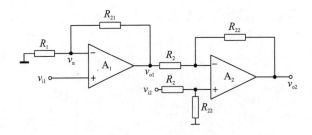

图 3-29　集成运放求差运算的实用原理电路

在图 3-29 所示电路中，通过 A_1 级同相放大电路将 v_{i1} 进行放大，从而使得 A_2 级求差电路的反相端口输入电压 v_{o1} 绝对能够满足大信号条件。由于图 3-29 所示电路的输入电阻 $R_i \rightarrow \infty$，该电路的输入性能达到了电压放大电路的理想状态。

图 3-29 所示的电路虽然理想化地改善了求差原理电路的输入性能，但是其实际上根本无法完成 $v_{i2}-v_{i1}$ 的求差运算。这是因为该电路的输出电压 $v_{o2} = \frac{R_{22}}{R_2}(v_{i2} - v_{o1})$，而 $v_{o1} = \frac{R_1 + R_{21}}{R_1}v_{i1}$。为此，可以在图 3-29 所示电路的基础上，在其 A_2 级求差电路的同相输入端口前，增添一级与 A_1 级同相放大电路的电压增益，先分别对 v_{i1} 和 v_{i2} 进行相同电压增益的放大后，再对二者的输出电压进行求差

运算。如图 3-30 所示，改进后的求差电路真正具有了实用性。目前，已能够将该电路中的三个集成运放器件制作在一个小尺寸硅晶片上，从而设计出集成度更高、性能更稳定的测量系统专用的单片集成电路——仪用放大器。

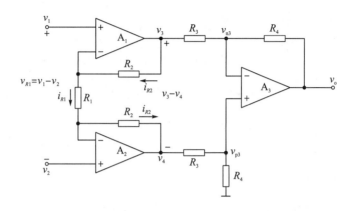

图 3-30　集成运放求差运算的实用电路——仪用放大器

在图 3-30 所示的电路中，A_1 级同相放大电路用于理想化改善整个电路的输入性能，从而确保 A_3 级求差电路反相端口的输入电压信号 v_3 绝对能够满足大信号条件。A_2 级同相放大电路利用与 A_1 级同相放大电路相同的电压增益，校正 A_3 级求差电路同相端口输入电压信号 v_4 与 v_3 之间的信号强度关系，从而确保间接通过 v_3-v_4 进行求差运算所得到的输出电压信号 v_o 能够如式 (3-23) 所预期的，有效地实现对 v_2-v_1 的放大输出。

$$v_o = \frac{R_4}{R_3}\left(1 + \frac{2R_2}{R_1}\right)(v_2 - v_1) \tag{3-23}$$

3.4　信号处理电路

3.4.1　典型的滤波电路

滤波电路是一种能使有用频率信号通过的同时抑制或衰减无用频率信号的电子装置。其中，最基本的滤波电路是由电阻 R 和电容 C 组成的 RC 低通滤波电路和 RC 高通滤波电路，分别如图 3-31 和图 3-32 所示。

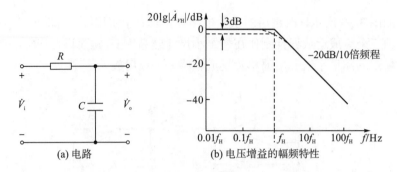

图 3-31　RC 低通滤波电路

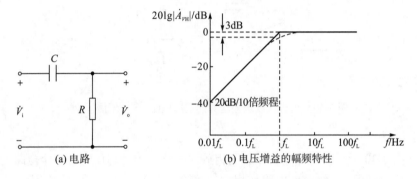

图 3-32　RC 高通滤波电路

如图 3-31 所示，对 RC 低通滤波电路而言，存在一个特征频率点——上限截止频率 $f_H=1/(2\pi RC)$。当 RC 低通滤波电路输入信号的频率高于 f_H 时，理论上将不再存在输出信号；而在实际情况中，输入信号将在电路的输出端剧烈地衰减。

如图 3-32 所示，对 RC 高通滤波电路而言，存在一个特征频率点——下限截止频率 $f_L=1/(2\pi RC)$。当 RC 高通滤波电路输入信号的频率低于 f_L 时，理论上将不再存在输出信号；而在实际情况中，输入信号将在电路的输出端剧烈地衰减。

如图 3-31 和图 3-32 所示，在 RC 滤波电路的通频带内，电路电压增益的强度为 1。由此可见，无源滤波电路仅仅具有选频的功能。因此，对微弱信号进行滤波处理，需要将由无源器件组成的滤波电路与有源器件构成的放大电路进行级联组合，构成有源滤波电路。五种有源滤波电路的幅频响应特性如图 3-33 所示。其中，A_0 为带内的理想增益，ω_H 为上限截止角频率；ω_L 为下限截止角频率；ω_0 为带内中心频率。

如图 3-34 所示，低通有源滤波电路可以由无源 RC 滤波电路和同相比例放大电路级联组成。其中，无源 RC 滤波电路决定了图 3-33(a) 中的 $\omega_H=1/(RC)$；同相比例放大电路决定了图 3-33(a) 中的 $A_0=1+R_2/R_1$。显然，采用类似的方法，也可以实现高通有源滤波电路的设计。

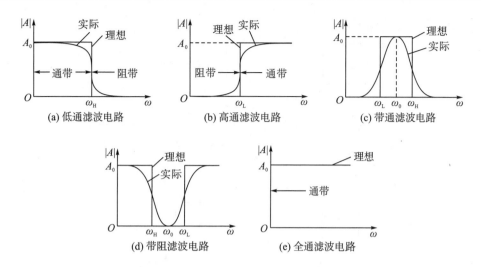

图 3-33　五种有源滤波电路的幅频响应特性

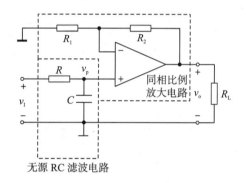

图 3-34　低通有源滤波电路

　　如图 3-35 所示，有源带通滤波电路可由低通滤波电路和高通滤波电路串联得到，设计要求为 $\omega_H > \omega_L$；有源带阻滤波电路可由低通滤波电路和高通滤波电路并联得到，设计要求为 $\omega_H < \omega_L$。这两种电路设计所利用的电路理想幅频特性如图 3-36 所示。

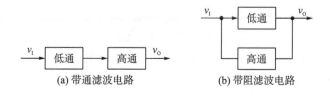

图 3-35　有源带通和有源带阻滤波电路的设计原理

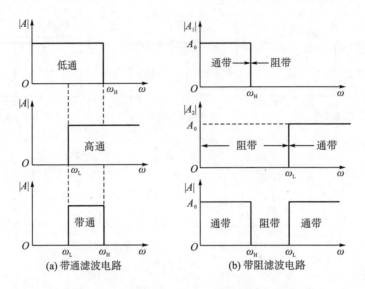

图 3-36　带通和带阻滤波电路设计的理想幅频特性示意图

　　有源带通滤波电路的典型设计案例如图 3-37 所示，为 RC 桥式振荡电路。该电路由无源 RC 器件组成的选频网络和由有源集成运放器件组成的同相放大电路级联组成。

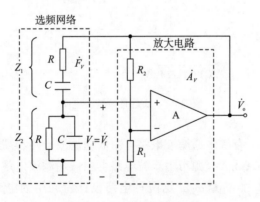

图 3-37　RC 桥式振荡电路

　　如图 3-37 所示，选频网络与放大电路构成了电压串联正反馈放大电路。其中，选频网络为正反馈网络，该网络将放大电路的输出电压 $\dot{V}_o$ 作为其输入电压信号，并通过 RC 支路 Z_1 和 Z_2 的分压选频后，将输出信号 $\dot{V}_f$ 作为同相放大电路的输入信号 $\dot{V}_i$ 进行放大。

　　由于选频网络是由 RC 低通滤波电路和 RC 高通滤波电路串联组成的带通滤波电路，并且 RC 低通滤波电路和 RC 高通滤波电路的组成元件完全相同，即 $\omega_H=$

$\omega_L=1/(RC)$，所以根据图 3-36（a）可知，RC 桥式振荡电路输出信号 $\dot{V}_o$ 为 $\omega_0=1/(RC)$ 的单频信号。由于 $\dot{V}_o$ 被选频网络和放大电路不断地循环处理，想要据此得到稳定的正弦波振荡信号，还需要对该电路进行进一步优化。

鉴于 RC 桥式振荡电路是将理论上包含了所有低中频频率成分的电路元器件固有的白噪声作为原始输入信号进行选频和放大处理的，而白噪声本身是极其微弱的电信号，如图 3-38 所示，在谐振频率点 ω_0 处，选频网络的电压反馈系数 $\dot{F}_V=$ 1/3，在 RC 桥式振荡电路刚起振工作时，同相放大电路的电压增益 $\dot{A}_V=1+R_2/R_1$ 应当大于 3，这样才能保证被单点选频输出的白噪声信号能够被不断地放大输出，生成 $\dot{V}_o$。但是，当 $\dot{V}_o$ 信号强度满足要求后，同相放大电路的电压增益 $\dot{A}_V$ 应当下降，以确保 RC 桥式振荡电路的环路电压增益 $\dot{A}_V\dot{F}_V=1$，从而使 $\dot{V}_o$ 能够提供等频率、等幅度的正弦波振荡输出。据此，改进后的 RC 桥式振荡电路如图 3-39 所示，该电路即为低频正弦波信号发生电路。

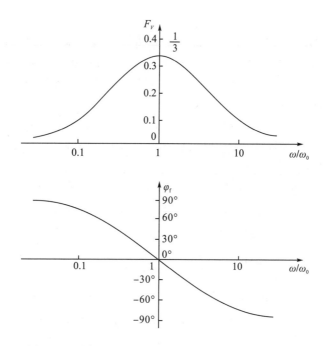

图 3-38　选频网络电压反馈系数 F_V 的幅频和相频特性

与 RC 桥式振荡电路相比，在图 3-39 所示的电路中，电阻 R_2 被分解为 R_2 和 R_2'，并且在 R_2' 两端并联了一对相互反接的二极管 D_1 和 D_2。其中，由于 $(R_2+R_2')/R_1>$ 2，所以该电路能够有效地起振工作。当电路的单频点输出 u_o 的正、负半周能够分别使 D_1 和 D_2 导通时，必然会导致 R_2' 的有效阻值降低，从而使得环路电压增益满足幅度稳定条件，u_o 输出 $f_0=159.15$Hz 的正弦波信号。

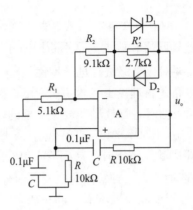

图 3-39　低频正弦波信号发生电路

3.4.2　LC 选频与匹配网络

鉴于 RC 滤波电路的谐振频率点 $\omega_0=1/(RC)$ 相对较低，因此，在高频电子技术中最基本的无源网络是谐振频率点 $\omega_0=1/\sqrt{LC}$ 的 LC 谐振回路。LC 谐振回路虽然结构简单，但是在无线电通信电路中却是不可缺少的重要组成部分，是高频电子技术的关键所在。

利用 LC 谐振回路的幅频特性和相频特性，不仅可以在低噪声放大电路、丙类谐振功率放大电路和三点式正弦波振荡电路等无线电通信系统的核心电路中实现选频功能，同时还可以在这些电路中实现匹配功能。

LC 谐振回路设计的关键在于：针对其在实现选频或匹配功能的不同应用时本征模型的区别，采取不同的电路分析方法，确定设计不同的 LC 谐振回路时，所需采用的设计指标或者合理的电路结构。

1. 基于 LC 谐振回路的选频网络

基于 LC 谐振回路的选频网络是指，通过利用 LC 谐振回路设计的带通滤波电路或者带阻滤波电路，从输入信号中选择有用频率分量而抑制无用频率分量或噪声。

图 3-40 所示的 LC 并联谐振选频回路表明，当 LC 并联谐振回路用于选频时，由于其本征模型的信号源是理想的诺顿电流源（即 i_s 为大信号且 $R_s\to\infty$），因此，LC 并联谐振回路应当用于被优化设计后的互导或者电流放大电路的输出端口。并且，LC 并联谐振选频回路分析的关键在于，如何确定能够实现其本征模型转换为最优等效模型的电路设计条件。

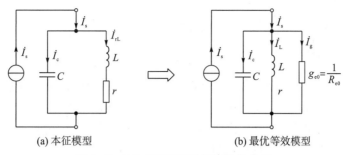

(a) 本征模型　　　　　　　　　　(b) 最优等效模型

图 3-40 LC 并联谐振选频回路的分析

对比图 3-40(a) 与图 3-40(b) 可知，建立 LC 并联谐振回路最优等效模型的目标是：尽量将其本征模型中电感 L 低阻值的损耗电阻 r 等效成高阻值的回路谐振电阻 R_{e0}，同时 L 的电感值保持不变，从而使得当电感 L 与电容 C 谐振时，该回路能够提供最佳的电流输出，即空载时 $\dot{I}_g = \dot{I}_s$。

在图 3-41 中，LC 并联谐振选频回路的 L 本征模型和 L 等效模型的输入阻抗 $Z_s(j\omega)$ 和 $Z_p(j\omega)$ 分别如式 (3-24) 和式 (3-25) 所示。其中，s 表示 L 的本征模型中电感 L（感抗值 $X_s = \omega L$）与其损耗电阻 r 固有的串联组成关系；p 表示 L 的等效模型中等效电感 L_p（感抗值 $X_p = \omega L_p$）与其等效电阻 R_{e0} 所形成的并联组成关系。

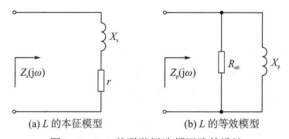

(a) L 的本征模型　　　　　　　　　(b) L 的等效模型

图 3-41 LC 并联谐振选频回路的设计

$$Z_s(j\omega) = r + jX_s \tag{3-24}$$

$$Z_p(j\omega) = R_{e0} /\!/ jX_p = \frac{X_p^2}{R_{e0}^2 + X_p^2} R_{e0} + j\frac{R_{e0}^2}{R_{e0}^2 + X_p^2} X_p \tag{3-25}$$

显然，由于 L 的本征模型和其等效模型是等价的，所以有 $Z_s(j\omega) = Z_p(j\omega)$。据此，利用式 (3-24) 和式 (3-25)，可得

$$X_p = \frac{r^2 + X_s^2}{X_s} \tag{3-26}$$

$$R_{e0} = \frac{r^2 + X_s^2}{r} \tag{3-27}$$

定义 $Q_0 = X_s / r$，并代入式 (3-26) 和式 (3-27)，可得

$$X_{\mathrm{p}} = \left(1 + \frac{1}{Q_0^2}\right) X_{\mathrm{s}} \tag{3-28}$$

$$R_{\mathrm{e}0} = (1 + Q_0^2) r \tag{3-29}$$

由式(3-28)和式(3-29)可知，当 $Q_0 \gg 1$ 时，$X_{\mathrm{p}} = X_{\mathrm{s}}$（即 $L_{\mathrm{p}} = L$），$R_{\mathrm{e}0} \gg r$。由此可见，在高 Q_0 值条件下，可以满足 LC 并联谐振选频回路最优等效模型的设计要求。因此，应当将 Q_0 作为 LC 并联谐振选频回路设计品质好坏的衡量指标，即品质因数。品质因数越高，设计性能越好。

根据 Q_0 的定义可知，实现 LC 并联谐振回路的设计条件和方法为：根据给定的设计指标 ω_0 和 Q_0，并利用 $Q_0 = X_s/r = \omega_0 L/r$，先选取损耗电阻 r 尽量小而电感 L 尽量大的电感，然后再利用关系式 $\omega_0 = 1/\sqrt{LC}$ 选取电容器件。由此可见，利用品质因数作为设计指标，可以在能够实现 ω_0 的无数种 L 与 C 的组合中，确定能够使得电路性能达到理想化状态的 L 与 C 的最优值。

另外，$f_0 = \omega_0/(2\pi)$ 仅为无线电通信系统中通信信号的载波频率，表征通信信号信息传输特征的频域指标为信号的频率带宽。因此，LC 谐振回路的选频能力，还应当采用以载波频率 f_0 为中心的信号带宽来进行表征。

利用图 3-41(b) 可得 LC 并联谐振回路空载时阻抗的幅频特性 $Z = \dfrac{1}{\sqrt{g_{\mathrm{e}0}^2 + \left(\omega C - \dfrac{1}{\omega L}\right)^2}}$，结合 Q_0 指标的定义，可得回路的归一化谐振函数 $N(f)$，

如式(3-30)所示。据此，可以绘制 LC 并联谐振回路的归一化谐振曲线，如图 3-42 所示。该图可用于观察和分析回路设计指标之间的定量关系。

$$N(f) = \frac{U}{U_{00}} = \frac{1}{\sqrt{1 + Q_0^2 \left[\dfrac{2(f - f_0)}{f_0}\right]^2}} \tag{3-30}$$

其中，U 为任意频率下的回路电压；U_{00} 为谐振时的回路电压。

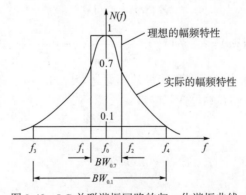

图 3-42　LC 并联谐振回路的归一化谐振曲线

在图 3-42 中,将 $N(f)$=0.7 所对应的带宽 $BW_{0.7}$=f_2-f_1 定义为回路的通频带宽,并以此对应通信信号的实际带宽。于是,利用式(3-30),可得 $BW_{0.7}$ 与 Q_0 和 f_0 之间的关系式为

$$BW_{0.7} = \frac{f_0}{Q_0} \tag{3-31}$$

式(3-31)表明品质因数 Q_0 的指标数值,实际上是由被传输通信信号的载波及其带宽共同决定的。因此,对于微波频段低端的射频通信系统而言,为了保证电路的工作性能,应采用窄带通信的模式,但是,随着毫米波技术的发展和成熟,对于具有数吉赫带宽的宽带无线电通信系统而言,毫米波电路亦可达到较高的性能品质。

然而,如图 3-42 所示,$N(f)$=0.1 所对应的带宽 $BW_{0.1}$=f_4-f_3 更加接近于回路的实际选频带宽。利用式(3-30)计算可得矩形系数 k=$BW_{0.1}/BW_{0.7}$≈9.95。由此可见,单谐振选频回路的实际性能较差。这是因为存在于 $BW_{0.7}$ 带外和 $BW_{0.1}$ 带内之间的大量干扰和噪声信号,会被选中进入通信系统。为此,需要采用两级或三级单调谐放大电路级联的优化设计手段,减小矩形系数,使选频网络的 $BW_{0.1}$ 尽量地接近 $BW_{0.7}$。

2. 基于 LC 谐振回路的匹配网络

基于 LC 谐振回路的匹配网络是指,通过利用 LC 谐振回路设计阻抗变换电路,将实际负载阻抗变换为信号最优传输时所要求的最佳负载阻抗。针对图 3-43 所做的 LC 并联谐振回路匹配设计的必要性分析表明,阻抗变换电路能够实现信号功率的最佳传输,对于提高整个电路的性能具有重要作用。

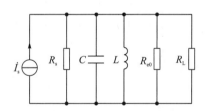

图 3-43　LC 并联谐振回路匹配设计的必要性分析

在图 3-43 中,由于 LC 并联谐振回路将信号源($\dot{i}_s$,R_s)与负载 R_L 直接相连,因此,该回路的合成电阻 R_Σ=R_s//R_L//R_{e0},回路有载品质因数 Q_e=$R_\Sigma/(\omega_0 L)$。在实际应用中,当信号源为小信号($\dot{i}_s$ 不强且 R_s 阻值不高),或者负载 R_L 阻值不高时,均会由于 $R_\Sigma \ll R_{e0}$ 而导致 $Q_e \ll Q_0$,从而使 LC 并联谐振回路的选频性能明显降低。

　　由此可见，无论是在放大电路的输入端或输出端，当需要使用 LC 谐振回路时，如果信号源内阻或者负载会使 LC 谐振回路空载品质因数 Q_0 明显降低，则必须通过优化设计 LC 谐振回路的电路结构，对信号源内阻或者负载进行阻抗变换，从而将二者完全"匹配"到能够使有载品质因数 $Q_e \approx Q_0$ 的状态。其中，基于 LC 谐振回路的阻抗变换电路有两种设计方法：一种是利用 LC 元件各自的特性，另一种是利用 LC 回路的选频特性。

　　第一类阻抗变换电路的电路设计指标为接入系数 n，设计要求为 $n < 1$。图 3-44(a)～图 3-44(d) 所示的四种可用于负载匹配的第一类阻抗变换电路的接入系数分别为 $n_{自耦变压器}$＝次级线圈匝数 N_2/初级线圈匝数 N_1、$n_{变压器}$＝次级线圈匝数 N_2/初级线圈匝数 N_1、$n_{电容分压}$＝$C_1/(C_1+C_2)$、$n_{电感分压}$＝$L_2/(L_1+L_2)$。

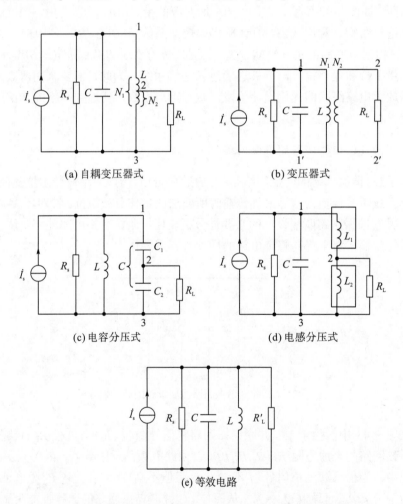

(a) 自耦变压器式　　　　　　　(b) 变压器式

(c) 电容分压式　　　　　　　(d) 电感分压式

(e) 等效电路

图 3-44　可用于负载匹配的第一类阻抗变换电路及其等效电路

如图 3-44(e) 所示，当负载 $R_L \ll R_{e0}$ 时，图 3-44 中所示的四种第一类阻抗变换电路均可以将 R_L 变换为高阻值的电阻 $R_L' = R_L/n^2$，从而实现信号源功率的最大化传输。

图 3-45 所示的倒 L 型阻抗变换电路，则是利用 LC 谐振回路的选频特性实现阻抗匹配的，属于第二类阻抗变换电路。

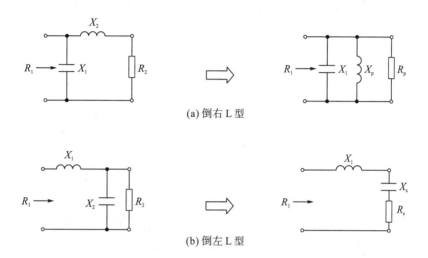

(a) 倒右 L 型

(b) 倒左 L 型

图 3-45　倒 L 型阻抗变换电路及其等效电路

对于图 3-45(a) 所示的倒右 L 型阻抗变换电路而言，如果基于选频分析进行电路设计，那么该电路与其等效电路的关系特性，与图 3-40 所示的 LC 并联谐振选频回路的本征模型与其最优等效电路模型的关系特性完全相同。于是，当感抗为 X_2 的电感串联 R_2 等效成感抗 $X_p = X_2$ 的电感并联 R_p 时，因为在 LC 并联回路谐振处 $R_1 = R_p$，所以倒右 L 型阻抗变换电路的功能是将低阻值的 R_2 变换为高阻值的匹配目标电阻 R_1，即 $R_1 \gg R_2$。

同理，图 3-45(b) 所示的倒左 L 型阻抗变换电路，则是利用 LC 串联谐振回路的选频特性，具有将高阻值的 R_2 变换为低阻值的匹配目标电阻 R_1 的功能，即 $R_1 \ll R_2$。其中，R_2 在等效电路中的等效电阻 R_s，相当于 LC 串联谐振回路中感抗为 X_1 的电感的损耗电阻。

根据之前关于 LC 并联谐振回路的分析可知，单调谐 LC 谐振回路的选频性能并不好，因此，正如图 3-46 所示的两种实用的第二类阻抗变换电路——T 型和 π型匹配网络的等效模型所示，二者均通过倒 L 型阻抗变换电路的两级级联设计，以提高第二类阻抗变换电路的性能。

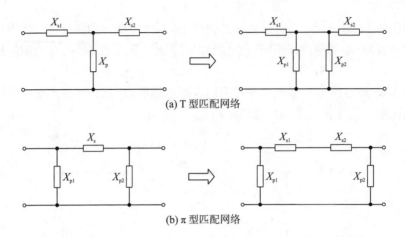

(a) T 型匹配网络

(b) π 型匹配网络

图 3-46　实用的第二类阻抗变换电路及其等效电路设计模型

3.5　本 章 小 结

　　伴随 BJT 器件发明所确定的共发射极放大原理电路，其可靠性主要体现在 BJT 被放大激活的直流通路上。针对共发射极放大原理电路结构不利于交流信号传输所暴露出的局限性，进行电路结构优化设计后，所得到的共发射极放大电路的实用原理电路，仍然会因为未考虑半导体器件固有的热不稳定性而需要采用系统优化的负反馈原理做进一步设计才能够得到共发射极放大电路的实用电路——基极分压式发射极偏置电路。由此可见，原理电路主要面向半导体有源电路中核心器件功能的激励问题，实用原理电路解决了半导体有源电路中核心器件功能的正常发挥问题，而实用电路最终解决了半导体有源电路中核心器件功能的高性能稳定发挥问题。一般情况下，原理电路的设计主要依靠半导体器件物理知识；实用原理电路的设计主要依靠电路分析基础；实用电路的设计主要依靠系统级优化技术。这是新型半导体有源电路设计过程中不可避免的三个循序渐进的研发阶段，通常缺一不可。

　　集成运放器件内部的大规模电路设计和集成运放器件的应用电路设计都是电子线路设计中量变到质变、简单到复杂的典型体现。

　　一方面，集成运放器件内部的大规模电路设计分为三级。由于输入级和中间级电路本质上均属于互导放大电路，因此只有输出级电路属于电压放大电路，才能够通过三级级联，实现集成运放器件设计所预期的电压放大电路的器件级别实现。三级放大电路中的核心器件均为本质上属于互导放大电路的晶体管器件且为了实现高性能集成，输入级的差分式放大电路还通过采用三对两两对称的晶体管电路，替代具同样功能的单管放大电路。

　　另一方面，集成运放求差运算电路的设计，需要对本质上属于电压放大电路的同相放大电路和本质上属于互阻放大电路的反相放大电路在同一个集成运放器件中进行综合设计后才能够实现。显然，两种属性不同的放大电路简单综合，无法高性能地实现属性为电压放大电路的集成运放求差电路。为此，需要采用两个相同的同相放大电路，分别对集成运放求差原理电路的反相输入端口和同相输入端口进行优化设计。其中，用于反相输入端口的同相放大电路的作用是理想化改善整个求差电路的输入性能，并满足反相放大电路的大信号输入条件；而用于同相输入端口的同相放大电路的作用是校正对输入信号的正常求差运算。

　　典型滤波电路和 LC 选频与匹配网络的设计是电子线路设计中量变到质变、简单到复杂这一设计理念的不同体现。低频正弦波信号发生电路的规模并不大，为了得到稳定、可靠的正弦波信号，其设计囊括了无源 RC 滤波电路设计、电压串联负反馈设计和电压串联正反馈设计。此外，同为 LC 并联谐振回路，其进行选频应用和匹配应用时的本征模型完全不同，电路分析和设计的原理也不尽相同。

　　由此可见，电子线路的优化设计并非完全依赖于电路规模的不断扩大，对不同设计原理进行深入理解和综合开发与应用，不仅能够带来电路性能上质的飞跃，同时也能够巧妙地解决复杂的工程问题。此时的量变，往往是指设计师本身对各种元器件、单元电路、设计模型和设计原理等诸多与设计直接相关或貌似不相关的知识的积累广度和掌握深度。知识广且理解深，综合应用能力强，必然有助于在工程设计中创造性地解决难点问题，引领质的飞跃。而此时的简单，往往是指在面临新问题时，如何在有限的先验知识和设计条件下，综合应用现有的知识背景和设计经验，通过创新性地深入研究和开发，提出新的解决方案，丰富知识背景和设计理念，成功研发能够解决复杂实际问题的新一代产品。

第4章 电信号建模

本章从论述基于帕塞瓦尔定理的电信号建模的工程意义和实用局限性出发，揭示随机过程概念的理论意义和技术内涵。此外，本章还通过剖析随机过程建模的宽平稳性、非周期平稳过程自相关函数和各态历经三个核心概念的技术内涵，揭示通过构建维纳-辛钦定理，实现随机信号建模的技术途径。值得注意的是，电信号建模理论和技术都是电子信息技术原始创新的着力点，其设计理念的理论和应用价值重大。

4.1 基于帕塞瓦尔定理的建模

4.1.1 工程意义

如图 4-1 所示，线性时不变系统的冲激响应为

$$h(t) = L[\delta(t)] = \delta(t) * h(t) \tag{4-1}$$

其中，$\delta(t)$ 表示冲激信号；$L[\cdot]$ 表示线性算子；*表示卷积算子。

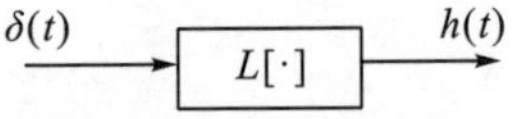

图 4-1　线性时不变系统的冲激响应

当线性时不变系统的输入信号为 $x(t)$ 时，其输出信号 $y(t)$ 为 $x(t)$ 与 $h(t)$ 的卷积，即

$$y(t) = L[x(t)] = x(t) * h(t)$$
$$= \int_{-\infty}^{\infty} x(\tau)h(t-\tau)\mathrm{d}\tau = \int_{-\infty}^{\infty} x(t-\tau)h(\tau)\mathrm{d}\tau \tag{4-2}$$

根据信号与系统理论，式 (4-2) 可以作为某个待确定或待优化的线性时不变系统的设计模型公式[其中 $h(t)$ 为设计对象]。因此，基于式 (4-2) 设计 $h(t)$，必须在设计目标明确的前提下[即输出信号 $y(t)$ 已知]，将分析输入信号 $x(t)$ 的成分作为设计的首要任务[即通过采用一定信号分析手段，将未知的 $x(t)$ 变为完全已知]。

如式(4-2)所示，线性时域卷积积分关系存在两种算法，这两种算法的设计结果均受到输入信号起始相位的影响。也就是说，如果基于式(4-2)进行 $h(t)$ 的设计，就必须考虑输入信号的起始时刻对系统功能的影响。据此，最终得到的 $h(t)$ 电路参数必然与输入信号的起始时刻相关，从而无法实现 $h(t)$ 的稳定性设计，因此时域设计的结果无法保证 $h(t)$ 的物理可实现性。

那么采用何种信号分析手段，才能够实现输入信号 $x(t)$ 完全已知的设计要求呢？下面以线性时不变系统的典型电路——晶体管小信号线性放大电路的设计为例进行分析。

晶体管小信号线性放大电路的设计必须将完全已知的正弦波 $v(t) = V_m \sin(\omega t + \theta)$ 当作输入信号 $x(t)$。图 4-2(a) 表明，利用示波器测量正弦波波形，通过观测其波峰或波谷值可以确定其 V_m 的值，而通过观测其周期(T)可以确定其角频率($\omega = 2\pi f = 2\pi/T$)的值。由于正弦波起始相位 θ 在 $[0,2\pi]$ 或 $[-\pi,\pi]$ 均匀分布，其表征的正弦波起始时刻 θ/ω 是随机的，故值无法确定。如果晶体管小信号线性放大电路的设计采用 $v(t) = V_m \sin(\omega t + \theta)$ 当作输入信号模型，那么设计结果(如偏置工作点)必然与输入信号的随机相位 θ 密切相关。显然，据此设计的晶体管小信号线性放大电路是无法实现的。

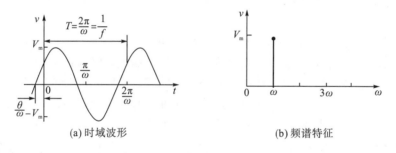

(a) 时域波形　　　　　　　　　(b) 频谱特征

图 4-2　标准的工程测试信号——正弦波信号

如图 4-2(b) 所示，正弦波信号在频域具有绝对的确定性。这是因为正弦波信号在频域的频谱特性仅与其强度和频率这两个确定参量有关，而与信号的起始相位这个随机参量完全无关。

将时域客观存在的正弦波信号变换到可以实现对其进行确定观测的虚拟频域，是通过傅里叶变换实现的。其中，帕塞瓦尔定理充分描述了保证信号通过傅里叶变换有效地实现时频域转换的条件和方案。根据信号与系统理论，周期信号和直流信号可作为帕塞瓦尔定理的应用特例。

帕塞瓦尔定理　设 $s(t)$ 是时间 $[0,T]$ 上的非周期确定信号，并且存在傅里叶变换对，则

$$\int_0^T [s(t)]^2 \, \mathrm{d}t = \frac{1}{2\pi} \int_{-\infty}^{\infty} |S(\omega)|^2 \, \mathrm{d}\omega \tag{4-3}$$

式(4-3)表明确定信号的时域能量与频域能量是守恒的。其中，T 表示非周期确定信号 $s(t)$ 中基波频率的时域对应值；$|S(\omega)|^2$ 表示 $s(t)$ 在不同频率下总能量的分布密度，即能量谱密度；$S(\omega)$ 为信号 $s(t)$ 的频谱，它反映了 $s(t)$ 中各种频率成分的分布状况。$S(\omega)$ 与 $s(t)$ 构成了傅里叶变换对，即

$$S(\omega) = \int_{-\infty}^{\infty} s(t)\mathrm{e}^{-\mathrm{j}\omega t}\mathrm{d}t = F[s(t)] \text{(正变换)} \tag{4-4a}$$

$$s(t) = \frac{1}{2\pi} \int_{-\infty}^{\infty} S(\omega)\mathrm{e}^{\mathrm{j}\omega t}\mathrm{d}\omega = F^{-1}[S(\omega)] \text{(反变换)} \tag{4-4b}$$

由此可见，针对图 4-2 所示正弦波信号的时频域特征分析，体现了帕塞瓦尔定理的工程意义：通过对输入信号进行傅里叶变换，可有效剔除输入信号中随机相位这种不确定因素对其物理可实现性系统稳定设计的影响，并可据此在频域对系统进行设计。

根据帕塞瓦尔定理，式(4-2)可以在频域被表征为

$$Y(\omega) = X(\omega) \cdot H(\omega) \tag{4-5}$$

其中，$Y(\omega)$、$X(\omega)$ 和 $H(\omega)$ 分别为输出信号 $y(t)$、输入信号 $x(t)$ 和线性时不变系统冲激响应 $h(t)$ 的频谱。

由此可见，基于式(4-5)的频域设计可以完全忽略输入信号的随机初始相位对 $h(t)$ 设计的影响，其中的关键在于利用傅里叶变换对输入信号的随机初始相位参量进行充分的剔除处理。因此，在线性时不变系统设计目标 $Y(\omega)$ 已知的条件下，通过分析 $X(\omega)$［将 $x(t)$ 由未知转换为已知］，再利用式(4-5)就可以确定性地得到 $H(\omega)$ 的幅频特性和相频特性，从而实现 $h(t)$ 的稳定设计。

帕塞瓦尔定理工程意义的体现，还可以采用频率成分远比正弦波信号复杂的方波信号为例做进一步说明。

$$v(t) = \frac{V_S}{2} + \frac{2V_S}{\pi}\left(\sin\omega_0 t + \frac{1}{3}\sin 3\omega_0 t + \frac{1}{5}\sin 5\omega_0 t + \cdots \right) \tag{4-6}$$

式(4-6)所示的方波信号傅里叶级数模型，是在对图 4-3 (a)所示时域波形进行傅里叶变换后所得到的图 4-3 (b)所示频谱特征的基础上建立的。其中，可以利用方波信号的频域直流特征 $\dfrac{V_S}{2}$ 识别出方波信号的时域强度 V_S，还可以利用频域的信号强度 $\dfrac{2V_S}{\pi}$ 识别出方波信号的基波频率 ω_0，该频率对应方波信号的时域特征值——周期参量 $T\left(T = \dfrac{2\pi}{\omega_0} \right)$。此外，谐波能量随频率升高的单调递减性表明帕塞瓦尔定

理符合能量守恒定律。例如，3 次谐波的强度和 5 次谐波的强度分别为基波强度的 1/3 和 1/5。由此可见，基于帕塞瓦尔定理，可以利用正弦波的频谱特征建立方波信号的统一数学模型。

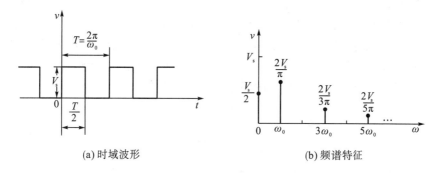

(a) 时域波形　　　　　　　　　　　　　(b) 频谱特征

图 4-3　方波信号

　　式(4-6)表明，在小信号线性放大电路设计过程中，对于输入信号是频率成分较为复杂的方波信号，电子工程师完全可以将与方波信号基波频率相同的正弦波信号当作输入信号进行简化设计。这是因为根据电路分析理论中的叠加原理可知，只要方波信号的基波成分能够无失真地通过小信号线性放大电路，那么方波信号中与基波线性组合的各次谐波成分将不仅能够无失真地通过小信号线性放大电路，还能够获取与基波成分相同的电路增益。

　　实际上，根据帕塞瓦尔定理，除了理想的周期信号(正弦波、方波和三角波信号)，所有真实存在的非周期确定信号也都具有统一的傅里叶级数模型。所谓非周期确定信号的傅里叶级数模型，是指可以在频域将非周期确定信号定量地表征为包括信号直流成分在内的具有周期性的基波成分及其各次谐波成分的线性组合。这种采用傅里叶级数模型的非周期确定信号的频域表征方式还与其客观存在的时域本质特性构成了数学意义上的一一对应关系。这也是为什么可以将理想的正弦波信号作为电子设计中标准的工程测试信号的原因。

　　综上所述，帕塞瓦尔定理的工程意义在于利用其可以有效地实现电信号的时频域转换，并在频域确定性地表征信号的特征，从而有效剔除电信号起始相位这一随机因子对电子系统设计的物理可实现性及其稳定性的影响。除此之外，基于帕塞瓦尔定理，还可利用占据信号主要能量且具有周期性的基波成分进行线性时不变系统的简化设计。

　　在上述面向线性时不变系统设计的帕塞瓦尔定理工程意义分析中，输入信号分别选取的是正弦波信号和方波信号。正弦波信号和方波信号是公认的确定信号。但是，为什么正弦波信号和方波信号明明含有随机的初始相位量，却仍然可以将二者划分为确定信号呢？而且，所有真实存在的非周期确定信号都具有初始相位随机的属性。此外，如果线性时不变系统输入的是随机信号，那么基于帕塞瓦尔定理对随机信号进行分析是否可行？

除此之外，在上述关于线性时不变系统物理可实现性的分析中，表征线性时不变系统的冲激响应函数 $h(t)$ 是基于冲激信号 $\delta(t)$ 定义的。作为理想信号的冲激信号 $\delta(t)$，其究竟是确定信号还是随机信号呢？探究该信号发生原理及其工程实现的技术手段，也是帕塞瓦尔定理工程意义的潜在体现。该问题的解析将在 4.4 节中通过剖析基于自功率谱密度函数的随机信号建模给出。

4.1.2 实用局限性

通过分析帕塞瓦尔定理在信号分析中的应用，以及式(4-3)中时域和频域积分上限与下限的物理意义和使用条件，会发现该定理在实际应用中存在明显的局限性。为此，必须先弄清如何利用帕塞瓦尔定理对信号进行定量分析。

如果认定式(4-3)表征的帕塞瓦尔定理是非周期确定信号分析的唯一数学公式，那么根据一个数学公式中只能存在一个未知量以实现有效求解的代数原则，就必须首先明确式(4-3)中待求解的未知量是什么。

式(4-3)中等式的右侧部分为信号虚拟分析的频域部分。频域积分的下限永远为确定的数值 0，它代表了信号直流成分的频率。频域积分的下限具有确定物理意义的零值特征，是进行时频域转换并在频域实现信号分析的关键。此外，频域部分的积分上限对应着信号的基波频率 ω_0 及其各次谐波频率 $2\omega_0, 3\omega_0, \cdots, n\omega_0$。图 4-3 表明，给定的方波信号在频域的谱线分布完全具有确定性。其中，频谱中只有基波和奇次谐波属于方波信号的频谱特征，不同的基波频率 ω_0 是用于区分不同方波信号的特征值。由此可见，帕塞瓦尔定理描述的式(4-3)右侧的信号频域部分是完全确定的，并且可以保证其绝对已知。因此，式(4-3)中的唯一未知量只能存在于此式左侧描述的时域部分。

鉴于信号频域分析所采用的谱线是利用观测数据通过傅里叶变换得到的，因此，客观存在的时域信号观测数据的有效性，是保障信号频谱分析可靠性和精度的基础。然而，根据帕塞瓦尔定理自身对时域观测条件的描述，式(4-3)中等式左侧时域部分的积分下限为 0，积分上限为 T。其中，时域积分的下限 0 表明信号的时域观测结果必须与信号的起始时刻无关，这是一个确定条件。由此可见，式(4-3)中的未知量只能是时域积分的上限 T。图 4-3 表明，对方波信号核心的时域特征——周期 T 的求解，是通过对方波信号频域特征——基波频率 ω_0 的确定实现的。

在被分析信号未知条件下，信号采集条件为观测时间足够长($T\rightarrow\infty$)和观测时间间隔足够小($\tau_0\rightarrow 0$)。如图 4-2(a)和图 4-3(a)所示，无论从哪个时刻开始观测正弦波和方波信号，观测时间的长度都应该大于 T，否则将无法从频域分析结果中获取可靠的待识别信息 ω_0。

特别需要强调的是，式(4-3)中时域部分的下限必须是数值 0。时域积分下限的零值特征表明了帕塞瓦尔定理描述的式(4-3)中的 $s(t)$ 只能为确定信号。通过 4.2 节中对随机过程概念的剖析会发现：只有确定信号才具备信号的时域观测结果与信号的起始时刻这一随机参量完全无关的特性；而随机信号的时域观测结果与信号的起始时刻密切相关。因此，无法直接利用帕塞瓦尔定理对随机信号进行分析，其仅仅适用于确定信号分析，这便是帕塞瓦尔定理的实用局限性。

其实，帕塞瓦尔定理的原始应用目标应该是面向随机信号的。只是在滞后于其近 20 年被提出的狄利克雷(Dirichlet)条件下，才明确了其仅适用于确定信号分析。

基于式(4-3)和式(4-4)描述的帕塞瓦尔定理中的非周期确定信号 $s(t)$ 存在傅里叶变换对所必须满足的狄利克雷条件为：在$[0,T]$内，$s(t)$ 必须绝对可积，并且 $s(t)$ 只能够存在有限数量的极值点和有限数量的第一类间段点(信号间断点的左右极限都存在，二者相等为可去间断点，否则为跳跃间断点)。其中，信号的总能量有限可以作为其绝对可积的派生条件，即 $\int_{-\infty}^{\infty}|s(t)|^2\,\mathrm{d}t<\infty$。

4.2.1 节中对随机过程概念的剖析表明，在同一个观测时间段内对被观测信号进行多样本同时采样记录的条件下，只有确定信号才能满足狄利克雷条件，这是因为只有确定信号才具备任意单样本的有效性。而随机信号的多样本特性使其在相同的观测条件下，所有样本的能量无法统一，因此，随机信号根本不满足绝对可积条件。此外，在同一时间段内，随机信号每条样本的极值点数量也不统一，第一类间断点的属性难以满足。因此，帕塞瓦尔定理仅适用于确定信号分析。但是，基于帕塞瓦尔定理的确定信号分析理论发展了相当长的时间，已经非常成熟，如果能够在帕塞瓦尔定理的基础上，通过对其进行修正，将其升级为可以用于随机信号分析的方法，必将会得到事半功倍的效果。

帕塞瓦尔定理面向随机信号分析应用进行升级的关键：必须有效地建立确定信号与随机信号的内在联系，尤其是数学意义上严格的定量关系，而统计学中随机过程的概念恰好能够充分解决这一难题。

下面将在电子工程的应用领域，通过剖析随机过程、随机过程的宽平稳性和平稳随机过程的各态历经性这三个随机信号处理理论和技术中核心概念的内涵以及三者之间的递进关系，发掘将仅能够用于确定信号分析的帕塞瓦尔定理升级为适用于随机信号分析的维纳-辛钦定理的理论与技术发展脉络，启发创新思维。

4.2 随机过程概念的剖析

4.2.1 理论意义与技术内涵

在电子工程领域,通常将对雷达接收机本机噪声的观测记录与分析作为案例,剖析随机过程的概念。如图 4-4 所示,在相同的观测条件下,对同一部雷达接收机的内部噪声电压(或电流)进行大量的重复测试后,观测到的所有可能的结果有 m 种,记录下 m 个不同的波形。特别需要强调的是,在 m 条观测样本曲线的相同观测条件中,相同的观测起始时刻是第一位的。图 4-4 中横轴的数字 0 表明了 m 条观测样本曲线是在一个起始时刻开始被观测记录的;t_1 是记录第一组 m 个样本的观测时刻,即观测时间间隔 $\tau=t_1$;分别观测了 n 个时间点,一共记录了 $n\times m$ 个数据。

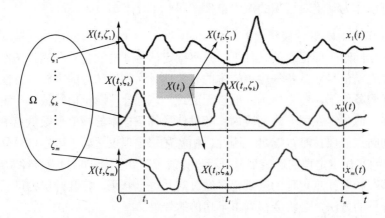

图 4-4　随机过程概念下同一部雷达接收机本机噪声的观测记录结果

在相同的观测条件下,随时间变化的随机变量称为随机过程;随机过程是用统计学方法建立的被观测信号的数学模型。那么,基于随机过程的概念,如何辨识雷达接收机的本机噪声是随机信号还是确定信号呢?显然,可以利用随机性是与确定性相对立的概念进行确定信号与随机信号的辨识。

基于随机过程的概念,针对图 4-5(a)所示确定信号与图 4-5(b)所示雷达接收机本机噪声的对比分析表明,随机过程的概念不仅可以实现确定信号与随机信号的辨识,而且可以成为数学意义上联系二者的纽带。也就是说,利用随机过程的概念可以将确定信号与随机信号统一起来。

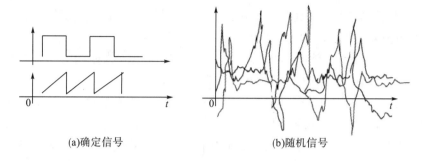

(a)确定信号　　　　　　　　　　　　　　　　(b)随机信号

图 4-5　基于随机过程概念的确定信号与随机信号的辨识

图 4-5 为在相同的观测条件下，利用随机过程的概念对三个不同信号进行观测记录的结果。在基于随机过程概念的观测条件下，图 4-5(a)所示的方波和三角波作为确定信号，二者的 m 条观测样本的记录结果是完全重合的。因此，在随机过程的概念下，确定信号的多样本观测记录结果存在单样本的任意有效性，而图 4-5(b)表明，在随机过程的概念下，对同一个随机信号的观测结果明显存在多样本的异样性。

由此可见，确定信号在时域随时间做有规律、已知的变化，并且可以用确定的时间函数表征和准确地预测其未来的变化。对于确定信号而言，这次测出的是这种波形，下次测出的还会是这种波形。与确定信号刚好相反，随机信号在时域随时间做无规律、未知、随机的变化，并且无法用确定的时间函数表征，难以准确地预测其未来的变化。对于随机信号而言，这次测出的是这种波形，下次测出的高概率是另一种波形。

图 4-5 的分析结果表明，随机过程的概念不仅同时适用于确定信号和随机信号，而且基于随机过程的概念，可以通过观测样本的同一性和异样性，对确定信号和随机信号进行准确的区分。其中，在随机过程的概念下，同一个时刻的观测结果具有很强的随机性，这就是随机信号在时域区别于确定信号的明显特征。

在图 4-4 中，采用数学函数 $X(t, \zeta)$ 表征随机过程。其中，X 表示不确定(随机信号)或者未知(确定信号)的被观测信号；t 为利用时间参量表征的过程因子(时域观测条件)；ζ 为表征被观测信号不确定性或者未知性的随机因子。由此可见，$X(t, \zeta)$ 可以简写为 $X(t)$。其中，X 为表征被观测信号随机性(既包含随机信号的不确定性，也包含确定信号的未知性)的随机参量，t 为表征被观测信号的时域观测条件的过程参量。因此，随机过程简写符号 $X(t)$ 的内涵就是工程意义上随机过程名称的由来，即随机参量 X+过程参量 t 简称随机过程。

随机过程 $X(t, \zeta)$ 是随机信号处理理论的基础性概念，具有重要的理论意义和丰富的技术内涵。随机过程不仅可以作为区分确定信号和随机信号的依据，而且可以定性和定量地描述随机信号分析的基础(条件)、目标、方法和结果，是随信号处理理论的核心及关键技术所在。下面基于图 4-4，在以下四种不同情况下，分别明确随机过程 $X(t, \zeta)$ 的意义及其所包含的技术内涵。

(1) 当 t、ζ 都是可变量时，$X(t, \zeta)$ 是一个时间函数族。此时 $t \in [t_1, t_n]$、$\zeta \in [1, m]$，情况 (1) 的意义在于明确了随机信号分析的基础 (条件)。

技术内涵：如图 4-4 所示，为了准确地高保真采集随机信号的原始数据，必须在满足未知确定信号观测条件的前提下 (对于未知信号而言，在有效的观测时间段内，信号的观测时间间隔 τ 必须足够小，即 $t_1 = \tau \to 0$，从而使 $n \to \infty$)，尽量多地采集样本 (即 $m \to \infty$)。由此可见，随机信号分析的基础是首先获取满足观测条件的 $n \times m$ 维的高维数据包。其中，对观测时间 (即 0 到 t_n 的长度) 的要求，在随机信号处理的理论分析和工程应用中不尽相同。具体情况将在 4.3 节中，通过分别剖析随机过程的宽平稳性和平稳随机过程的各态历经性这两个随机信号处理的理论与技术基础进行详细说明。

(2) 当 t 是可变量、ζ 固定时，$X(t, \zeta)$ 是一个确定的时间函数。此时 $t \in [t_1, t_n]$ 且 ζ 为常数，此种情况的意义在于明确了随机信号分析的目标。

技术内涵：如果能够使 ζ 固定，那么就意味着能够将随机信号由多样本的时间函数转换成单样本有效的时间函数，据此就可以沿用已有的确定信号分析方法和技术。由此可见，随机信号分析的首要目标应该是如何实现随机信号多观测样本的 m 归一化，并在构建确定时间函数的基础上，像基于帕塞瓦尔定理的确定信号统一建模一样，把建立随机信号的统一模型当作终极目标。

(3) 当 t 固定、ζ 是可变量时，$X(t, \zeta)$ 是一个随机变量。此时 $\zeta \in [1, m]$ 且 t 为常数，此种情况的意义在于明确了随机信号分析的方法。

技术内涵：为了实现随机信号多观测样本的 m 归一化目标，可以利用随机信号在每个独立观测时刻 t 所具有的随机变量属性，采用统计平均的方法，先把随机信号转换为确定时间函数的形式。据此再通过研究帕塞瓦尔定理的修正方法，最终实现随机信号统一建模的目标。

(4) 当 t 固定、ζ 固定时，$X(t, \zeta)$ 是一个确定值。此时已完成了对随机信号的分析，t 中的变量因子 n 和 ζ 中的变量因子 m 均已实现了归一化处理。此种情况的意义在于明确了随机信号分析的结果。

技术内涵：ζ 中的变量因子 m 归一化的结果是数值 1，表示随机信号已经完成了向确定时间函数的转换。t 中的变量因子 n 归一化的结果是 $t_1 = \tau$。其中，τ 所在的观测空间 $\tau \in (0, \tau_{max}]$ 属于确定的时域空间，是随机信号转换为确定时间函数的唯一基础。并且，最大观测时间间隔 τ_{max} 是能够表征信号特征的确定数值。不同信号的 τ_{max} 绝对不同，因此 τ_{max} 可以作为区分或识别不同信号的特征值。此外，τ_{max} 还是高保真观测信号 (无论是确定信号还是随机信号) 的最低成本门限。由此可见，与确定信号分析的结果相同，可以将获取的 τ_{max} 值作为随机信号分析的结果。此外，基于帕塞瓦尔定理的确定信号分析，最终将确定信号的时域与频域能量统一于一个确定值。构建维纳-辛钦定理实现随机信号分析的过程，最终也是通过将随机信号的时域与频域功率统一在一个确定值上结束的，详细过程和内涵将在 4.4节中剖析。

4.2.2　电信号的一、二维数字特征

关于随机过程概念理论意义和技术内涵的剖析表明，随机信号分析首先应当采用统计平均的方法，在随机过程的统计结果中寻找确定的时间函数。根据电信号中直流成分与交流成分的信息分布特征，只需要重点分析随机过程统计平均结果中的一维和二维数字特征。

根据数理统计学，随机过程 $X(t)$ 的一维数字特征函数包括数学期望函数 $E[X(t)]=m_X(t)$、均方值函数 $E[X^2(t)]=\psi_X^2(t)$、方差函数 $E[\{X(t)-m_X(t)\}^2]=\sigma_X^2(t)$。其中，$t \in (t_1, t_n)$。

所谓随机过程的一维数字特征函数，是指基于随机过程一维概率密度函数的数理统计结果。如果随机过程 $X(t)$ 是对电信号观测记录的结果，那么其一维数字特征函数则表征了对电信号强度的统计结果，具体分析如下。

如果将随机过程 $X(t)$ 中的 t 看成相对固定的独立时刻，则 $X(t)$ 就是一个随机变量，其在每个独立时刻 t 随机取值 x 的概率密度函数为 $f_X(x,t)$。利用 $X(t)$ 的一维概率密度函数 $f_X(x,t)$，可以定量描述随机电信号一维数字特征函数的计算方法，如式(4-7)～式(4-9)所示。其中，定义式代表三种统计处理的方式(一维一阶矩、一维二阶原点矩和一维二阶中心矩)；计算式为定义式所对应的算法；符号式表示对统计对象-随机过程中的随机因子 X(符号式的下标)的统计处理结果，三种算法的不同统计结果分别为 m、ψ^2 和 σ^2。

$$E[X(t)] = \int_{-\infty}^{\infty} x \cdot f_X(x,t)\mathrm{d}x = m_X(t) \qquad (4-7)$$

$$\uparrow \qquad\qquad \uparrow \qquad\qquad \uparrow$$
$$\text{定义式} \qquad \text{计算式} \qquad \text{符号式}$$

利用式(4-7)统计所得的数学期望的意义在于：$m_X(t)$ 描述了随机过程 $X(t)$ 所有观测样本在每个独立观测时刻摆动的中心。如图 4-6 所示，如果将 $X(t)$ 看作随机电信号，那么数学期望 $m_X(t)$ 就是其直流成分的电平强度。鉴于电信号的直流成分应该具备电平恒定的特性，即 $m_X(t)=$常数，可以初步判定图 4-6 中 t_1～t_i 时段的观测数据是无效的，t_i 应该作为过程 $X(t)$ 有效采集样本的起始时刻。并且，t_i 时刻后数学期望的统计结果也初步验证了样本数量 m 的有效性。由此可见，作为电信号的统计特征，数学期望函数 $m_X(t)$ 具有能判断样本的起始观测时刻 t_1 是否

有效以及检验采集的样本数量 m 是否充足的作用。以此类推，随机电信号的其他数字特征也应该具有类似的能检验观测样本有效性的作用。

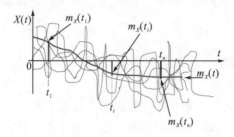

图 4-6　基于数学期望的随机电信号观测样本分析

同理，把过程 $X(t)$ 中的 t 视为固定时，$X(t)$ 为时刻 t 的状态(随机变量)，那么其二阶原点矩为

$$E[X^2(t)] = \int_{-\infty}^{\infty} x^2 f_X(x,t)\mathrm{d}x = \psi_X^2(t) \tag{4-8}$$

当将 t 视为变量时，即 $t \in (t_1, t_n)$，则 $\psi_X^2(t)$ 为过程 $X(t)$ 的均方值函数。$\psi_X^2(t)$ 可以表征随机电信号 $X(t)$ 消耗在单位电阻上的瞬时总功率的统计平均值。

同理，过程 $X(t)$ 的方差为二阶中心矩，即

$$D[X(t)] = E\{[X(t) - m_X(t)]^2\} = \int_{-\infty}^{\infty} [x - m_X(t)]^2 f_X(x,t)\mathrm{d}x = \sigma_X^2(t) \tag{4-9}$$

如式(4-9)所示，随机电信号 $X(t)$ 的方差 $\sigma_X^2(t)$ 是剔除了表示信号直流成分的数学期望函数后的统计结果，因此其表征了随机电信号 $X(t)$ 消耗在单位电阻上的瞬时交流功率的统计平均值。

利用随机电信号 $X(t)$ 的方差 $\sigma_X^2(t)$ 和式(4-10)，可得图 4-7 所示的表征围绕过程 $X(t)$ 中心 $m_X(t)$ 上下摆动的包络的均方差函数 $\sigma_X(t)$。

$$\sqrt{D[X(t)]} = \sqrt{\sigma_X^2(t)} = \sigma_X(t) \tag{4-10}$$

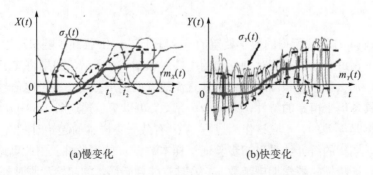

(a)慢变化　　　　　　　　　　　(b)快变化

图 4-7　基于一维和二维数字特征的不同随机信号辨识

　　如图 4-7 所示,随机过程 $X(t)$ 与 $Y(t)$ 具有相同的数学期望和均方差,即 $m_X(t)=m_Y(t)$ 和 $\sigma_X(t)=\sigma_Y(t)$,表明二者的样本函数具有相同的波动中心和上下包络。但是,随机信号 $X(t)$ 随时间变化相对缓慢,而 $Y(t)$ 随时间变化相对迅速。由此可见,仅仅依赖数学期望和均方差函数根本无法区分两个频率变化快慢特征完全不同的随机信号,而频率特征才是信号的本质特征。其中,一维数字特征之所以完全不能表征随机过程内部变化的快慢、相关性的强弱状况,原因在于一维概率密度函数只能描述随机过程在任意一个孤立时刻的统计特性,却不能反映在不同时刻随机过程状态之间的关系。

　　根据数理统计学,能够表征不同时刻随机过程 $X(t)$ 状态之间关联性的是其二维数字特征函数,包括自相关函数 $E[X(t)X(t+\tau)]=R_X(t,t+\tau)$ 和自协方差函数 $E[\{X(t)-m_X(t)\}\{X(t+\tau)-m_X(t+\tau)\}]=C_X(t,t+\tau)$。其中,$t\in[t_1,t_{n-1}]$,$\tau\in(0,\tau_{\max}]$。

　　随机过程 $X(t)$ 在任意两个固定时刻 t 和 $t+\tau$ 的状态 $X(t)$ 和 $X(t+\tau)$ 构成了二维随机变量 $\{X_1,X_2\}$。随着 $(t,t+\tau)$ 的变化,二维概率密度函数 $f_X(x_t,x_{t+\tau};t,t+\tau)$ 可以表示随机过程 $X(t)$ 在整个观测时间段 $[t_1,t_n]$,任意两个相邻时刻状态的联合统计特性。据此,可利用自相关函数描述随机过程任意两个相邻时刻的两个状态之间的相关程度,其定义式、计算式和符号式如式(4-11)从左至右依次所示。

$$E[X(t)X(t+\tau)]=\int_{-\infty}^{\infty}\int_{-\infty}^{\infty}x_t\cdot x_{t+\tau}\cdot f_X(x_t,x_{t+\tau};t,t+\tau)\mathrm{d}x_t\mathrm{d}x_{t+\tau}=R_X(t,t+\tau)\quad(4\text{-}11)$$

　　由此可见,在图 4-7 中,完全可以利用自相关函数 $R_X(t_1,t_2)$ 和 $R_Y(t_1,t_2)$ 对两个一维数字特征完全相同的随机信号 $X(t)$ 和 $Y(t)$ 进行区分和识别。其中,$X(t)$ 随时间变化缓慢,其在两个不同时刻的状态有着较强的相关性;然而相对于 $X(t)$ 而言,$Y(t)$ 随时间的变化要剧烈得多,其在两个不同时刻的状态的相关性显然要比 $X(t)$ 弱得多。因此,二者在相同相邻时刻的自相关函数统计计算结果必然存在关系:$R_X(t_1,t_2)>R_Y(t_1,t_2)$。此关系式可以作为区分和识别两个一维数字特征完全相同的随机信号 $X(t)$ 和 $Y(t)$ 的基础。

　　当两个随机电信号的均方差函数相同且数学期望函数不同时,必须剔除数学期望函数的影响后,才能够利用二维数字特征对这两个不同的随机信号进行区分和识别。剔除随机电信号直流统计特征后的二维数字特征函数,能够更准确地描述相邻时刻状态 $X(t)$ 与 $X(t+\tau)$ 之间的相关程度,这是因为相关程度本身表征的就是随机电信号中交流成分的特征。仅具有随机电信号交流成分特征的自协方差函数 $C_X(t,t+\tau)$ 的统计平均定义和算法描述如式(4-12)所示。

$$C_X(t,t+\tau)=E\{[X(t)-m_X(t)][X(t+\tau)-m_X(t+\tau)]\}$$
$$=\int_{-\infty}^{\infty}\int_{-\infty}^{\infty}[x_t-m_X(t)]\cdot[x_{t+\tau}-m_X(t+\tau)]\cdot f_X(x_t,x_{t+\tau};t,t+\tau)\mathrm{d}x_t\mathrm{d}x_{t+\tau}\quad(4\text{-}12)$$

　　进一步分析会发现,当两个不同的随机电信号的数学期望函数相同且均方差函数不同,以及两个随机电信号的数学期望函数和均方差函数均不同时,必须同时剔除数学期望和方差函数的影响后，才能够利用二维数字特征对两个不同的随机信号进行区分和识别。

同时剔除了数学期望函数（表征了随机电信号直流成分的强度）和方差函数（表征了随机电信号交流成分的强度），仅具有随机电信号交流成分频率特征的归一化自相关函数 $\rho_X(t,t+\tau)$ 的数学定义为

$$\rho_X(t,t+\tau) = \frac{C_X(t,t+\tau)}{\sigma_X(t)\sigma_X(t+\tau)} \tag{4-13}$$

综上所述，基于概率论对随机电信号 $X(t)$ 进行数理统计，可以得到随机电信号的三个一维数字特征函数（数学期望、均方值和方差函数）与两个二维数字特征函数（自相关和自协方差函数），且均为时间函数。

目前存在的问题是：这五个数字特征中哪一个能够与随机电信号本身构成完备的一一对应关系？该问题的解决不仅在数学意义的严谨性上非常重要，而且也是随机信号分析理论的应用基础。这是因为随机信号的分析方法是用统计平均方法消除随机信号的随机性后再对帕塞瓦尔定理进行修正，其中的桥梁就是如何在随机信号统计处理得到的五个数字特征中确定一个能够与随机电信号本身构成一一对应关系并具有随机信号全部信息成分真正意义上的确定时间函数。为了解决该问题，首先应该利用这五个数字特征的信息冗余性，确定随机电信号的核心数字特征函数。

基于两个二维数字特征函数的定义式[式(4-11)和式(4-12)]，发现 $\tau=0$ 时，有

$$R_X(t,t) = E[X(t)X(t)] = \psi_X^2(t) \tag{4-14}$$

$$C_X(t,t) = E\{[X(t)-m_X(t)][X(t)-m_X(t)]\} = \sigma_X^2(t) \tag{4-15}$$

式(4-14)和式(4-15)表明，当 $\tau=0$ 时，两个二维数字特征函数均退化成一维数字特征函数。因此，只需要定义 $\tau=0$ 有效，就可以采用两个二维数字特征函数（自相关函数和自协方差函数）分别表征均方值函数和方差函数。并且，利用电信号总功率等于电信号直流成分的功率和交流成分的功率之和的关系，可得三个一维数字特征函数的数学关系式为

$$\psi_X^2(t) = m_X^2(t) + \sigma_X^2(t) \tag{4-16}$$

将自协方差函数的定义式[式(4-12)]代数式展开后，再利用自相关函数和数学期望函数的定义式，通过简单的数学推导可以得到这三个数字特征的数学关系式为

$$C_X(t,t+\tau) = R_X(t,t+\tau) - m_X(t)m_X(t+\tau) \tag{4-17}$$

式(4-17)表明利用 t 和 $t+\tau$ 时刻数学期望函数 $m_X(t)$ 的信息，将其从自相关函数 $R_X(t,t+\tau)$ 中剔除可以得到自协方差函数 $C_X(t,t+\tau)$。

由此可见，在随机信号的五个一维和二维数字特征中，自相关函数含有随机电信号直流成分和交流成分最完整的综合信息。并且，其他四个数字特征中都不

独立含有随机电信号直流成分——数学期望函数 $m_X(t)$ 的信息。

据此，可以确定随机电信号的两个核心数字特征函数分别为自相关函数 $R_X(t,t+\tau)$（$t \in [t_1, t_{n-1}]$，$\tau \in [0, \tau_{max}]$）和数学期望函数 $m_X(t)$（$t \in [t_1, t_n]$）。其他三个数字特征则可以分别利用式(4-14)～式(4-17)计算得到。

特别值得注意的是，在核心数字特征的概念下，随机电信号的观测时间间隔 τ 指标同时也就具备了零值有效性，从而因为 $\tau \in [0, \tau_{max}]$，自相关函数 $R_X(t,t+\tau)$ 中的 τ 变量因子完全具备了确定信号时域变量空间的属性，但此时的 $R_X(t,t+\tau)$ 函数还与起始时刻 t 密切相关，不具备确定信号与起始时刻无关的本质特征，不是真正意义上的确定时间函数。此外，还应该注意到，数学期望函数 $m_X(t)$ 仍然为不确定的时间函数，它仍然与观测信号的起始时刻 t_1 密切相关。

4.3　平稳随机过程建模

4.3.1　宽平稳性的理解

如何在随机电信号核心数字特征——数学期望函数 $m_X(t)$ 和自相关函数 $R_X(t,t+\tau)$ 的基础上，获取一个具有随机信号全部信息特征的"确定"时间函数呢？

首先，随机信号的数学期望函数 $m_X(t)$（$t \in [t_1, t_n]$）可以表征为由 n 个确定数值组成的数列，即

$$m_X(t_1),\ m_X(t_2),\ m_X(t_3),\ \cdots,\ m_X(t_n)$$

由于数学期望函数表征的是随机电信号的直流成分，以及电信号具有直流电平恒定的特性，所以数学期望数列应该具备等值数列的特征，即

$$m_X(t_1)=m_X(t_2)=m_X(t_3)=\cdots=m_X(t_n)=m_X \tag{4-18}$$

其中，m_X 为随机信号直流电平强度。在完备的统计条件下，可以有效地获取 m_X 的精确真值。

鉴于另外两个一维数字特征均是与数学期望函数在相同的统计条件下得到的统计结果，因此，当数学期望数列满足等值数列的特征时，另外两个一维数字特征的数列必然也同样具备等值数列的特征。由此可得

$$\psi_X^2(t_1)=\psi_X^2(t_2)=\psi_X^2(t_3)=\cdots=\psi_X^2(t_n)=\psi_X^2 \tag{4-19}$$

$$\sigma_X^2(t_1)=\sigma_X^2(t_2)=\sigma_X^2(t_3)=\cdots=\sigma_X^2(t_n)=\sigma_X^2 \tag{4-20}$$

其中，ψ_X^2 和 σ_X^2 分别为完备的统计条件下，随机信号的总功率和交流功率的统计真值。

式(4-18)～式(4-20)表明，在完备的统计条件下，随机信号一维数字特征的数列均具备等值数列的特征。任何一个观测时刻的一维数字特征值都可以确定性

地精确表征随机信号的强度信息，从而使得每个采样观测时刻 $t_1, t_2, t_3, \cdots, t_n$ 都可以被看作观测信号的起始时刻。因此，在完备的统计条件下，随机信号一维数字特征均与被观测信号的起始时刻 t_1 无关。

其次，在给定的观测时间间隔 τ 下，随机信号的二维数字特征——自相关函数 $R_X(t, t+\tau)$ 和自协方差函数 $C_X(t, t+\tau)$（$t \in [t_1, t_{n-1}]$，$\tau \in [0, \tau_{max}]$）也可以表征为由 $n-1$ 个确定的数值组成的数列，即

$$R_X(t_1, t_2)，R_X(t_2, t_3)，R_X(t_3, t_4)，\cdots，R_X(t_{n-1}, t_n)$$
$$C_X(t_1, t_2)，C_X(t_2, t_3)，C_X(t_3, t_4)，\cdots，C_X(t_{n-1}, t_n)$$

显然，在完备的统计条件下，不仅随机电信号一维数字特征的数列应该具备等值数列的特征，而且两个二维数字特征的数列也同样应该具备等值数列的特征。这是因为即使是随机信号，其快慢变化的频率特性本质上也是稳定的。由此可得

$$R_X(t_1, t_2) = R_X(t_2, t_3) = R_X(t_3, t_4) = \cdots = R_X(t_{n-1}, t_n) = R_X(\tau) \tag{4-21}$$
$$C_X(t_1, t_2) = C_X(t_2, t_3) = C_X(t_3, t_4) = \cdots = C_X(t_{n-1}, t_n) = C_X(\tau) \tag{4-22}$$

式(4-21)和式(4-22)表明，在完备的统计条件下，任意两个相邻观测时刻的二维数字特征值都可以确定性地精确表征随机信号的强度和快慢信息，从而使得每个采样观测时刻 $t_1, t_2, t_3, \cdots, t_{n-1}$ 都可以被看作观测信号的起始时刻。因此，在完备的统计条件下，随机信号二维数字特征与被观测信号的起始时刻 $t \in [t_1, t_{n-1}]$ 无关，仅与相邻的时间间隔 τ 有关。由此可见，在完备的统计条件下，观测时间可以缩至最短。

此外，在式(4-21)和式(4-22)中，当 $\tau=0$ 时，$R_X(0)$ 和 $C_X(0)$ 分别为随机信号在完备统计条件下总功率和交流功率的精确统计真值。当 $\tau \neq 0$ 时，$R_X(\tau)$ 和 $C_X(\tau)$ 均为表征随机信号变化快慢的精确统计真值，且 $R_X(\tau)$ 比 $C_X(\tau)$ 含有更多的信号直流成分信息，并且由于 $\tau \in [0, \tau_{max}]$，$R_X(\tau)$ 和 $C_X(\tau)$ 均为确定的时间函数。其中，自相关函数表征了随机电信号的所有交、直流成分的强度特征及其交流成分的频率变化特性，因此其含有随机信号的完整信息。

综上所述，在完备的统计条件下，随机电信号的所有信息可以采用一个确定的数值 m_X 和一个确定的时间函数 $R_X(\tau)$ 进行充分表征。因此，可以认定：在完备的统计条件下，随机电信号仅与其自相关函数 $R_X(\tau)$ 构成了具有确定性的一一对应的时间函数关系。据此，可以定义随机过程 $X(t)$ 为宽平稳随机过程。其中，$X(t)$ 必须满足：

$$E[X^2(t)] = \psi_X^2 = 常数$$
$$E[X(t)] = m_X = 常数$$
$$R_X(t, t+\tau) = R_X(\tau)$$

由此可见，随机过程具有宽平稳性所需要的条件就是上述分析中反复提到的完备的统计条件。

下面通过分析 $X(t)$ 宽平稳性的数理统计原理及其工程实现条件，进一步明确随机信号宽平稳性的内涵及其在随机信号处理中的理论意义和工程价值。

根据数理统计学，所谓随机过程的平稳性，是指其统计特征不随时间的推移而变化。其中，宽平稳过程一、二维统计特性可分别由其一维概率密度函数 $f_X(x,t)$ 和二维概率密度函数 $f_X(x_t, x_{t+\tau}; t, t+\tau)$ 来表征。

式(4-23)～式(4-25)中计算式所示被积函数的属性表明，随机信号 $X(t)$ 的三个一维数字特征的统计结果满足宽平稳性(均为常数)的条件必须为 $X(t)$ 的一维统计特性 $f_X(x, t)$ 与时间 t 无关，即 $f_X(x,t) = f_X(x,t+\Delta t)\big|_{\Delta t=-t} = f_X(x)$。

$$E[X(t)] = \int_{-\infty}^{\infty} x f_X(x,t)\mathrm{d}x = \int_{-\infty}^{\infty} x f_X(x)\mathrm{d}x = m_X = \text{信号的直流电平} \quad (4\text{-}23)$$

$$E[X^2(t)] = \int_{-\infty}^{\infty} x^2 f_X(x,t)\mathrm{d}x = \int_{-\infty}^{\infty} x^2 f_X(x)\mathrm{d}x = \psi_X^2 = \text{信号的总功率} \quad (4\text{-}24)$$

$$\begin{aligned} E\{[X(t)-m_X(t)]^2\} &= \int_{-\infty}^{\infty} [x-m_X(t)]^2 f_X(x,t)\mathrm{d}x \\ &= \int_{-\infty}^{\infty} [x-m_X]^2 f_X(x)\mathrm{d}x \\ &= \sigma_X^2 = \text{信号的交流功率} \end{aligned} \quad (4\text{-}25)$$

然而在实际情况中，对于样本数为 m 的宽平稳过程 $X(t)$ 而言，$f_X(x, t)=1/m$。由此可见，宽平稳过程 $X(t)$ 的一维统计特性与时间无关的工程实现条件应该为观测该过程的样本数 m 必须充足，即 $m \to \infty$。这是随机信号统计分析的充分必要条件。由于数值的大小具有相对性，如何检验样本数是否充足，是否能够真正满足 $m \to \infty$ 的条件便成为一个重要的问题。

显然，当利用 $f_X(x, t)=1/m$ 统计计算得到的数学期望值、均方值及方差与理论值相等时，m 的数值即为该过程进行统计分析所需的有效样本数。其中，可以利用式(4-18)～式(4-20)确定随机信号三个一维数字特征的理论值。为了保证理论值的准确性，应该对足够多的采样观测时刻进行统计分析，尤其是被观测信号的随机性越强，采样观测的时间点就应该越多，即 $n \to \infty$。应当注意到，一旦满足式(4-18)～式(4-20)的判别条件，任意一个采样时刻的观察记录结果均是等价的。

式(4-26)和式(4-27)中计算式所示被积函数的属性表明，随机信号 $X(t)$ 的两个二维数字特征的统计结果满足宽平稳性(均为以 τ 为变量的确定时间函数)的条件必须为 $X(t)$ 的二维统计特性 $f_X(x_t, x_{t+\tau}; t, t+\tau)$ 与观测时间起点 t 无关，只与 τ 有关，即 $f_X(x_t, x_{t+\tau}; t, t+\tau) = f_X(x_t, x_{t+\tau}; t+\Delta t, t+\tau\Delta t)\big|_{\Delta t=-t_1} = f_X(x_t, x_{t+\tau}; \tau)$。

$$\begin{aligned} R_X(t,t+\tau) &= \int_{-\infty}^{\infty}\int_{-\infty}^{\infty} x_t x_{t+\tau} f_X(x_t, x_{t+\tau}; t, t+\tau)\mathrm{d}x_t \mathrm{d}x_{t+\tau} \\ &= \int_{-\infty}^{\infty}\int_{-\infty}^{\infty} x_t x_{t+\tau} f_X(x_t, x_{t+\tau}; \tau)\mathrm{d}x_t \mathrm{d}x_{t+\tau} = R_X(\tau) \end{aligned} \quad (4\text{-}26)$$

$$C_X(t,t+\tau) = \int_{-\infty}^{\infty}\int_{-\infty}^{\infty} (x_t-m_x)(x_{t+\tau}-m_x) f_X(x_t, x_{t+\tau}; \tau)\mathrm{d}x_t \mathrm{d}x_{t+\tau} = C_X(\tau) \quad (4\text{-}27)$$

由于 $\tau=0$ 时 $R_X(\tau)$ 和 $C_X(\tau)$ 的值分别为一维数字特征中的均方值和方差,因此,可以利用样本数量已通过式(4-18)～式(4-20)和式(4-23)～式(4-25)检验有效的 $n \times m$ 维观测数据,基于式(4-26)和式(4-27)进一步统计计算随机信号的二维数字特征。其中, $f_X(x_t, x_{t+\tau}; \tau)=1/m$。

然而在实际情况中,由于被观测的随机信号的最大观测时间间隔 τ_{max} 的值通常是未知的(τ_{max} 为信号分析的求解对象),因此应该以最高的工程实现条件($\tau \rightarrow 0$),选取尽量小的 τ 值进行采样记录。这也是随机信号统计分析的充分必要条件。由此可见,宽平稳过程 $X(t)$ 的二维统计特性与观测时间起点 t 无关而只与 τ 有关的工程实现条件应该为:观测该过程的样本数 m 必须足够多和所选取的观测时间间隔 τ 必须足够小。

同理,由于数值的大小具有相对性,与判定观测样本数 m 是否充足一样,也存在如何检验所选取的观测时间间隔是否足够小,且是否能够真正满足 $\tau \rightarrow 0$ 的条件的问题。对于样本数为 m 的宽平稳过程 $X(t)$ 而言,如果利用 $f_X(x_t, x_{t+\tau}; \tau)=1/m$ 统计计算得到的 $R_X(\tau)$ 和 $C_X(\tau)$ 的值与理论值相等,则 τ 的数值即为该过程进行统计分析所需的有效观测时间间隔值。其中,可以利用式(4-21)和式(4-22)确定随机信号两个二维数字特征的理论值。为了保证理论值的准确性,应该对足够多的采样观测时刻进行统计分析。尤其是被观测信号的随机性越强,采样观测的时间点就应该越多,即 $n \rightarrow \infty$。同样应当注意到,一旦满足了式(4-21)和式(4-22)的判别条件,任意两个相邻采样时刻的观察记录结果均是等价的。

综上所述,基于随机过程宽平稳概念进行随机信号统计分析的充分必要条件为:样本数必须充足,即 $m \rightarrow \infty$;观测时间间隔足够小,即 $\tau \rightarrow 0$;采样的时间点足够多,即 $n \rightarrow \infty$。其中,在 τ 足够小的同时,也能够保证满足 $n \rightarrow \infty$ 的条件。因此,对未知信号进行统计分析,通常不需要观测很长的时间;为了保证信号分析结果的有效性和精度,宽平稳性主要是苛求同一时间观测点的采样数量必须充足。

通过上述讨论不难发现,在对未知信号的统计分析中,为了保证满足观测样本数量充足和观测时间间隔足够小的完备统计分析条件,需要综合利用随机过程的多个一维和二维数字特征,这样才能够获取或评定 m 和 τ 的有效数值。下面通过案例 4-1 中的定量分析对此经验进行说明。

此外,案例 4-2 不仅证明了随机过程宽平稳概念的有效性和深入剖析了随机过程宽平稳概念的内涵及其理论意义和实用性,还进一步明确了基于随机过程宽平稳概念的随机信号统计分析方法的优缺点。同时,本书还将通过对案例 4-3 和案例 4-4 的分析,说明应用随机过程的宽平稳性判决条件能够简化对随机信号的理论分析。

案例 4-1　基于一维和二维数字特征的随机过程 $X(t)$ 观测样本有效性的定量分析。

如图 4-8 所示，鉴于未知信号 $X(t)$ 分别在 t_1 和 t_2 时刻采集的 4 个样本各不相同，因此，根据随机过程的概念，可以判定 $X(t)$ 必然为随机信号。并且，根据随机过程宽平稳性的概念，可以确定判断 $X(t)$ 的 8 个观测样本是否有效的主要条件包括样本数量($m=4$ 和 $n=2$)是否充足和采样时间间隔($\tau=t_2-t_1$)是否足够小。

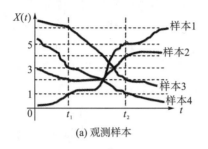

| (a) 观测样本 | | (b) 采集数据列表 |

样本	$X(t_1)$	$X(t_2)$
1	1	5
2	2	4
3	6	2
4	3	1

图 4-8　随机信号 $X(t)$ 观测样本有效性的定量分析

首先，4 条样本的观测方式决定了独立观测时刻 t_1 和 t_2 的样本分布特性为 $f_X(x_1, t_1)=f_X(x_2, t_2)=1/4$，$t_1$ 与 t_2 样本的关联性为 $f_X(x_1, x_2; t_1, t_2)=1/4$，由此可以利用式(4-7)和式(4-11)分别统计计算 $X(t)$ 的两个核心数字特征：

$$m_X(t_1)=(1+2+6+3)/4=3$$
$$m_X(t_2)=(5+4+2+1)/4=3$$
$$R_X(t_1,t_2)=(1\times5+2\times4+6\times2+3\times1)/4=7$$

其中，似乎可以根据 $m_X(t_1)=m_X(t_2)=3$ 的一维数字特征统计结果初步判定 $m=4$ 是有效的，然而仅仅采用 $R_X(t_1, t_2)=7$ 这一个针对二维数字特征的统计结果，无法对观测样本的有效性做任何判断。

因此，利用式(4-17)计算可得另一个仅统计表征 $X(t)$ 中交流成分信息的二维数字特征——自协方差函数的值为

$$C_X(t_1,t_2)=R_X(t_1,t_2)-m_X(t_1)m_X(t_2)=7-3\times3=-2$$

自协方差函数 $C_X(t, t+\tau)$ 的数值下限应该为数字 0，$C_X(t, t+\tau)=0$ 表示电信号中不存在交流成分。由此可见，$C_X(t_1,t_2)=-2<0$ 表明观测数据未有效地采集到 $X(t)$ 的交流信息。

利用式(4-8)和式(4-9)计算可得表征 $X(t)$ 总功率和交流功率的均方值函数和方差函数的值分别为

$$\psi_X^2(t_1)=(1^2+2^2+6^2+3^2)/4=50/4$$
$$\psi_X^2(t_2)=(5^2+4^2+2^2+1^2)/4=46/4$$

$$\sigma_X^2(t_1) = [(1-3)^2 + (2-3)^2 + (6-3)^2 + (3-3)^2]/4 = 14/4$$
$$\sigma_X^2(t_2) = [(5-3)^2 + (4-3)^2 + (2-3)^2 + (1-3)^2]/4 = 10/4$$

关于方差函数和均方值函数统计计算的结果充分表明了$X(t)$中实际上是存在交流成分的。之所以会出现$C_X(t_1,t_2) = -2 < 0$的情况，是因为观测时间间隔过大，没有采集到任何交流信息。于是，需要尽量减小观测时间间隔：将t_2调整为t_n，并设置$t_{2新} \to t_1$。因此，在保证满足$\tau = t_{2新} - t_1 \to 0$的采样条件的同时，也使改进后的观测时间段$[t_1, t_n]$内的观测数量$n$满足了随机信号宽平稳性的观测条件$n \to \infty$。

此外，$\psi_X^2(t_1) \neq \psi_X^2(t_2)$和$\sigma_X^2(t_1) \neq \sigma_X^2(t_2)$均表明观测数据与观测时间的起点有关。并且，根据宽平稳条件，可以判定这是由$X(t)$的观测样本数量m不足所致。

在针对观测样本数量不足的改进过程中，应该在逐步增加数量m的同时，针对改进后的观测时间段$[t_1, t_n]$内的n个时间观测点，根据宽平稳条件重复上述数据统计分析过程，做出对m有效的判断，进而得到充足的样本。

最后，在案例4-1的分析中，应当注意到，方差函数的数值并非一定要经过统计计算才能够得到，还可以利用随机信号三个一维数字特征函数之间的功率代数关系得到。即

$$\sigma_X^2(t_1) = \psi_X^2(t_1) - m_X^2(t_1) = 50/4 - 3^2 = 14/4$$
$$\sigma_X^2(t_2) = \psi_X^2(t_2) - m_X^2(t_2) = 46/4 - 3^2 = 10/4$$

此外，式(4-9)还表明，统计计算方差函数的值之前，必须先完成数学期望函数的统计计算。因此，关于随机信号一维数字特征函数的统计平均分析，只需要统计计算数学期望函数和均方值函数的数值即可。之所以选择统计计算均方值函数的值而非方差函数的值，根本原因在于：可以在样本数量极多的统计平均分析条件下，通过并行计算数学期望函数和均方值函数的数值，提高随机信号一维数字特征函数统计平均分析的效率，使之更适用于实际的工程应用。

案例4-1表明，改进后的m、n和τ是否充足或者有效，可以基于随机过程的宽平稳条件，利用式(4-18)、式(4-19)、式(4-21)和式(4-22)进行检验。特别需要强调的是，通过宽平稳检验的样本，只需要任选两个相邻时刻的即可充分表征被观测信号，因此，通过宽平稳检验的样本总数为$m_{充足} \times 2$。由此可见，能否保证采集到足够多数量的样本，将直接决定能否通过统计平均处理得到未知信号特征的确定性信息，具体情况通过案例4-2的研讨进行明确。

案例4-2 未知周期信号的统计辨识。

设未知信号$X(t) = a\cos(\omega t + \varphi) + b$，当此式中$a$、$\omega$和$b$皆为未知常数，$\varphi$是在$(0, 2\pi)$均匀分布的随机变量时，$X(t)$表征的就是未知的理想振荡信号。

鉴于该信号本质上是确定的周期信号，因此，对其未知分量的辨识，只需要利用一台示波器，通过对其多个周期内反复出现的波形进行观测即可。利用示波器横轴对其周期参量T的观测结果，可以得到ω_0的值（$\omega_0 = 1/T$），还可利用示波

器纵轴对其波峰值和波谷值的观测结果得到 b（波峰值与波谷值之和的平均值）和 a（波峰值减去 b 之后的值）的值。

由于未知信号 $X(t)=a\cos(\omega t+\varphi)+b$ 不仅含有随机因子 φ，而且其时间变量 $t\in[0,T]$ 具备过程因子的属性（这是因为识别该信号的周期性，需要足够长的观测时间），因此，$X(t)$ 完全具备随机过程模型的构成要素。于是可以将 $X(t)$ 当作随机过程，对其进行统计平均分析。

首先，由于 $X(t)$ 的初始相位 φ 是随机变量，因此 φ 是对 $X(t)$ 进行统计分析的对象。理论上，φ 的概率密度为 $f_\varphi(\varphi)=\begin{cases}1/2\pi, & 0<\varphi<2\pi \\ 0, & \text{其他}\end{cases}$。由此可得 $X(t)$ 的数学期望、自相关函数和均方值的数学模型分别为

$$m_X(t)=E[X(t)]=\int_{-\infty}^{\infty}x(t)f_\varphi(\varphi)\mathrm{d}\varphi=\int_0^{2\pi}[a\cos(\omega t+\varphi)+b]\cdot\frac{1}{2\pi}\mathrm{d}\varphi=b=m_{X\text{计算}} \quad (4\text{-}28)$$

$$\begin{aligned}R_X(t,t+\tau)&=E[X(t)X(t+\tau)]\\&=E\{[a\cos(\omega t+\varphi)+b]\cdot\{a\cos[\omega(t+\tau)+\varphi]+b\}\}\\&=\frac{a^2}{2}E[\cos\omega\tau+\cos(2\omega t+\omega\tau+2\varphi)]+b^2\\&=\frac{a^2}{2}\left[\cos\omega\tau+\int_0^{2\pi}\cos(2\omega t+\omega\tau+2\varphi)\cdot\frac{1}{2\pi}\mathrm{d}\varphi\right]+b^2\\&=\frac{a^2}{2}\cos\omega\tau+b^2=R_{X\text{计算}}(\tau)\end{aligned} \quad (4\text{-}29)$$

$$\psi_X^2(t)=E[X^2(t)]=R_X(t,t)=R_X(0)=\frac{a^2}{2}+b^2=\psi_{X\text{计算}}^2 \quad (4\text{-}30)$$

由式(4-28)～式(4-30)可知，$X(t)$ 是宽平稳过程。其中，$X(t)$ 的数学期望函数和均方值函数的理论统计结果分别为 $m_X(t)=b$ 和 $\psi_X^2(t)=\dfrac{a^2}{2}+b^2$，二者分别为确定的常数 $m_{X\text{计算}}$ 和 $\psi_{X\text{计算}}^2$，且 $X(t)$ 自相关函数的理论统计结果 $R_X(\tau)=\dfrac{a^2}{2}\cos\omega\tau+b^2$ 是确定的时间函数，并仅与采样时间间隔 τ 有关；对于给定的 τ，其也为确定的常数 $R_{X\text{计算}}(\tau)$。

其次，基于在完备的统计条件下采集的数据，利用式(4-23)、式(4-24)和式(4-26)，可以计算得到 $X(t)$ 数学期望函数、均方值函数和自相关函数的真实数值 $m_{X\text{计算}}$、$\psi_{X\text{计算}}^2$ 和 $R_{X\text{计算}}(\tau)$。再由 $m_{X\text{计算}}$ 和式(4-28)可得 $b_{\text{估计}}$，由 $b_{\text{估计}}$、$\psi_{X\text{计算}}^2$ 和式(4-30)可得 $a_{\text{估计}}$，由 $b_{\text{估计}}$、$a_{\text{估计}}$、$R_{X\text{计算}}(\tau)$ 和式(4-29)可得 $\omega_{\text{估计}}$。

显然，只要样本数据充足，且满足完备的统计条件，所得的 $a_{\text{估计}}$、$b_{\text{估计}}$ 和 $\omega_{\text{估计}}$ 即为真值，由此就可以实现对未知信号 $X(t)=a\cos(\omega t+\varphi)+b$ 的识别。此外，如果 $X(t)$ 已知，并且与 a、b 和 ω 的辨识估计结果相同，那么此案例不仅在理论上证明

了宽平稳概念的有效性，而且也对此概念的实用性做了充分的实验证明。

　　案例4-2实际上可以作为随机信号处理理论与技术认知方面的第一案例，其理论意义和实用性的重要性体现在：通过对作为确定信号的标准工程测试信号——正弦波信号进行宽平稳性分析，证明了确定信号肯定具有宽平稳性，表明了随机过程的宽平稳性是与确定性相似的概念，且宽平稳性的概念比确定性更宽松。这是因为确定性仅适用于描述确定信号，而宽平稳性既适用于定量地表征确定信号，也适用于随机信号。

　　实际上，随机过程的宽平稳性是在利用随机过程的概念将确定信号与随机信号有机地统一起来的基础上，为了达到随机信号分析目标所提出的另一个实用性概念。这是因为宽平稳性实际上是"确定性"的代名词。对于确定信号而言，宽平稳性的概念与确定性(信号本身与观测的起始时刻无关)的概念是等价的，而对于满足宽平稳性的随机信号，其本身与观测的起始时刻密切相关，其一维和二维统计特性与起始时刻无关。因此，对于随机信号而言，宽平稳概念与确定性构成了具有包含性的从属关系。这种从属关系为单样本分析随机信号提供了理论和技术基础。

　　由此可见，通过利用随机过程的宽平稳概念，以宽平稳随机过程自相关函数——确定的时间函数 $R_X(\tau)$ （$\tau \in [0, \tau_{max}]$）为纽带，完全能够将随机信号的分析方法与确定信号的分析方法有机地统一起来。这就是随机过程宽平稳性的理论意义和技术内涵。

　　对式(4-28)～式(4-30)的分析表明了在完备的统计平均条件下，统计观察的过程可缩减至最短。理论上只需要在满足有效观测时间间隔的任意两个相邻时刻，对随机过程进行充足的样本观测即可。因此，在实际应用中，观测样本的数量越多，统计观测所需的时间就会越短。据此，可以确定统计样本不足的弥补方案为延长观测的过程，即增加观测时间。显然，样本数量越少，观测时间就应该越长。这正是宽平稳条件下，随机信号统计分析的优点所在。

　　永远无法满足样本充足的统计平均的完备条件，是对未知信号进行统计平均处理时客观存在的实际问题。案例4-2也证明了即使对余弦信号这样理想的周期确定信号进行统计平均分析，实验工作量也会很大，处理方法也可能很复杂，主要表现在：当利用式(4-28)～式(4-30)对 $X(t)$ 进行统计平均的理论分析时，基本要求是其随机因子 φ 的一维和二维概率密度函数已知，而根据周期信号相位 φ 在 $[-\pi, \pi]$ 或者 $[0, 2\pi]$ 均匀分布的固有属性，很容易确定其一维和二维概率密度函数的理论值均为 $1/(2\pi)$。然而当利用式(4-7)、式(4-8)和式(4-11)进行统计数据的实验计算分析时，φ 的一维和二维概率密度函数的实际值是 $1/m$，即使对于最简单的正弦波信号，其 m 的有效值也难以确定，这是因为随机过程的 m 本质上为随机值。

对于随机过程 $X(t)=a\cos(\omega t+\varphi)+b$ 而言，当 φ 在 $(0,2\pi)$ 或 $(-\pi,\pi)$ 均匀分布时，完全符合 $X(t)$ 作为确定信号时的特征。此时，利用式 (4-28) 和式 (4-30) 对 $X(t)$ 进行统计平均分析，对应的都是随机因子 φ 观测样本数量 m 充足的情况，且式 (4-28) 和式 (4-30) 所表征的 $X(t)$ 宽平稳性，完全展现了其作为确定信号的全部固有特征。此时，对于同一个未知信号 $X(t)$，将其作为随机过程并基于宽平稳性进行多样本统计平均分析所得的结果，与将其作为确定信号并基于帕塞瓦尔定理进行单样本傅里叶变换分析的结果完全相同。

然而，当 φ 在 $(0,\pi)$ 或者 $(0,\pi/2)$ 均匀分布时，$X(t)$ 将不再是宽平稳过程。这是因为当 φ 在 $(0,\pi)$ 均匀分布时，$E[X(t)]=(-2a/\pi)\sin\omega t\neq$ 常数；当 φ 在 $(0,\pi/2)$ 均匀分布时，$E[X(t)]=2a/\pi(\sin\omega t-\cos\omega t)\neq$ 常数。此时对 $X(t)$ 进行统计平均分析，对应的却是随机因子 φ 的观测样本数量 m 不足的情况，统计结果显然无法有效地表征 $X(t)$ 作为确定信号时的固有特征。

由此可见，案例 4-2 表明即使对最简单的确定信号进行统计平均分析，确定其 $m_{充足}$ 也是难以实现的。实际上，在随机过程宽平稳性的约束下，可以通过增加 n，适当放松对样本数量 $m_{充足}$ 的要求。具体操作方式为：放松对式 (4-18)、式 (4-19)、式 (4-21) 和式 (4-22) 中一维和二维数字特征统计结果的等值性约束，容许在观测时间段 $[t_1, t_2,\cdots, t_{n有效}]$ 内，针对独立时刻 $t_i(i=1,2,\cdots,n_{有效})$ 和相邻时刻 $(t_i, t_{i+\tau})$ 的统计结果与统计真值之间存在一定差异，并根据实际情况的需要，设定统计结果与统计真值 (可以采用 $[t_1, t_2,\cdots, t_{n有效}]$ 内统计结果的平均值进行替代) 之间的误差 ε。因此，在 ε 范围内的观测样本数量即可被认定为 $m_{有效}$。此时，采集样本仍然满足随机过程的宽平稳条件，且样本总数为 $m_{有效}\times n_{有效}$，其中，$m_{有效}<m_{充足}$，$n_{有效}>2$。

综上所述，案例 4-2 进一步明确了宽平稳概念的实用性主要体现在理论分析上。实际上，基于宽平稳性的随机过程的统计分析在工程应用中很难直接实现，这可以看作宽平稳概念的缺点。为了弥补该缺点，在随机过程宽平稳性的基础上提出了随机过程的各态历经性。关于随机过程的各态历经性的工程应用价值，本书将在 4.3.3 节中研讨。

案例 4-3　随机过程宽平稳性的应用价值。

随机信号的数学模型应当能够确定性地反映随机信号的变化规律，从而使其能够非常可靠地在工程设计中应用。其中，通过原点的直线代数模型是最简单的数学模型，可以通过计算随机过程的一维和二维核心数字特征或者利用随机过程宽平稳性的概念，评估可否利用它来有效地表征某一种随机电信号。

设随机过程 $X(t)=U\cdot t$，U 在 $(0,1)$ 均匀分布，$f_U(u)=\begin{cases}1, & 0\leqslant u\leqslant 1 \\ 0, & 其他\end{cases}$，所以有

$$E[X(t)] = E[U\cdot t] = t\cdot E[U] = t\cdot\int_0^1 uf_U(u)\mathrm{d}u = t\cdot\int_0^1 u\mathrm{d}u = \frac{t}{2}$$

$$R_X(t,t+\tau) = E[X(t)X(t+\tau)]$$
$$= E[U \cdot t \cdot U \cdot (t+\tau)]$$
$$= t \cdot (t+\tau) \cdot E[U^2] = t \cdot \int_0^1 u^2 f_U(u)\mathrm{d}u = t \cdot \int_0^1 u\mathrm{d}u = \frac{t(t+\tau)}{3}$$

据此，可得

$$C_X(t,t+\tau) = R_X(t,t+\tau) - m_X(t)m_X(t+\tau) = \frac{t(t+\tau)}{3} - \frac{t}{2} \cdot \frac{t+\tau}{2} = \frac{t(t+\tau)}{12}$$

$$\sigma_X^2(t) = C_X(t,t) = \frac{t^2}{12}$$

$$\rho_X(t,t+\tau) = \frac{C_X(t,t+\tau)}{\sigma_X^2(t)} = \frac{t+\tau}{t}$$

鉴于 $\tau>0$ 使得表征随机过程 $X(t)$ 本质特征的归一化自协方差函数 $\rho_X(t)$ 表现出发散特性，不具备确定性地表征电信号频率变化稳定性的能力，因此，该随机过程的数学模型 $X(t)=U \cdot t$ 无法作为随机电信号的数学模型。

特别值得注意的是，如果利用随机过程的宽平稳性，仅需要利用 $E[X(t)]=t/2 \neq$ 常数这一个条件，通过判断 $X(t)=U \cdot t$ 不具备宽平稳性，就可以快速地识别该随机过程无法确定性地表征电信号的特征。由此可见，随机过程的宽平稳性在理论分析中非常便捷实用。随机过程宽平稳性在理论应用上的实用性，还可以通过案例 4-4 对无线电通信信号的分析充分体现。

案例 4-4　类调幅信号模型的有效性分析。

除了直线代数模型之外，最简单的代数模型即为理想的单频周期信号的数学模型。此理想信号是现代无线电通信系统的设计基础。本案例通过对类调幅信号数学模型的宽平稳性进行分析，说明其作为调幅通信系统设计基础的必要性。

如图 4-9 所示，作为低频信息无线传输的手段，无线电通信中的调幅信号 $u_{AM}(t)$ 是利用低频的音视频信号 $u_{\Omega}(t)$ 作为调制信号，调制以角频率 ω_0 周期性振荡的高频载波信号 $u_c(t)$ 的幅度所得到的。

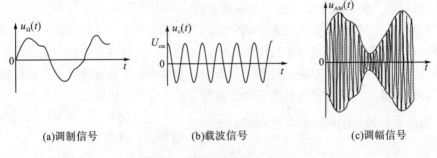

(a)调制信号　　　　　　　(b)载波信号　　　　　　　(c)调幅信号

图 4-9　调幅信号的时域波形

　　为了便于对调幅信号进行统计平均分析，设随机过程 $X(t)=A\cos(\omega_0 t+\varphi)$。据此，可将调幅信号 $u_{\mathrm{AM}}(t)$ 的幅度包络采用随机变量 A 进行简化表征。因此，可将 $X(t)$ 看作类调幅信号。其中，随机变量 A 作为 $X(t)$ 的信息分量，来源于调制信号 $u_\Omega(t)$。根据调幅信号的调幅指数的设计要求，A 的简化假设形式为服从在 $(0,1)$ 均匀分布的随机变量，而 φ 是发射机本振信号的初始相位，当发射机本振电路满足起振、平衡和稳定的设计条件时，φ 是服从在 $(-\pi,\pi)$ 均匀分布的随机变量。而且，由于调制信号与载波信号之间完全互不相关，因此 A 和 φ 统计独立。

　　相比 A 为常数时的确定信号而言，$X(t)$ 含有两个随机因子 A 和 φ，其作为调幅通信系统中物理可实现的发射机和接收机电路的设计基础，也必须具有确定性，否则将无法实现相关电路的稳定设计。类调幅信号 $X(t)$ 的确定性主要表现在 $X(t)$ 要么仍然是确定信号，要么是具有宽平稳性的随机信号。

　　利用随机过程的宽平稳性判决，不仅能分析类调幅信号数学模型的有效性（即能否有效地表征类调幅信号的信息特征），而且还能分析该信号究竟是确定信号还是随机信号。

　　首先，因为 A 和 φ 统计独立，所以

$$m_X(t)=E[X(t)]=E[A]E[\cos(\omega_0 t+\varphi)]$$

$$=\int_0^1 A\,\mathrm{d}A\int_0^{2\pi}\cos(\omega_0 t+\varphi)\cdot\frac{1}{2\pi}\mathrm{d}\varphi=0=\text{常数}$$

$$R_X(t,t+\tau)=E[X(t)X(t+\tau)]=E[A^2]E[\cos(\omega_0 t+\varphi)\cos(\omega_0 t+\omega_0\tau+\varphi)]$$

$$=\frac{1}{3}\times\frac{1}{2}\cos\omega_0\tau=\frac{1}{6}\cos\omega_0\tau=R_X(\tau)$$

$$\psi_X^2(t)=E[X^2(t)]=R_X(0)=\frac{1}{6}=\text{常数}$$

由此可判断 $X(t)$ 具有宽平稳性。

　　首先，利用调幅信号的电信号固有特征来分析 $X(t)$ 时会发现，其直流分量为零，交流分量的中心频率为 ω_0，信息功率相比载波功率衰减了 3 倍。这与统计平均分析的结果完全一致，因此，$X(t)$ 的数学模型可以有效地表征调幅信号的所有特征。

　　其次，由于类调幅信号的自相关函数 $R_X(\tau)=\dfrac{1}{6}\cos\omega_0\tau$ 具有与确定信号相同的傅里叶级数特征，因此可判别其为确定信号。无线电通信技术早期的通信模式之所以采用调幅通信的模式，正是因为调幅通信信号本质上属于确定信号，相对于传输随机信号而言，调幅信号的发射机和接收机电路更易于设计和实现。

4.3.2　宽平稳过程的自相关函数

下面通过分析宽平稳自相关函数性质的内涵，面向随机信号建立 $R_X(\tau)$ 统一的数学模型，并据此精确计算随机信号的最大观测时间间隔 τ_{max}。

性质 1　平稳过程自相关函数是变量 τ 的偶函数，即 $R_X(\tau) = R_X(-\tau)$。

观测时间间隔参量 τ 作为信号的实时观测因子，平稳过程自相关函数 $R_X(\tau)$ 作为观测数据的统计处理结果，$R_X(\tau)$ 的数值实际上仅仅存在于 τ 域的正轴部分（即 $\tau > 0$），而 $R_X(\tau)$ 的偶函数特性，表明了利用统计分析所获取的被观测信号特征（τ 域的正轴部分）与该信号未被观测时本身所固有的统计特性（τ 域的负轴部分）是完全一致的。也就是说，基于观测数据进行统计处理得到的平稳过程自相关函数 $R_X(\tau)$ 能够可靠地表征信号的本质特性。性质 1 表征了随机信号和确定信号的特征，对二者均适用。

性质 2　平稳过程自相关函数的极值周期性，即周期平稳过程的自相关函数必然是周期函数，且与过程的周期相同。

帕塞瓦尔定理表明了确定信号的傅里叶级数模型为其基波和各次谐波的线性组合，而且确定信号的基波及其各次谐波均为周期函数。案例 4-2 的分析进一步证明了确定信号不仅是宽平稳过程，而且其基于统计分析的自相关函数模型与其基于傅里叶分析的频域傅里叶级数模型是完全一致的。周期平稳过程自相关函数的特征曲线如图 4-10 所示，性质 2 表征了确定信号的特征。

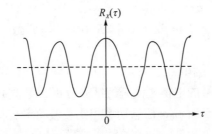

图 4-10　周期平稳过程自相关函数的特征曲线

性质 3　非周期平稳过程自相关函数的极值衰减性，即 $R_X(0) \geqslant |R_X(\tau)|$。

显然，与性质 2 相比，性质 3 表征了随机信号的特征。可以利用该性质，通过绘制类似于图 4-10 的非周期平稳过程自相关函数的特征曲线，再根据曲线的变化规律确定其适合精确计算最大观测时间间隔参量的数学模型。利用性质 3 绘制非周期平稳过程自相关函数特征曲线的关键在于：其明确了该曲线起始于 $R_X(0)$ 点并由此点开始展开拖尾的特征。

性质 4 平稳过程自相关函数的极值点为其均方值，即 $R_X(0)=E[X^2(t)]=\psi_X^2=m_X^2+\sigma_X^2 \geqslant 0$。

性质 4 表明了 $R_X(0)$ 值的特征为信号的总功率，该性质表征了随机信号和确定信号的特征。利用性质 4 绘制非周期平稳过程自相关函数特征曲线的关键在于：其明确了 $R_X(0)$ 点的取值特征。

性质 5 若平稳过程中不含有任何周期分量，则 $\lim\limits_{|\tau|\to\infty} R_X(\tau)=R_X(\infty)=m_X^2$。

性质 5 表征了随机信号的特征。该性质表明宽平稳条件下随机信号的观测时间间隔大于 $\tau_{\max}$ 时，利用采集的数据进行统计分析，仅能够得到随机信号的直流功率信息。利用性质 5 绘制非周期平稳过程自相关函数特征曲线的关键在于：其明确了该曲线的拖尾截止特征。

利用性质 1 和性质 3～性质 5，可以绘制出如图 4-11 所示的非周期平稳过程（随机信号）自相关函数的 $R_X(\tau)$-τ 特征曲线。绘制该曲线的第一步是根据性质 4 利用宽平稳条件下对采集的数据统计处理后得到的随机信号总功率，绘制 $R_X(0)$ 点；第二步是根据性质 5 利用宽平稳条件下对采集的数据统计处理后得到的随机信号直流功率，绘制图中与横轴平行的虚线；第三步是根据性质 3 绘制图 4-11 第一象限中的拖尾实线；最后一步是根据性质 1 绘制图 4-11 第二象限中的拖尾实线。

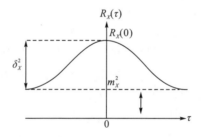

图 4-11　非周期平稳过程（随机信号）自相关函数的特征曲线

根据图 4-11 所示曲线的特征，通过数学模型拟合，可以得到非周期平稳过程 $X(t)$ 自相关函数的数学模型为

$$R_X(\tau)=m_X^2+\sigma_X^2 \mathrm{e}^{-\alpha\tau^2} \tag{4-31}$$

其中，α 为表征随机信号变化快慢的参数。

该数学模型的工程应用价值在于：基于该模型，利用公式 $\tau_{\max}=\int_0^\infty \rho_X(\tau)\mathrm{d}\tau$ 可精确计算得到随机信号的观测时间间隔。鉴于该参数是通过归一化的自相关函数 $\rho_X(\tau)=\mathrm{e}^{-\alpha\tau^2}$ 计算得到的，因此，又称作相关时间。

由此可见，在完备的统计条件下，仅仅使用随机过程宽平稳性的概念，即使在理论上也未能够实现对随机信号本身的时域统一建模，只能够建立其代表性核心统计特征的统一数学拟合模型。在时域，该模型最大的应用价值体现在：能够定量地获取能区分不同随机信号的特征参量。但当完备的统计条件无法满足时，该模型将可能失去实用价值意义。因此，如何增强非周期平稳过程自相关函数的实用性是随机信号分析中的另一个重要课题。

4.3.3 各态历经性的工程意义

统计分析在实际应用中遇到的问题：在随机过程的概率分布未知情况下，要得到随机过程的数字特征如 $E[X(t)]$、$D[X(t)]$、$R_X(t_1, t_2)$，只有通过做大量重复的观察实验找到"所有样本函数 $\{x(t)\}$"，才能得到各个样本函数 $x(t)$ 发生的概率，再对过程的"所有样本函数 $\{x(t)\}$"进行统计平均才可能得到随机过程数字特征的真值。

案例4-2已经明确了宽平稳概念的实用性主要体现在理论分析与理论设计上，基于宽平稳性的随机过程统计分析在工程应用中很难直接实现，这可以看作宽平稳概念的缺点。为了弥补该缺点，在随机过程宽平稳性的基础上提出了具有工程实用性的新概念。

案例 4-2 同时也启发性地表明，随机过程宽平稳性的概念对确定信号分析稳健适用，且随机过程的统计平均分析特点在于同一个观测时间点上采集的样本数量越多，观测时间就越短。据此，关于寻求随机过程统计平均分析替代方案的问题自然会被提出：既然可以利用随机过程宽平稳性的概念对确定信号做基于多样本的统计平均分析，那么，能否参考帕塞瓦尔定理用于确定信号分析时所需满足的约束条件，通过尽量延长随机过程的观测时间，利用一个样本函数 $x(t)$ 获取随机过程的核心数字特征函数呢？

苏联数学家辛钦从理论上证明了：存在一种平稳过程，在具备一定的补充条件下，对其任何一个样本函数所做的时间平均，在概率意义上均趋近于该平稳过程的统计平均。具有这样特性的随机过程，称为"各态历经过程"。

关于各态历经概念可做如下理解：因为"各态历经过程"的任意一个样本函数都经历了随机过程的各种可能状态，因此可以从它的一个样本函数中获取随机过程的核心数字特征函数。其实用性则体现在：可用平稳过程 $X(t)$ 的任意一个样本函数 $x(t)$ 的"时间平均"来代替"统计平均"。显然，这种替代包括用时间均值替代统计均值和用时间自相关替代统计自相关。

若对一个确定的样本函数 $x(t)$ 求时间均值，则

$$< x(t) >= \overline{x(t)} = \lim_{T \to \infty} \frac{1}{2T} \int_{-T}^{T} x(t) \mathrm{d}t = m$$

其中，符号 $<*>$ 和 $\overline{*}$ 表示对*进行时间平均；m 为时间均值，是确定的常数，表

示电信号中的直流分量。该式表明可将电信号 $x(t)$ 直流分量 m 出现的观测时间 T，作为观测该信号的有效截止时间，此时问题的关键是：如何在无法确知 m 的条件下，获取观测时间 T。

对于单样本观测绝对有效的确定信号 $x(t)$ 而言，理论上当在 n 个观测点 $(t_1, t_2, \cdots, t_{n-1}, t_n)$ 所记录 $(x_1, x_2, \cdots, x_{n-1}, x_n)$ 的最后一个观测点的数值 x_n 刚好等于 $x(t)$ 的直流成分 m 时，可以将此时的 t_n 认定为 $x(t)$ 的最佳观测时长 T。这是因为 $t > t_n$ 时，$x(t)$ 的交流成分将不再存在。其中，m 是数列 $x_1, x_2, \cdots, x_{n-1}, x_n$ 的极限，即 $\lim\limits_{n \to \infty} x_n = m$。对于 m 无法确知的未知确定信号 $x(t)$，可以通过使用不同的观测时间间隔 τ_n 和 $\tau_m (\tau_n - \tau_m \to 0)$，采集两个数列 $\{x_n\}$ 和 $\{x_m\}$（其中，$t_n = t_m$），然后利用柯西准则 $\lim\limits_{\substack{n \to \infty \\ m \to \infty}} |x_n - x_m| = \varepsilon$ 确定观测时长 T。其中，$\varepsilon \to 0$ 为预设的观测误差。

由于随机过程 $X(t)$ 是随时间变化的随机变量 $X(\xi, t)$，对于每一次实验观测结果 $\xi \in \Omega$，都有一个与 ξ 对应的确定时间函数 $x_\xi(t)$，并且也都有一个与 ξ 对应的时间平均结果 m_ξ，所以若对随机过程 $X(\xi, t)$ 进行时间平均，则

$$<X(t)> = \overline{X(t)} = \lim_{T \to \infty} \frac{1}{2T} \int_{-T}^{T} X(t)\mathrm{d}t = \lim_{T \to \infty} \frac{1}{2T} \int_{-T}^{T} X(\xi, t)\mathrm{d}t = M(\xi) \qquad (4\text{-}32)$$

其中，$M(\xi)$ 为随机过程的时间均值。对于 $\xi \in \Omega$，$M(\xi)$ 中有一个确定值 m_ξ 与其对应，所以随机过程的时间均值一般是一个随机变量。

式 (4-32) 表明，假设随机过程 $X(t)$ 有 m 个样本，则 $M(\xi)$ 是由 m 个确定的数值组成的样本空间。如果平稳过程 $X(t)$ 的时间平均能够替代其统计平均，那么这 m 个确定的数值都应当等于 $X(t)$ 的数学期望值 m_X，从而使得 $M(\xi)$ 成了一个等值样本空间。因此，可将式 (4-32) 中 $M(\xi)$ 的 m 个确定的数值均等于 m_X 的时刻，初步判定为观测该信号有效的截止时间 T。同样，问题的关键是：如何在无法确知 m 的条件下，获取观测时长 T。

显然，确定信号基于处处收敛获取观测时长 T 的方法肯定不适用于随机信号，其根本原因在于随机信号的所有样本不可能在同一个观测时间点均稳定在直流电平 m_X 上。根据随机信号分析的特点，随机序列 $\{X_n\}$ 应采用均方收敛 $\lim\limits_{n \to \infty} E[|X_n - M(\xi)|^2] = 0$。其中，$M(\xi)$ 为由 $X(t)$ 的期望值 m_X 组成的等值随机变量空间。对于 m_X 无法确知的未知随机信号 $X(t)$，可以利用均方收敛意义下的柯西准则 $\lim\limits_{\substack{n \to \infty \\ m \to \infty}} E[|X_n - X_m|^2] = \varepsilon$ 确定观测时长 T。其中，随机序列 $\{X_n\}$ 和 $\{X_m\}$（其中，$t_n = t_m$）分别为使用不同的观测时间间隔 τ_n 和 $\tau_m (\tau_n - \tau_m \to 0)$ 对 $X(t)$ 观测的结果。

若对一个确定样本函数 $x(t)$ 求时间自相关，则

$$\overline{R_x(\tau)} = \overline{x(t)x(t+\tau)} = \lim_{T \to \infty} \frac{1}{2T} \int_{-T}^{T} x(t)x(t+\tau)\mathrm{d}t = f(\tau)$$

其中，时间自相关函数 $f(\tau)$ 是确定时间函数。

上式表明在 τ 给定的条件下，可将数值 $f(\tau)$ 出现的时刻 T，作为该信号有效的观测截止时间，此时问题的关键仍然是：如何在无法知道 τ 的有效性和 $f(\tau)$ 数值的条件下，检验时刻 T 的有效性。

若对随机过程 $X(\xi,t)$ 求时间自相关，则

$$
\begin{aligned}
\overline{R_X(\tau)} = <X(t)X(t+\tau)> &= \overline{X(t)X(t+\tau)} \\
&= \lim_{T\to\infty} \frac{1}{2T} \int_{-T}^{T} X(t)X(t+\tau)\mathrm{d}t \\
&= \lim_{T\to\infty} \frac{1}{2T} \int_{-T}^{T} X(\xi,t)X(\xi,t+\tau)\mathrm{d}t \\
&= f(\xi,\tau)
\end{aligned}
\tag{4-33}
$$

式(4-33)表明，随机过程的时间自相关函数 $f(\xi,\tau)$ 是随机因子 ξ 和确定的时间因子 τ 的函数，因此，$f(\xi,\tau)$ 是平稳随机过程。

式(4-33)还表明，假设随机过程 $X(t)$ 有 m 个样本，那么 $f(\xi,\tau)$ 就是由 m 个确定的数值组成的样本空间。如果随机过程 $X(\xi,t)$ 具有平稳性，这 m 个确定的数值则组成了一个等值数列。因此，可将这 m 个确定的数值出现高概率相等的时刻，作为观测该信号的有效截止时间 T 和 τ 值有效性的判定条件。

由此可见，通过对宽平稳随机过程 $X(\xi,t)$ 一定数量样本的时间均值和时间自相关分析，如果可以在确定随机过程有效观测截止时间 T 的同时，也能够有效获取该过程核心数字特征的全部信息，那么该宽平稳随机过程为各态历经过程。因此可以如式(4-34)所示，用各态历经过程的"任意一个样本函数的时间平均"来代替"整个过程的统计平均"，而在工程应用中，通常凭"经验" 先把各态历经性作为一种假设，再根据实验来检验此假设是否合理。

$$
\lim_{T\to\infty} \frac{1}{2T} \int_{-T}^{T} x_\xi(t)\mathrm{d}t = m_X
\tag{4-34a}
$$

$$
\lim_{T\to\infty} \frac{1}{2T} \int_{-T}^{T} x_\xi(t)x_\xi(t+\tau)\mathrm{d}t = R_X(\tau)
\tag{4-34b}
$$

案例 4-5 利用正余弦信号的各态历经性，设计其时域辨识系统。

根据案例 4-2，设宽平稳过程 $X(t) = a\cos(\omega t+\varphi) + b$，式中 a、ω 和 b 皆为常数，φ 是服从在 $(0,2\pi)$ 均匀分布的随机变量。如式(4-35)和式(4-36)所示，由于 $X(t)$ 的时间均值和时间自相关分别与其统计均值和统计自相关相等，因此，$X(t)$ 为各态历经过程，对其进行单样本观测和分析是完全有效的，这也与其确定信号的本质特性相吻合。

$$
\int_{-T}^{T} [a\cos(\omega t+\varphi) + b]\mathrm{d}t = \lim_{T\to\infty} \frac{a\cos\varphi\sin\omega T}{\omega T} + b = b = E[X(t)]
\tag{4-35}
$$

$$\overline{X(t-\tau)X(t)} = \lim_{T\to\infty}\frac{1}{2T}\int_{-T}^{T}\{a\cos[\omega(t-\tau)+\varphi]a\cos(\omega t+\varphi)+b^2\}\mathrm{d}t$$

$$= \frac{a^2}{2}\cos\omega\tau + b^2 = R_X(\tau)$$

$$(4\text{-}36)$$

于是，利用式(4-36)设计可得正余弦信号的时域辨识系统，如图 4-12 所示。其中，⊗代表模拟乘法器。低通滤波器执行的是时间平均运算，只提取模拟乘法器输出信号中的直流分量。

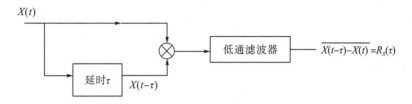

图 4-12　正余弦信号的时域辨识系统

图4-12所示的正余弦信号时域辨识系统的工作原理为：因为当τ确定时，$R_X(\tau)$为确定的值，因此，可以从$\tau=0$开始，以最小延时间隔为依据，逐一增大延时间隔并记录该系统的输出数值$R_X(\tau)$，同时绘制$R_X(\tau)$-τ曲线，如图 4-13 所示。据此，可提取$X(t)$的a、ω和b信息。

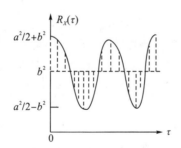

图 4-13　$R_X(\tau)$的观测结果

图4-12所示的正余弦信号时域辨识系统的性能取决于三个部件的性能。其中，设计难度最大且最为关键的部件为模拟乘法器，其最佳设计结果为集成运算放大器。案例 4-5 有效地验证了各态历经理论的有效性和实用性，其最重要的工程意义就在于促进了电子技术中集成电路芯片的发展。实际上，图 4-12 所示辨识系统可作为检验集成运放器件非线性性能的测试装置。

案例 4-6　利用白噪声过程的各态历经性，设计线性时不变系统的时域辨识系统。

设 $X(t)$ 为白噪声过程，则 $R_X(\tau)=N_0\delta(\tau)/2$。其中，$N_0$ 为白噪声过程的功率谱密度。线性时不变系统的特征函数为其冲激响应函数 $h(t)$。

在图 4-14 中，因为 $R_{XY}(\tau)=R_X(\tau)*h(\tau)=N_0h(\tau)/2$，且 N_0 已知，当 τ 确定时，$R_{XY}(\tau)$ 为确定的值，因此，可以从 $\tau=0$ 开始，以最小延时间隔为依据，逐一增大延时间隔并记录该系统的输出数值 $R_{XY}(\tau)$，同时绘制 $h(\tau)$-τ 曲线，从而据此实现线性时不变系统的时域辨识。该系统既可以解决未知线性系统的辨识问题，也可以通过线性系统已知的 $h(t)$ 与辨识结果的一致性对比，实现线性时不变系统的无损故障检测。

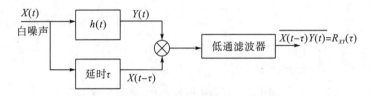

图 4-14　线性时不变系统的时域辨识

随机过程的各态历经性除了在新型电子器件和电子系统的研发中具有重要的工程技术价值之外，还是现代无线电通信系统中通信信号特性分析的理论与技术基础，这尤其体现在案例 4-7～案例 4-9 中关于电报信号、类调幅和类调频信号的抗干扰性分析与对比上。

案例 4-7　随机电报信号模型的各态历经性分析。

设随机过程 $X(t)=Y$，其中 Y 是方差不为零的随机变量。由于 $E[X(t)]=E[Y]=$ 常数和 $E[X(t)X(t+\tau)]=E[Y^2]=$ 常数，因此，可判断 $X(t)$ 为宽平稳过程。

然而，因为 $\overline{X(t)}=\lim_{T\to\infty}\dfrac{1}{2T}\int_{-T}^{T}Y\mathrm{d}t=Y$，即 $\overline{X(t)}$ 是一个随机变量，因此，可以判断 $X(t)$ 不是宽各态历经过程。

该案例中针对 $X(t)$ 的平稳性分析表明，因为该过程具有平稳性，故可以作为无线电通信信号的模型而被确定性地设计与应用，并且由此所得的信号为信息能量型信号。然而，针对 $X(t)$ 的各态历经性分析却表明，该信号的抗干扰性极弱，可以通过信息编码的方式，增强该信号的对抗性。该随机过程实际上就是最原始的无线电通信信号——随机电报信号的数学模型。随机电报信号非常易于获取，且又兼具编码保密性。

案例 4-8　类调幅信号模型的各态历经性分析。

案例 4-5 已表明，如果随机过程 $X(t)=A\cos(\omega_0 t+\varphi)$ 具有宽平稳性，并且式中 ω_0 为常数，A 和 φ 是两个统计独立且分别服从在 $(0,1)$ 和 $(0,2\pi)$ 均匀分布的随机变量，那么该过程就可以有效地作为类调幅信号的模型。针对该过程时间平均与统计平均的一致性检验，分别如式(4-37)和式(4-38)所示。

$$\overline{X(t)} = \lim_{T \to \infty} \frac{1}{2T} \int_{-T}^{T} X(t)\mathrm{d}t = 0 = E[X(t)] \tag{4-37}$$

式中，$X(t)$ 的均值具有各态历经性。

$$\overline{X(t)X(t+\tau)} = \lim_{T \to \infty} \frac{1}{2T} \int_{-T}^{T} X(t)X(t+\tau)\mathrm{d}t = \frac{A^2}{2}\cos\omega_0\tau \neq R_X(\tau) = \frac{1}{6}\cos\omega_0\tau \tag{4-38}$$

式中，$X(t)$ 的自相关函数不具有各态历经性。由此可判断 $X(t)$ 不具有各态历经性。

　　鉴于该过程不具有各态历经性，因此，该信号一定具有抗干扰性。实际上，该过程作为无线电通信中调幅信号的原始数学模型，由于表征该信号信息的自相关函数所具有的傅里叶级数周期性已经充分显示了调幅信号属于确定信号的本质特征，其信息特征参数 A 的相关辨识性较强，抗干扰性较弱，因此调幅信号的发生电路和检波电路的设计都非常简单，也非常易于在早期的无线电通信中应用。

　　案例 4-9　类调频信号模型的各态历经性分析。

　　设随机过程 $X(t) = A\cos(\omega_0 t + \varphi)$，式中，$A$、$\omega_0$ 和 φ 是统计独立的随机变量。A 的均值为 2，方差为 4，ω_0 和 φ 分别服从在 $(-5,5)$ 和 $(-\pi,\pi)$ 均匀分布。

　　因为 A 和 φ 统计独立，所以可得

$$E[X(t)] = 0$$

$$E[X(t)X(t+\tau)] = E[A^2]E[\cos(\omega_0 t + \varphi)\cos(\omega_0 t + \omega_0 \tau + \varphi)] = 4\frac{\sin 5\tau}{5\tau}$$

　　由此可判断 $X(t)$ 是宽平稳的，其数学模型可以有效地表征无线电通信中的调频信号。其中，信息调制在载波频带 $(-5,5)$ 之内；而模型中 A 的随机性表征的则是该信号在无线电通信背景下客观存在的噪声和干扰。并且，由于该信号的自相关函数不再具有确定信号的傅里叶级数特征，因此可以进一步判别调频信号属于随机信号。显然，随机性增强了调频信号的对抗能力。

　　针对该过程时间平均与统计平均的一致性检验，如式(4-39)和式(4-40)所示。

$$\overline{X(t)} = \lim_{T \to \infty} \frac{1}{2T} \int_{-T}^{T} X(t)\mathrm{d}t = 0 = E[X(t)] \tag{4-39}$$

式(4-39)表明 $X(t)$ 的均值具有各态历经性。

$$\overline{X(t)X(t+\tau)} = \lim_{T \to \infty} \frac{1}{2T} \int_{-T}^{T} X(t)X(t+\tau)\mathrm{d}t = \frac{A^2}{2}\cos\omega\tau \neq R_X(\tau) \tag{4-40}$$

式(4-40)表明 $X(t)$ 的自相关函数不具有各态历经性，由此可判断 $X(t)$ 不具有各态历经性。

　　鉴于该信号不具有各态历经性，因此，该信号一定具有抗干扰性。并且由于表征该信号信息的自相关函数不具有周期性，其信息特征参数 ω 的相关辨识性极

弱，抗干扰性较强，因此，调频信号的发生电路和检波电路设计都比较复杂，且更为实用。

4.4　基于维纳-辛钦定理的建模

　　如前所述，基于随机过程概念的宽平稳性分析，利用宽平稳过程自相关函数的性质，可以建立如式(4-31)所示的随机信号统一的统计特征模型。该模型虽然从理论上可以有效地表征信号的强度和变化快慢的特征，但是并不能对时域信号直接建模，实用价值有限。此外，该模型建模的有效性还需要依赖随机信号的宽平稳性。

　　信号模型是信号传输与处理系统设计与实现的理论与技术基础。针对案例4-7、案例4-8和案例4-9的分析充分表明现代无线电通信系统之所以能够稳健地迅猛发展，是因为建立了可靠、准确的无线电通信信号模型。其中，案例 4-9表明随机信号存在时域模型，只不过该案例中的模型仅适用于调频信号，而非随机信号的统一时域模型。

　　鉴于确定信号分析是基于帕塞瓦尔定理，通过对确定信号进行时频域变换的傅里叶分析，利用确定信号的频域特征，建立确定信号统一的时域傅里叶级数模型，而随机过程的概念又可以将确定信号和随机信号有机地统一在一起，因此，应基于随机过程代表性的核心数字特征——自相关函数，通过综合利用随机过程宽平稳性分析和各态历经性分析的概念与算法，对帕塞瓦尔定理进行修正，从而有效地解决随机信号的时频域统一建模问题。

4.4.1　自功率谱密度函数的理论意义与技术内涵

　　式(4-3)所示的帕塞瓦尔定理，实际表征的是确定信号 $s(t)$ 在其客观存在的时域的能量与其在信号分析域——频域的能量相等的自然属性，因此，帕塞瓦尔定理本质上是能量守恒定律在信号分析理论上的具体体现，原理上应当对确定信号和随机信号具有普适性。

　　之所以可以利用帕塞瓦尔定理建立确定信号的统一数学模型——傅里叶级数模型，关键在于：确定信号 $s(t)$ 与其频谱 $S(\omega)$ 构成了傅里叶变换对，不同的确定信号 $s(t)$ 在频域存在不同的能量谱密度($|S(\omega)|^2$)特征，且分析确定信号时域与频域的能量是否相等的条件是，精确获取确定信号能量的时域持续时间和频谱特征。但是，随机过程所表征的随机信号的样本函数，原理上不可能存在频谱。这是因为随机过程 $X(t)$ 是由 M 个样本函数 $x_\zeta(t)$ （ $\zeta \in [1, M]$ ）组成的，而随机信号的每个

样本函数的有效持续时间(即过程长度)是不确定的。

　　对某一次观测 ζ 的样本记录结果而言,其所对应的样本函数 $x_\zeta(t)$ 是一个确定的时间函数,由于在随机过程概念下,在相同的观测时间内,随机信号不同观测样本的时域波形高概率不重合,从而必然会造成 $\int_{-\infty}^{\infty}\left|x_\zeta(t)\right|\mathrm{d}t$ 非绝对可积,即 $\int_{-\infty}^{\infty}\left|x_\zeta(t)\right|\mathrm{d}t\to\infty$,因此,即使在非常宽的同一观测时间段内,随机过程不同样本函数的能量 $\int_{-\infty}^{\infty}x_\zeta^2\mathrm{d}t$ 也绝对不可能统一。由此可见,无法确定随机信号的能量在频域的分布,也就是说,随机信号根本不存在能量谱密度特征。这正是在随机过程概念下,确定信号与随机信号的本质区别所在。

　　然而在同一观测时间段内,只要观测时间足够长,那么对随机信号而言,随机过程不同样本函数的能量即使高概率不相同,也应该是比较接近的数值。根据物理学中能量与功率的基本关系,若在随机信号有效的观测时间段内,对每条观测样本的能量进行时间平均,则所得到的每条观测样本之间功率数值大小的差别,肯定远远小于每条观测样本之间能量数值大小的差别。由此可见,可以利用随机信号 $X(t)$ 平均功率的有限性,通过分析 $X(t)$ 平均功率在频域的分布特性——功率谱密度特征,对帕塞瓦尔定理进行修正,进而实现随机信号的时频域统一建模。

　　上述分析表明,为了定量表征随机信号的功率谱密度特征,在随机信号的傅里叶变换分析中,应当首先利用随机过程各态历经性分析中的时间平均算子,对帕塞瓦尔定理进行修正。

　　如图 4-15 所示,在随机信号的第 k 个(即 $\zeta=k$)观测样本 $x_k(t)=x(t,\zeta_k)$ 中,任意截取长度为 $2T$ 的一段观测记录结果,可得 $x_k(t)$ 的截尾函数 $x_{kT}(t)$ 。如式(4-41)所示,当 T 为有限值时,截尾函数 $x_{kT}(t)$ 肯定满足绝对可积条件。

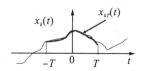

图 4-15　随机信号的截尾函数

$$\int_{-\infty}^{\infty}\left|x_{kT}(t)\right|\mathrm{d}t=\int_{-T}^{T}\left|x_{kT}(t)\right|\mathrm{d}t<\infty \tag{4-41}$$

因此, $x_{kT}(t)$ 必然存在的傅里叶变换对分别如式(4-42)和式(4-43)所示。

$$\int_{-\infty}^{\infty}x_{kT}(t)\mathrm{e}^{-\mathrm{j}\omega t}\mathrm{d}t=\int_{-T}^{T}x_k(t)\mathrm{e}^{-\mathrm{j}\omega t}\mathrm{d}t \tag{4-42}$$

$$x_{kT}(t) = \frac{1}{2\pi} \int_{-\infty}^{\infty} X_{kT}(\omega) e^{j\omega t} d\omega \qquad (4\text{-}43)$$

其中，$X_{kT}(\omega) = X_T(\omega, \zeta_k)$ 为 $x_{kT}(t)$ 的频谱函数。据此，如式 (4-44) 所示，可以利用帕塞瓦尔定理对 $x_{kT}(t)$ 进行表征。

$$\int_{-\infty}^{\infty} x_{kT}^2 dt = \int_{-T}^{T} x_k^2 dt = \frac{1}{2\pi} \int_{-\infty}^{\infty} \left| X_{kT}(\omega) \right|^2 d\omega \qquad (4\text{-}44)$$

在式 (4-44) 中，$\int_{-T}^{T} x_k^2 dt$ 表示随机信号的第 k 个样本 $x_k(t)$ 在其有效观测时间 $(-T,T)$ 内消耗在 1Ω 电阻上的总能量。如式 (4-45) 所示，当观测时间足够长时 (即 $T \to \infty$)，若对 $x_k(t)$ 的总能量在 $(-T,T)$ 进行时间平均，则可得 $x_k(t)$ 的平均功率 P_k。

$$P_k = \lim_{T \to \infty} \frac{1}{2T} \int_{-\infty}^{\infty} x_{kT}^2 dt = \lim_{T \to \infty} \frac{1}{4\pi T} \int_{-\infty}^{\infty} \left| X_{kT}(\omega) \right|^2 d\omega \qquad (4\text{-}45)$$

如式 (4-46) 所示，对于 $X(t)$ 所有观测样本而言，每个样本的平均功率 $P_i (i=1, 2, \cdots, k, \cdots, M)$ 的总和 P_Σ 是一个由 M 个确定数值 $(P_1, P_2, \cdots, P_k, \cdots, P_M)$ 组成的随机变量空间。

$$P_\Sigma = \lim_{T \to \infty} \frac{1}{2T} \int_{-\infty}^{\infty} X^2(t, \zeta) dt = \lim_{T \to \infty} \frac{1}{4\pi T} \int_{-\infty}^{\infty} \left| X_T(\omega, \zeta) \right|^2 d\omega \qquad (4\text{-}46)$$

显然，如式 (4-47) 所示，若再对随机变量 P_Σ 进行统计平均，所得到的随机过程 $X(t)$ 的平均功率 P 就是一个确定值。

$$\begin{aligned} P &= \lim_{T \to \infty} \frac{1}{2T} \int_{-\infty}^{\infty} E[X^2(t)] dt \\ &= \lim_{T \to \infty} \frac{1}{4\pi T} \int_{-\infty}^{\infty} E[\left| X_T(\omega) \right|^2] d\omega \qquad (4\text{-}47) \\ &= \frac{1}{2\pi} \int_{-\infty}^{\infty} \lim_{T \to \infty} \frac{1}{2T} E[\left| X_T(\omega) \right|^2] d\omega = \frac{1}{2\pi} \int_{-\infty}^{\infty} G_X(\omega) d\omega \end{aligned}$$

式 (4-47) 推导分析的过程表明，为了克服实际应用中难以满足的宽平稳观测条件 (样本充足) 的约束，通过有效地延长对随机过程的观测时间，可以将仅适用于确定信号分析的帕塞瓦尔定理从确定信号的时频域能量统一修正为随机过程的时频域功率统一，从而最终构建随机信号分析理论和技术的应用基础——频域特征函数 $G_X(\omega)$。其中，M 个样本的平均功率 $(P_1, P_2, \cdots, P_k, \cdots, P_M)$ 高概率相等且接近随机过程 $X(t)$ 平均功率 P 的时刻 T，即为随机过程 $X(t)$ 的有效观测时刻。

在式 (4-47) 中，频域的被积函数 $G_X(\omega)$ 描述了随机过程 $X(t)$ 在不同频率的单位频带内，消耗在单位电阻上的平均功率。显然，$G_X(\omega)$ 完全能够定量表征随机过程 $X(t)$ 的平均功率在不同频率点的分布状况，因此被定义为随机过程 $X(t)$ 的自功率谱密度函数。并且，由式 (4-47) 还可以得到 $G_X(\omega)$ 定义式的数学模型为

$$G_X(\omega) = \lim_{T \to \infty} \frac{1}{2T} E\left[\left|X_T(\omega)\right|^2\right] \tag{4-48}$$

值得注意的是，式(4-47)虽然已经将仅适用于确定信号统一建模的帕塞瓦尔定理由时频域能量统一升级为适用于随机信号统一建模的功率统一，并据此定义了随机过程的自功率谱密度，但是其并非面向随机信号分析的帕塞瓦尔定理修正的最终结果。这是因为在式(4-3)所示的帕塞瓦尔定理中，确定信号 $s(t)$ 能量谱密度 $|S(\omega)|^2$ 的本质函数——频谱 $S(\omega)$ 与 $s(t)$ 构成了傅里叶变换对。这是基于帕塞瓦尔定理实现确定信号统一建模的关键所在。

在式(4-47)中，时域部分的 $\lim\limits_{T \to \infty} \frac{1}{2T} \int_{-\infty}^{\infty} E[X^2(t)]\mathrm{d}t$ 表示的仅仅是随机过程 $X(t)$ 的一维数字特征函数——均方值函数 $E[X^2(t)]$ 的时间平均，而随机过程的核心数字特征应当是二维数字特征函数——自相关函数 $R_X(\tau)$。因此，只有当 $G_X(\omega)$ 与 $R_X(\tau)$ 构成了傅里叶变换对，才有可能进一步实现随机信号的统一建模。

将截取函数的频谱 $X_T(\omega) = \int_{-T}^{T} X(t)\mathrm{e}^{-\mathrm{j}\omega t}\mathrm{d}t$ 代入式(4-48)，可得

$$G_X(\omega) = \lim_{T \to \infty} \frac{1}{2T} E[X_T^*(\omega)X_T(\omega)] = \lim_{T \to \infty} \frac{1}{2T} E\left[\int_{-T}^{T} X(t_1)\mathrm{e}^{\mathrm{j}\omega t_1}\mathrm{d}t_1 \cdot \int_{-T}^{T} X(t_2)\mathrm{e}^{-\mathrm{j}\omega t_2}\mathrm{d}t_2\right]$$

鉴于 $X_T^*(\omega)$ 与 $X_T(\omega)$ 的镜像共轭关系，有 $t_2 \to t_1$。由此利用自相关函数的定义，可得

$$G_X(\omega) = \lim_{T \to \infty} \frac{1}{2T} \int_{-T}^{T} \int_{-T}^{T} R_X(t_1, t_2) \mathrm{e}^{-\mathrm{j}\omega(t_2 - t_1)} \mathrm{d}t_1 \mathrm{d}t_2$$

式中，$R_X(t_1, t_2)$ 只在 $-T \leqslant t_1, t_2 \leqslant T$ 的存在。

令 $t = t_1$，$\tau = t_2 - t_1 = t_2 - t$，代入上式进行变量置换，可得

$$G_X(\omega) = \lim_{T \to \infty} \frac{1}{2T}\left\{\int_{-2T}^{0}\left[\int_{-T-\tau}^{T} R_X(t, t+\tau)\mathrm{d}t\right]\mathrm{e}^{-\mathrm{j}\omega\tau}\mathrm{d}\tau\right\} + \lim_{T \to \infty} \frac{1}{2T}\left\{\int_{0}^{2T}\left[\int_{-T}^{T-\tau} R_X(t, t+\tau)\right]\mathrm{e}^{-\mathrm{j}\omega\tau}\mathrm{d}\tau\right\}$$

$$= \int_{-\infty}^{0}\left[\lim_{T \to \infty} \frac{1}{2T}\int_{-T-\tau}^{T} R_X(t, t+\tau)\mathrm{d}t\right]\mathrm{e}^{-\mathrm{j}\omega\tau}\mathrm{d}\tau + \int_{0}^{\infty}\left[\lim_{T \to \infty} \frac{1}{2T}\int_{-T}^{T-\tau} R_X(t, t+\tau)\mathrm{d}t\right]\mathrm{e}^{-\mathrm{j}\omega\tau}\mathrm{d}\tau$$

$$= \int_{-\infty}^{0} \overline{R_X(t, t+\tau)}\mathrm{e}^{-\mathrm{j}\omega\tau}\mathrm{d}\tau + \int_{0}^{\infty} \overline{R_X(t, t+\tau)}\mathrm{e}^{-\mathrm{j}\omega\tau}\mathrm{d}\tau$$

$$= \int_{-\infty}^{\infty} \overline{R_X(t, t+\tau)}\mathrm{e}^{-\mathrm{j}\omega\tau}\mathrm{d}\tau = F\left[\overline{R_X(t, t+\tau)}\right]$$

根据傅里叶变换的唯一性，有

$$\overline{R_X(t, t+\tau)} = F^{-1}\left[G_X(\omega)\right]$$

由此可见，任意随机过程 $X(t)$ 自相关函数 $R_X(t, t+\tau)$ 的时间平均与其自功率谱密度 $G_X(\omega)$ 构成了傅里叶变换对。这就是利用随机过程的宽平稳性和各态历经性修正帕塞瓦尔定理的终极结果——用于随机信号分析的"维纳-辛钦定理"。

维纳-辛钦定理通过综合利用时间平均和统计平均，巧妙地解决了随机信号分析理论中宽平稳条件在实际应用中根本无法满足的瓶颈问题。非平稳过程 $X(t)$ 自相关函数 $R_X(t,t+\tau)$ 经过时间平均处理后，与起始时刻 t 不再相关，$\overline{R_X(t,t+\tau)}$ 是仅与 τ 有关的确定时间函数。

综上所述，用于随机信号分析的维纳-辛钦定理的创建过程，充分体现了构建自功率谱密度函数的理论意义和技术内涵。

案例 4-10 维纳-辛钦定理的实用价值。

对于 a 和 ω_0 皆为常数的随机过程 $X(t)=a\cos(\omega_0 t+\varphi)$ 而言，当 φ 是服从在 $(0,\pi/2)$ 均匀分布的随机变量时，会由于样本不足而使 $X(t)$ 为非宽平稳过程。

首先，会发现 $X(t)$ 的总功率 $E[X^2(t)]=\dfrac{a^2}{2}-\dfrac{a^2}{\pi}\sin(2\omega_0 t)$ 为不确定的时间函数，其平均功率 $P=\lim\limits_{T\to\infty}\dfrac{1}{2T}\int_{-T}^{T}E[X^2(t)]\mathrm{d}t=\dfrac{a^2}{2}$。利用该信息及 $X(t)$ 的单频点特性，可得 $X(t)$ 的自功率谱密度 $G_X(\omega)=\dfrac{a^2\pi}{2}[\delta(\omega+\omega_0)+\delta(\omega-\omega_0)]$。

于是，根据维纳-辛钦定理，$X(t)$ 的时间自相关函数 $\overline{R_X(t,t+\tau)}=F^{-1}[G_X(\omega)]=\dfrac{a^2\cos\omega_0\tau}{2}$。此结果与案例 4-2 中样本充足、满足宽平稳性时所得到的结果完全相同。

由此可见，即使 $X(t)$ 为非平稳过程，利用维纳-辛钦定理，也完全可以实现对 $X(t)$ 稳健地精确建模。

4.4.2 时间序列模型

根据维纳-辛钦定理，自功率谱密度函数作为随机信号在频域的核心统计特征，应当与随机信号在时域的核心统计特征——非周期平稳过程自相关函数具有相同的属性。正如式(4-48)定义的自功率谱密度函数的数学模型所示，自功率谱密度函数是非负频域绝对可积 ω 的实函数和偶函数。

利用随机过程 $X(t)$ 自功率谱密度函数 $G_X(\omega)$ 的性质，可以建立如式(4-49)所示的 $G_X(\omega)$ 有理函数形式，并据此可以进一步描述随机信号和建立随机信号的统一模型。

$$G_X(\omega)=G_0\frac{\omega^{2m}+b_{2m-2}\omega^{2m-2}+\cdots+b_0}{\omega^{2n}+a_{2n-2}\omega^{2n-2}+\cdots+a_0} \tag{4-49}$$

其中，$G_0>0$；式中分母无实根（即在实轴上无极点），且 $n>m$。

如图 4-16(a)所示，利用式(4-49)可以在频域定义白噪声：自功率谱密度为常数，均匀分布在整个频域，即 $G_N(\omega)=N_0/2\,(-\infty<\omega<\infty)$。其中，常数 N_0 为白噪

声真实单边谱的自功率谱密度。

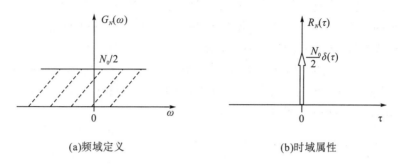

(a)频域定义　　　　　　　　(b)时域属性

图 4-16　白噪声的定义与属性

如图 4-16(b)所示，根据维纳-辛钦定理，可得 $R_N(\tau)=F^{-1}[G_N(\omega)]=\dfrac{N_0}{2}\delta(\tau)$。
$R_N(\tau)$ 表明白噪声是均值为零的理想随机信号。这是因为与式(4-31)所示的随机信号自相关函数模型相比，$R_N(\tau)$ 是 $R_X(\tau)=m_X^2+\sigma_X^2 e^{-\alpha\tau^2}$ 中 $m_X=0$、$\sigma_X^2=N_0/2$ 和 $\alpha\to\infty$ 时的特例。其中，$\alpha\to\infty$ 的属性表明白噪声过程的样本随时间起伏极快，相当于脉冲宽度为 0 的冲激信号 $\delta(t)$，从而使得图 4-16(b)与图 4-11 本质上完全相同。

白噪声的理想化特性在频域体现为其平均功率无穷大，在时域体现为任何两个相邻时刻(不管多么近)，只要 $\tau\neq 0$，状态之间都是不相关的。然而白噪声无论在理论上还是在实际应用中，都是最常见的一种噪声模型。经过验证，实际应用中出现的许多重要的噪声过程都可以用白噪声来近似，如电阻热噪声。而且，在电子系统设计中，只要输入噪声功率谱在观察的范围(系统带宽)内可以近似为常数，就可以把它近似为白噪声来处理。由此可见，白噪声源可作为冲激信号 $\delta(t)$ 的信号发生源。案例 4-6 中就是利用白噪声源有效地实现了线性系统的辨识。

白噪声建模不过是利用自功率谱密度对随机信号建模的一个特例。实际上，利用式(4-49)所示的数学模型的有理函数属性，还可以实现随机信号统一模型——时间序列模型的建模。其中，时间序列模型的基本形式为自回归-滑动平均模型。该模型可以根据随机信号的属性或者实际应用的需要，简化成自回归模型或者滑动平均模型。

1. 时间序列的线性模型

时间序列是指，在不同时刻对自然或社会现象的数量特性进行观测后所得到的一系列有次序的观测数据(动态数据)。时间序列区别于其他数据类型的特点在于其次序的重要性与它在观测时刻前的取值有关。时间序列的这种次序性，恰好与随机过程概念下样本观测与记录的基本要求相吻合。

时间序列分析的目的在于，通过建立时间序列的数学模型，表征时间序列不同时刻观测数据之间相互关联且依赖时间变化的自然规律，从而既可以用于预报时间序列的未来，又可以有效地指导时间序列处理系统的稳健设计。

以构造式(4-49)所示的自功率谱密度有理函数形式为目标，将表征随机过程的时间序列$\{x_t\}$采用式(4-50)所示的采用有理函数表征的信号传输模型进行等效拟合。这种形式简单的线性系统模型就是时间序列的自回归-滑动平均(auto-regressive moving average，ARMA)模型。

$$x_t = -a_1 x_{t-1} - \cdots - a_p x_{t-p} + n_t - b_1 n_{t-1} - \cdots - b_q n_{t-q} = -\sum_{k=1}^{p} a_k x_{t-k} + \sum_{l=0}^{q} b_l n_{t-l} \quad (4\text{-}50)$$

其中，$\{n_t\}$是方差为σ^2的q阶的输入白噪声激励序列；$\{x_t\}$则为p阶的输出响应序列，且$b_0=1$。

式(4-50)的传递函数$H(z)=B(z)/A(z)$。其中，$A(z)=\sum_{i=0}^{p} a_i z^{-i}$，$B(z)=\sum_{i=0}^{q} b_i z^{-i}$。

于是，采用有理函数表征的信号传输模型的输出信号功率谱密度为

$$G_x(z) = H(z)H^*(1/z)G_n(z) = \frac{B(z)B^*(1/z)}{A(z)A^*(1/z)} \cdot G_n(z) \quad (4\text{-}51)$$

鉴于感兴趣的是$z=\mathrm{e}^{j\omega\Delta t}$时$G_x(z)$在单位圆上的值，且激励过程$\{n_t\}$的自功率谱密度$G_n(\mathrm{e}^{j\omega\Delta t})=\sigma^2\Delta t$，因此，采用ARMA模型表征的随机信号$\{x_t\}$的自功率谱密度为

$$G_{\mathrm{ARMA}}(\omega) = G_x(\omega) = \sigma^2 \Delta t \left| \frac{B(\mathrm{j}\omega\Delta t)}{A(\mathrm{j}\omega\Delta t)} \right|^2 \quad (4\text{-}52)$$

式(4-52)表明，随机信号基于ARMA模型统一建模的关键在于，针对不同的随机信号确定其专属的自回归系数$\{a_k\}$ $(k=1, 2, \cdots, p)$、滑动平均系数$\{b_l\}$ $(l=1, 2, \cdots, q)$以及白噪声激励源的功率σ^2。

在式(4-50)中，若$\{a_k=0\}$ $(k=1, 2, \cdots, p)$，则可得q阶滑动平均(moving average，MA)模型为

$$x_t = n_t - b_1 n_{t-1} - \cdots - b_q n_{t-q} = \sum_{l=0}^{q} b_l n_{t-l} \quad (4\text{-}53)$$

MA(q)模型可看作白噪声序列$\{n_t\}$输入线性系统后的输出。该模型的功率谱密度函数$G_{\mathrm{MA}}(\omega)=\sigma^2\Delta t|B(\mathrm{j}\omega\Delta t)|^2$为全零点模型，可作为真实存在的限带白噪声的模型。

在式(4-50)中，若$b_0=1$且$\{b_l=0\}$ $(l=1, 2, \cdots, q)$，则可得p阶自回归(auto-regressive，AR)模型为

$$x_t = -a_1 x_{t-1} - \cdots - a_p x_{t-p} + n_t = -\sum_{k=1}^{p} a_k x_{t-k} + n_t \quad (4\text{-}54)$$

式(4-54)表明，AR(p)模型可看作未来值 x_t 是由当前值 x_{t-1} 与其连续相邻的 $p-1$ 个历史值$\{x_{t-2},\cdots,x_{t-p}\}$通过线性加权组合的方式来预测的，$n_t$ 则表示预测误差。

在三种时间序列模型的建模中，用于确定自回归系数、滑动平均系数和白噪声激励源功率的非线性谱估值方法，是现代信号处理研究的热点。尤其是在雷达、声呐、语音处理等有限非平稳过程时变谱信号的处理中，采用随机信号参数化统一模型建模的现代谱估值方法，不仅可以弥补原始数据不足的缺陷，提高频谱分辨率，而且基于随机信号参数化模型还有利于设计专用的信号处理器。

2. 模型识别

成功建立随机信号的时间序列模型所涉及的问题很多，必须首先考虑寻找与随机信号吻合得最好的预报模型，其中模型的识别与阶数的确定是关键。下面通过分析 MA(q)、AR(p)和 ARMA(p,q)序列的理论自相关函数和偏相关函数的特性，获取识别模型的方法。

1）MA(q)序列的自相关函数特性

MA(q)模型的协方差函数为

$$
\begin{aligned}
r_k &= E[x_t x_{t-k}] \\
&= E[(n_t - b_1 n_{t-1} - \cdots - b_q n_{t-q})(n_{t-k} - b_1 n_{t-k-1} - \cdots - b_q n_{t-k-q})] \\
&= E[n_t n_{t-k}] - \sum_{i=1}^{q} b_i E[n_t n_{t-k-i}] - \sum_{j=1}^{q} b_j E[n_{t-k} n_{t-j}] + \sum_{i=1}^{q}\sum_{j=1}^{q} b_i b_j E[n_{t-i} n_{t-k-j}]
\end{aligned}
$$

根据白噪声的特性 $E[n_t, n_s] = \begin{cases} \sigma^2, & t=s \\ 0, & t\neq s \end{cases}$，上式中第二项为 0，其余各项取值依赖于 k。由此可得

$$
r_k = \begin{cases}
\sigma^2\left(1 + \sum_{i=1}^{q} b_i^2\right), & k=0 \\
\sigma^2\left(-b_k + \sum_{i=k+1}^{q} b_i b_{i-k}\right), & 1 \leqslant k < q \\
0, & k \geqslant q
\end{cases}
$$

由此可见，MA(q)序列只有 q 步相关性，截尾处的值就是模型的阶数 q。该性质为 MA(q)序列的自相关函数截尾性。

2）AR(p)序列的自相关函数特性

AR(p)模型的协方差函数为

$$
r_k = a_1 r_{k-1} + \cdots + a_p r_{k-p}, k > 0
$$

将其归一化可得 $\rho_k = a_1 \rho_{k-1} + \cdots + a_p \rho_{k-p}$。

令上式中的 $k = 1, 2, \cdots, p$，可得尤尔-沃克方程为

$$
\begin{bmatrix} \rho_1 \\ \rho_2 \\ \vdots \\ \rho_1 \end{bmatrix} = \begin{bmatrix} 1 & \rho_1 & \cdots & \rho_{p-1} \\ \rho_1 & 1 & \cdots & \rho_{p-2} \\ \vdots & \vdots & & \vdots \\ \rho_{p-1} & \rho_{p-2} & \cdots & 1 \end{bmatrix} \cdot \begin{bmatrix} a_1 \\ a_2 \\ \vdots \\ a_p \end{bmatrix}
$$

根据线性差分方程理论可证明，$\mathrm{AR}(p)$ 序列的自相关函数不能在某步后截尾，而是随 k 增大逐渐衰减，受负指数函数控制。该性质为 $\mathrm{AR}(p)$ 序列的自相关函数拖尾性。

例如，对于 $\mathrm{AR}(1)$ 序列 $x_t = -a_1 x_{t-1} + n_t$ 而言，其 $\rho_1 = -a_1$，$\rho_2 = a_1 \rho_1 = a_1^2$，$\rho_k = -a_1 \rho_{k-1} = (-a_1)^k$，且 $a(\beta) = 1 + a_1 \beta = 0 \Rightarrow \beta = -\dfrac{1}{a_1}$。

由于需要满足宽平稳条件，即 $|\beta| > 1$，则 $|a_1| < 1$，故 $k \to \infty$ 时 $\rho_k \to 0$。

又由于 $a_1^k = \exp(k \ln |a_1|)$（$\because |a_1| < 1 \therefore \ln |a_1| < 0$），所以总存在 $c_1 > 0$、$c_2 > 0$，使得 $|\rho_k| < c_1 \mathrm{e}^{-c_2 k}$，因此 $\{a_k\}$ 受负指数函数控制。由此可见，$\mathrm{AR}(1)$ 序列的自相关函数具有拖尾性。

3）$\mathrm{ARMA}(p,q)$ 序列的自相关函数和偏相关函数特性

$\mathrm{ARMA}(p,q)$ 和 $\mathrm{AR}(p)$ 序列的自相关函数在 $k > q$ 时满足相同的差分方程。因此，与 $\mathrm{AR}(p)$ 序列相似，$\mathrm{ARMA}(p,q)$ 序列的自相关函数具有拖尾性，且受负指数函数控制。

为了区分 $\mathrm{ARMA}(p,q)$ 和 $\mathrm{AR}(p)$，可利用偏相关函数。在零均值平稳序列中给定 $x_{t-1}, x_{t-2}, \cdots, x_{t-k+1}$，则 x_t 与 x_{t-k} 之间的偏相关函数定义为

$$
\frac{E[x_t x_{t-k}]}{\sqrt{E[x_t^2] E[x_{t-k}^2]}} = \frac{E[x_t x_{t-k}]}{\sigma_x^2}
$$

其中，E 表示 $f(x_t, x_{t-k} \mid x_{t-1}, x_{t-2}, \cdots, x_{t-k+1})$ 的条件数学期望。

基于 $\mathrm{AR}(p)$ 模型的数学表达式，可得其偏相关函数为

$$
E[x_t x_{t-k}] = \overbrace{a_{k1} x_{t-1} \underbrace{E[x_{t-k}]}_{=0} + \cdots + a_{kk-1} x_{t-k+1} \underbrace{E[x_{t-k}]}_{=0}}^{x_{t-1} \sim x_{t-k+1} \text{为已知数值}} + a_{kk} E[x_{t-k}^2] + E[x_{t-k} n_t]
$$

因为 $k > 0$ 时，$E[x_{t-k} n_t] = 0$，且有 $E[x_t x_{t-k}] = a_{kk} \sigma^2$，故 $a_{kk} = E[x_t x_{t-k}] / \sigma^2$。

根据偏相关函数定义，显然 a_{kk} 是 $\mathrm{AR}(p)$ 序列的偏相关函数，同时又是 $\mathrm{AR}(p)$ 序列最后一个回归系。为了保证 $\mathrm{AR}(p)$ 序列偏相关函数的特性，考虑基于 $x_{t-1}, x_{t-2}, \cdots, x_{t-k+1}$ 对 x_t 进行最小方差估计，即需要确定 $a_{k1}, \cdots, a_{kk}$，使 $Q = E[x_t - \sum_{i=1}^{k} a_{ki} x_{t-i}]^2$ 最小化。

$$Q = E[x_t - \sum_{i=1}^{k} a_{ki}x_{t-i}]^2$$

$$= E[\sum_{i=1}^{p} a_i x_{t-i} + n_t - \sum_{i=1}^{k} a_{ki}x_{t-i}]^2$$

$$= E[n_t]^2 + \underbrace{2E[n_t(\sum_{i=1}^{p} a_i x_{t-i} - \sum_{i=1}^{k} a_{ki}x_{t-i})]}_{=0} + E[\sum_{i=1}^{p} a_i x_{t-i} - \sum_{i=1}^{k} a_{ki}x_{t-i}]^2$$

显然要使 Q 最小化，应当使 $a_{ki} = \begin{cases} a_i, & 1 \leqslant i \leqslant p \\ 0, & i > p \end{cases}$。因此，$AR(p)$ 序列的偏相关函数具有 p 步截尾性。

而对于 $ARMA(p,q)$ 模型，$A(\beta)x_t = B(\beta)n_t$，在满足可逆的条件下，可得

$$n_t = I(\beta)x_t = \sum_{i=0}^{\infty} (-I_i)\beta^i x_t, I_0 = 1$$

该式表明有限阶的 $ARMA(p,q)$ 模型可转换为无限阶的 $AR(p)$ 模型，因此 $ARMA(p,q)$ 模型偏相关函数具有拖尾性。

综上所述，可以利用 $MA(q)$ 模型自相关函数独有的截尾性，将其从三种时间序列模型中识别出来，并且其自相关函数截尾处的值就是该模型的阶数 q。为了区分另外两种模型，需要将自相关函数的概念拓展为偏相关函数，进而利用 $AR(p)$ 模型偏自相关函数独有的截尾性，将其从三种时间序列模型中识别出来，并且其偏自相关函数截尾处的值就是该模型的阶数 p。

4.5　本 章 小 结

帕塞瓦尔定理虽然仅适用于建立确定信号的统一模型，但是随机信号的统一建模理论与技术却并未因此脱离帕塞瓦尔定理而另起炉灶，反而通过深入剖析帕塞瓦尔定理的工程意义和实用局限性，巧妙地利用随机过程的概念将确定信号与随机信号有机地统一在一起，进而以成熟的确定信号分析理论和技术为参考和依据，深度挖掘随机过程概念在随机信号分析中所包含的理论意义和技术内涵，在随机电信号一维和二维数字特征的基础上，以宽平稳概念为核心，奠定了随机过程概念应用的理论与技术基础。其中，理论基础的标志为非周期宽平稳过程（随机信号）自相关函数的统一建模，而技术基础的标志为宽平稳过程各态历经性的工程应用。在综合利用时间平均和统计平均修正帕塞瓦尔定理，将其升级为适用于随机信号统一建模的维纳-辛钦定理的过程中，本章呈现了自功率谱密度的理论意义和技术内涵，进而揭示了时间序列模型的建模本质。本章还通过 10 个案例分析论

述了电信号建模的随机过程理论,为电子工程所遭遇的瓶颈问题提供了有效的解决方案及技术途径。

电信号建模理论和技术的发展历史所映射出的创新思想光芒,启迪了电子信息技术原始创新设计理念:基本概念和基本原理是创新的基础,对基本概念和基本原理的深刻理解与挖掘是创新的手段,有效地解决复杂工程中的难点问题是创新的必由之路和归宿。

第 5 章 电信号处理

本章从剖析电信号处理概念的内涵出发，通过论述二元统计信号检测模型的结构和平均代价指标的理论意义，揭示电信号处理基本准则——贝叶斯准则提出的必要性和创建过程；并通过剖析贝叶斯准则的典型案例，揭示贝叶斯准则的工程意义。此外，本章还通过结合典型案例论述派生准则的价值，揭示贝叶斯准则实用化思维构建的切入点，通过分析一般高斯信号统计检测的内涵以及统计信号波形检测、参量估计和波形估计的实现渠道，呈现贝叶斯准则拓展应用的方式。

5.1 信号处理概念的剖析

一般意义上的信号处理是指，通过对输入信号进行非线性的加工变换，获取感兴趣的输出信号。加工的方式和难度取决于输入信号的特征和对输出信号的质量要求。其中，输入信号的特征包括输入信号的组成成分和复杂程度。输入信号的特征将决定信号处理方式的设计目标以及如何合理地设定对输出信号的质量要求。尤其是针对信号处理的目标，准确地建立输入信号的观测模型及其分析方法，是信号处理研究的关键和起始点。

为了有效地构建具有普适性的电信号处理理论，并据此获得与之密切相关的电子系统设计方法和技术要求，需要针对电信号处理中的普遍性问题，首先描述处理对象——输入信号的统一观测模型。用于传递信息的电信号是人为生成或者设计的发生信号，根据所传递信息的复杂程度，生成或者设计的电信号可以分为简单信号和复杂信号。在生成或者设计电信号的过程中，所使用的采集装置或者信号发生电路会不同程度地使得电信号中存在基底噪声或者外来干扰。此外，在电信号传输和处理的过程中，不仅信道会存在噪声和干扰，电信号处理电路也会存在难以抑制的基底噪声。尤其是用于传递信息的电信号通常采用无线传输的方式，且自身属于微弱信号，因此更加容易被噪声和干扰混叠。由此可见，电信号处理的基本任务和目标应当是将感兴趣的含有信息的有用信号从被噪声和干扰淹没的背景中有效地提取和恢复出来。

　　无线电通信中信号处理电路的噪声和信道干扰都属于噪声过程，本质上是随机信号。并且，电子系统中的电阻热噪声、晶体管和电子管的散粒噪声，以及无线电信号传输信道中的大气和宇宙噪声、积极干扰和消极干扰(云雨杂波、地物杂波等)都服从高斯分布。因此，电信号所遭遇的最重要的随机信号是高斯过程。而且，含有信息的有用信号通常以线性叠加的方式与高斯噪声信号相混合。据此，可以利用式(5-1)建立电信号处理装置输入信号的统一观测模型。

$$x(t) = s(t) + n(t) \tag{5-1}$$

其中，$x(t)$ 表示电信号处理装置的输入信号；$s(t)$ 表示含有感兴趣信息的有用信号；$n(t)$ 表示高斯噪声信号，其 N 维概率密度函数的数学模型为

$$p_{\vec{n}}(n_1, \cdots, n_N; t_1 \cdots t_N) = \frac{1}{(2\pi)^{N/2} |C_{\vec{n}}|^{1/2}} \exp\left[-\frac{(\vec{n} - M_{\vec{n}})^{\mathrm{T}} C_{\vec{n}}^{-1} (\vec{n} - M_{\vec{n}})}{2} \right] \tag{5-2}$$

其中，$M_{\vec{n}}$ 和 $C_{\vec{n}}$ 分别表示 $n(t)$ 在观测时刻 $(t_1, t_2, \cdots, t_{N-1}, t_N)$ 的 N 维高斯噪声矢量 $\vec{n}$ $= (n_1, n_2, \cdots, n_{N-1}, n_N)^{\mathrm{T}}$ 的均值矢量和协方差矩阵，即

$$M_{\vec{n}} = \begin{bmatrix} E[n(t_1)] \\ \vdots \\ E[n(t_N)] \end{bmatrix} = \begin{bmatrix} m_n(t_1) \\ \vdots \\ m_n(t_N) \end{bmatrix}_{N \times 1}$$

$$C_{\vec{n}} = \begin{bmatrix} C_{11} & C_{12} & \cdots & C_{1N} \\ C_{21} & C_{22} & \cdots & C_{2N} \\ \vdots & \vdots & & \vdots \\ C_{N1} & C_{N2} & \cdots & C_{NN} \end{bmatrix}_{N \times N}$$

　　式(5-2)表明，高斯随机过程 $n(t)$ 的 N 维概率分布完全由均值矢量 $M_{\vec{n}}$ 与协方差矩阵 $C_{\vec{n}}$ 确定，并且电信号处理中遇到的高斯过程属于严平稳过程。由此可见，高斯噪声 $n(t)$ 完备的统计特性可通过其一维和二维数字特征很容易精确获取，从而确保 $n(t)$ 的统计特性完全已知，使得式(5-1)具有实用性，成为电信号处理理论和技术研究的出发点。

　　鉴于 $n(t)$ 是高斯过程，即使 $s(t)$ 是非常简单的确定信号，$x(t)$ 也仍然是高斯过程，因此，当 $n(t)$ 的统计特性完全已知时，也无法通过直接观测 $x(t)$，利用式(5-1)轻松地将 $n(t)$ 剔除，从而获取 $s(t)$ 的信息。这是因为 $n(t)$ 的统计特性完全已知，并非意味着 $n(t)$ 信号固有的随机性消失，且无论有用信号 $s(t)$ 多简单，观测信号 $x(t)$ 始终都是随机信号，所以 $s(t) = x(t) - n(t)$ 不成立。据此，从 $x(t)$ 中获取 $s(t)$ 的信号处理方式，应当属于统计信号处理。

　　根据随机过程理论，基于式(5-1)进行统计处理的基本条件，除了 $n(t)$ 应当为均值矢量和协方差矩阵已知的高斯噪声之外，$x(t)$ 也应当满足宽平稳条件，从而确保观测矢量 $\vec{x} = (x_1, x_2, \cdots, x_{N-1}, x_N)$ 已知并有效。其中，待处理信号 $x(t)$ 的观测条件与对信号处理结果的性能要求密切相关。

待提取的信息信号$s(t)$作为信号处理的目标，它的复杂度决定了信号处理方式的复杂度和信号处理概念的内涵。比如，在最简单的雷达目标检测模式中，只需要判断在接收机的接收信号$x_{雷达}(t)$中，是否有发射机发出的发射波在目标处形成的反射回波$s_{雷达}(t)$。其中，随机信号$x_{雷达}(t) = s_{雷达}(t) + n_{雷达}(t)$。因此，可以设定：在观测时间$[0, T]$内，当无目标时，$s_{雷达}(t) = 0$；而当有目标时，$s_{雷达}(t) = A \neq 0$。那么$A$所含信息的复杂程度不同，就决定了雷达信号处理方式及其实现难度不同。大致可以分为以下四种情况。

(1) A是已知的确定值A_0。此时对雷达信号的处理方式为，通过设计某种统计信号处理方法，对$x_{雷达}(t)$进行最大程度的去噪声处理，并将处理结果X与x_0相比较：如果$X \geqslant x_0$，则判别有目标出现，并且$s_{雷达}(t) = A_0$；否则，判别无目标出现，并且$s_{雷达}(t) = 0$。

此时的设计内容包括：能够得到X和X_0的雷达信号处理方法，以及评估该方法性能的统计指标，如有目标时的正确判决概率P_A和无目标时的正确判决概率P_0。显然，此种设计下的最佳雷达信号处理方法——"1 号方案"是能够同时使得P_A和P_0处于最优值的方法。

(2) A是未知的确定值。如果(1)中设计雷达信号处理方法时需要A的准确信息，那么情况(2)根本无法使用只针对(1)所设计的"1 号方案"；如果(1)中设计雷达信号处理方法时需要给定的性能指标P_A和P_0而无须A的准确信息，那么此种设计下的雷达信号处理方法——"2 号方案"就应该可以用于(2)。

当采用"2 号方案"时，除了性能完全相同，(2)中对$x_{雷达}(t)$的处理结果也与(1)完全相同[即有目标时，$s_{雷达}(t) = A_0$；无目标时，$s_{雷达}(t) = 0$]。显然，只有当(2)中未知量A的真值是A_0或者非常接近A_0时，才能够认定这种针对(2)的雷达信号处理方式是有效的，否则，需要考虑重新针对情况(2)设计新的雷达信号处理方法。

针对(2)最为稳妥的设计方案——"3 号方案"应该是：从接收信号$x_{雷达}(t)$中估计出A的数值$\hat{A}$，并据此判断$s_{雷达}(t)$所处的状态。其中，保证$\hat{A}$的准确性将成为该设计的关键。因此，"3 号方案"需要同时设计能够评价未知量恢复程度的性能指标。

以上三种方案中，1 号方案可以解决在噪声干扰背景下，判断观测信号中已知信息参量处于何种状态的问题，相关问题的研究属于统计信号的参量检测研究。2 号方案不仅能够解决 1 号方案所能解决的问题，而且在一定约束条件下，还有可能被有效地用于判断观测信号中未知信息参量所处状态的情况，但是却无法获取未知参量的真值。因此，2 号方案的研究也属于统计信号的参量检测研究，与 1 号方案相比，2 号方案的设计是直接从性能指标出发，可能会比 1 号方案更加实用。显然，3 号方案与前两种方案相比，设计的出发点和应用范围都大相径庭。3 号方案可以在噪声干扰背景下，解决通过估计观测信号中未知信息参量的准确数值，判断未知信息参量所处状态的问题，相关问题属于统计信号的参量估计问题。

(3)A 是已知的确定信号 $A(t)$。虽然 $s(t)$ 的信号形式比情况(1)复杂，但是其本质上都是淹没在噪声干扰中的已知 $s(t)$ 信号所处状态的判决问题。其中，考虑到可以通过设计滤波电路实现相关的检测系统，因此，相关技术的研究属于信号滤波理论中"信号波形的检测问题"研究。

(4)A 是未知的随机信号 $A(t)$。显然，先将随机信号转换成已知确定信号后，才能更加可靠地给出判决结果，相关技术的研究则属于信号滤波理论中"信号波形的估计问题"研究。

综上所述，电信号处理概念的内涵如图 5-1 所示。其中，电信号处理的目标是从被噪声干扰淹没的随机信号(输入信号)中提取或恢复出信息完整、准确的有用信号(输出信号)。电信号处理的方式包括信号检测与信号估计两种。信号估计以信号检测为基础。

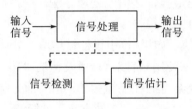

图 5-1   电信号处理概念的内涵

在式(5-1)中，如果 $s(t)$ 是已知的电信号，那么对观测信号 $x(t)$ 的信号处理方式就属于信号检测。其中，当 $s(t)$ 是信息极其简单的参量型电信号时，相关问题属于统计信号的参量检测问题，是统计信号处理中最简单的基本问题。当 $s(t)$ 是信息丰富的确定信号时，相关问题属于统计信号的波形检测问题。如果 $s(t)$ 是未知的电信号，那么对观测信号 $x(t)$ 的信号处理方式就属于信号估计。其中，当 $s(t)$ 是信息简单的参量型电信号时，相关问题属于统计信号的参量估计问题。当 $s(t)$ 是信息丰富的随机过程(未知的确定信号或者随机信号)时，相关问题属于统计信号的波形估计问题。

综上所述，电信号统计处理的内涵是多方面的，如式(5-1)所示，电信号统计处理所面临的问题却是统一的。据此所派生的 4 个复杂程度递进增长的实际问题的最佳解决途径应该遵循一种统一的原则。该原则不仅应当能够有效地解决最简单的统计信号处理问题——参量检测，而且还应当能够为其他复杂问题的解决奠定理论基础和提供设计经验，这样才能够符合解决复杂工程问题的基本规律。

5.2　贝叶斯准则的提出

5.2.1　二元统计信号检测模型的理论意义

为了构建电信号处理的普适性理论和相关处理系统的电子设计基础，前人针对受噪声干扰的随机信号中，已知信息信号的有无或信息信号属于哪种状态的最佳判决的概念、方法和性能等"统计信号的检测问题"开展了研究。由于研究对象是随机信号，所以研究内容是统计问题，而最佳判决方式就是统计检测。因此，研究的数学基础是概率论中的统计判决理论，又称假设检验理论，即根据观测量落在观测空间中的位置，按照某种检验规则，做出信号状态属于哪种假设的判决。

利用假设检验理论，可以针对信号统计检测中最简单的二元统计信号，建立统计信号检测的原理模型，如图 5-2 所示。

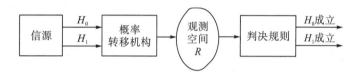

图 5-2　基于假设检验理论的二元统计信号检测的原理模型

图 5-2 所示模型由四个部分组成：信源、概率转移机构、观测空间 R 和判决规则。二元统计信号检测模型所描述的统计检测问题的实质是构建最优判决规则以对观测空间进行精确的划分。解决该问题的出发点是准确地建立观测信号在不同的信源状态下概率密度函数的数学模型。因此，首先应当根据假设检验理论，完成对信源不同状态特征的"假设"描述。例如，式(5-1)所示的二元雷达信号统计检测的信源假设模型如式(5-3)所示。

$$H_0:x(t)=n(t),0\leqslant t\leqslant T \tag{5-3a}$$

$$H_1:x(t)=A+n(t),0\leqslant t\leqslant T \tag{5-3b}$$

其中，假设 H_0 描述的是二元雷达信号统计检测中 $s_{雷达}(t)=0$ 的无目标状态；假设 H_1 描述的是二元雷达信号统计检测中 $s_{雷达}(t)=A$ 的有目标状态。在式(5-3)的基础上，可得信源在观测时间$[0,T]$内的 N 次观测结果 $x_k(k=1,2,\cdots,N)$ 的信源观测假设模型为

$$H_0:x_k=n_k,\quad k=1,2,\cdots,N \tag{5-4a}$$

$$H_1:x_k=A+n_k,\quad k=1,2,\cdots,N \tag{5-4b}$$

式(5-4)表明在观测时间$[0,T]$内，概率转移机构对信源的任何一次输出$x(t)$都依次转移N次。据此，可以有效地形成观测空间R——两种信号状态下的N维观测矢量$(\bar{x}|H_j)(j=0,1)$的集合。其中，$\bar{x}=(x_1,x_2,\cdots,x_N)^{\mathrm{T}}$。然后，再利用$N$维联合概率密度函数$p(\bar{x}|H_j)(j=0,1)$设计判决规则。判决规则应该包括能够得到可靠处理结果X的信号处理方式(包括判决空间划分依据x_0的确定)和对检测性能的评价方法。

如图5-3所示，二元统计信号检测的观测空间R被划分为两个判决域R_0和R_1。然后，可以根据观测信号$x(t)$的信号处理结果X所落的判决域空间，以及假设成立与否，判决$x(t)$所属的信号状态：如果$X<x_0$，那么H_0假设成立，判决无目标出现，并且$s_{雷达}(t)=0$；如果$X\geqslant x_0$，那么H_1假设成立，判决有目标出现，并且$s_{雷达}(t)=A$。

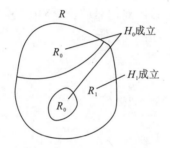

图5-3　二元信号检测的判决域

比式(5-4)更具一般性的二元统计信号检测的信源观测假设模型如式(5-5)所示。该模型描述的是二元数字通信系统的观测空间R。其中，当假设H_0为真时，信源输出信号为$-A$；当假设H_1为真时，信源输出信号为A。

$$H_0:x_k=-A+n_k,\quad k=1,2,\cdots,N \tag{5-5a}$$

$$H_1:x_k=A+n_k,\quad k=1,2,\cdots,N \tag{5-5b}$$

综上所述，二元统计信号的原理模型完整描述了统计信号检测所涉及的基本问题。其中，检测准则决定了判决域的划分，而判决域的划分结果又体现了检测准则的性能。其原因在于：如表5-1所示，两种假设下存在判决结果正确和判决结果错误两种可能。其中，$(H_i|H_j)(i,j=0,1)$的含义为：在假设H_j为真的条件下，判决假设H_i成立的结果。二元统计信号的正确判决结果为$(H_0|H_0)$和$(H_1|H_1)$；错误判决结果为$(H_1|H_0)$和$(H_0|H_1)$。

表5-1所示的二元信号判决结果，实际上是基于表5-2所示的二元统计信号的判决概率所做出的推断。在表5-2中，$P(H_i|H_j)(i,j=0,1)$的含义为：在假设H_j

为真的条件下，判决假设 H_i 成立的概率。其中，$P(H_0|H_0)$ 和 $P(H_1|H_1)$ 为正确判决概率；$P(H_1|H_0)$ 和 $P(H_0|H_1)$ 为错误判决概率。

表 5-1 二元信号统计检测的判决结果

判决	假设	
	H_0	H_1
H_0	$(H_0\|H_0)$	$(H_0\|H_1)$
H_1	$(H_1\|H_0)$	$(H_1\|H_1)$

表 5-2 二元信号统计检测的判决概率

判决	假设	
	H_0	H_1
H_0	$P(H_0\|H_0)$	$P(H_0\|H_1)$
H_1	$P(H_1\|H_0)$	$P(H_1\|H_1)$

如式 (5-6) 所示，判决概率 $P(H_i|H_j)$ 实际上是在观测空间划分结果 R_i 的基础上，利用两种信号状态下的 N 维观测矢量 $(\bar{x}|H_j)(j=0,1)$ 的联合概率密度函数 $p(\bar{x}|H_j)$ 所得的统计结果。

$$P(H_i|H_j) = \int_{R_i} p(x|H_j) \mathrm{d}x, \quad i,j = 0,1 \tag{5-6}$$

由此可见，为了得到判决结果，统计信号检测的基本条件为式 (5-4) 和式 (5-5) 所示的信源观测假设模型中有用信号的信息和噪声的统计特性已知。

以式 (5-5) 所描述的二元数字通信系统为例，当信源观测假设模型完备已知时，可以在图 5-4 中分别绘制以 $-A$ 和 A 为中心的两种假设下的观测矢量 $(\bar{x}|H_j)(j=0,1)$ 的联合概率密度函数 $p(\bar{x}|H_j)$ 曲线。其中，观测空间 R 为图 5-4 的横轴。当 R 被 x_0 划分为两个判决域 R_0 和 R_1 之后，$p(\bar{x}|H_j)$ 曲线包络下的阴影部分则表征了两种假设下的错误判决概率，非阴影部分则表征了两种假设下的正确判决概率。

如图 5-4 所示，如果减小 x_0，H_1 假设下的正确判决概率 $P(H_1|H_1)$ 将会如期增大，错误判决概率 $P(H_0|H_1)$ 会如期减小。当 x_0 减小时，H_0 假设下的正确判决概率 $P(H_0|H_0)$ 将会随之减小，错误判决概率 $P(H_1|H_0)$ 反而会随之增大。如果增大 x_0，情况则刚好相反。

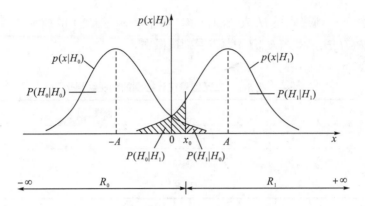

图 5-4　二元信号检测的判决域划分与判决概率

由此可见，图 5-4 进一步揭示了统计信号检测理论研究的主要问题应当为判决域的最佳划分问题，即采用何种信号处理方式，能够得到 x_0 的最优值。

根据假设检验理论，判决结果主要是依赖判决概率做出的，判决概率不仅自身是条件概率，与先验概率密切相关，而且随着观测空间划分方式的不同，某假设下的错误判决概率与其他假设下的正确判决概率之间存在统计结果变化规律趋同的问题。因此，要想始终能够获得最佳的统计判决结果，就必须基于假设检验理论创新性地制定统一的设计原则：在对观测空间进行判决域划分时，在判决概率的基础上，通过综合考虑以下三个因素，设定新的性能指标，并基于该指标实现判决域的最佳划分。

(1) 判决概率 $P(H_i|H_j)$ $(i,j=0,1)$。这是假设检验理论中的基本性能指标。

(2) 先验概率 $P(H_i)$ $(i=0,1)$。在两种错误概率相同的情况下，如果 $P(H_0)\neq P(H_1)$，那么先验概率大的假设所对应的错误概率对检测性能的影响大于另一个错误概率的影响。例如，如果 $P(H_0)=0$，即使 $P(H_1|H_0)=1$，其对检测性能也毫无影响，这是因为假设 $P(H_0)$ 为真的情况根本不存在。

(3) 判决的代价。即对不同的判决概率进行加权处理，并约定同一假设下，错误判决所付出的代价必定大于正确判决所付出的代价。例如，对于二元统计检测而言，$c_{10}>c_{00}$ 且 $c_{01}>c_{11}$。其中，c_{ij} 为判决概率 $P(H_i|H_j)$ $(i,j=0,1)$ 所付出的代价。

利用式(5-7)定义假设 H_j 为真时，判决所付出的条件平均代价。

$$C(H_j) = \sum_{i=0}^{1} c_{ij} P(H_i|H_j), \quad j=0,1 \tag{5-7}$$

据此可得二元统计检测所付出的总平均代价为

$$C = P(H_0)C(H_0) + P(H_1)C(H_1) = \sum_{j=0}^{1}\sum_{i=0}^{1} c_{ij} P(H_j) P(H_i|H_j) \tag{5-8}$$

其中，总平均代价 C 就是在假设检验理论基础上提出的新性能指标。并且，能够使 C 最小的观测空间划分结果就是最佳的判决域划分。

综上所述，二元统计信号检测模型的理论意义在于：通过对基于假设检验理论所建立的原理模型中的四个组成部分进行系统分析，在综合考虑统计信号检测方法(即如何实现判据域的最佳划分)与检测性能之间关系的基础上，衍生出二元统计信号处理的基本原则——贝叶斯准则：在假设 H_i 的先验概率 $P(H_i)$ $(i=0,1)$ 已知，且各种判决代价因子 $c_{ij}(i=0,1; j=0,1)$ 给定的情况下，使平均代价 C 最小。

在贝叶斯准则中，假设 H_i 的先验概率 $P(H_i)$ $(i=0,1)$ 已知，其中也包括式(5-4)和式(5-5)所示的信源观测假设模型中有用信号和噪声的统计特性已知。如果各种判决代价因子 c_{ij} 也给定，那么式(5-8)就只存在平均代价 C 与隐藏在判决概率 $P(H_i|H_j)$ 中的 x_0 两个未知量，而平均代价 C 就是为了能够将各种判决结果进行综合所提出的总性能指标，因此，使 C 最小，就能利用式(5-8)得到判决域的最佳划分结果 x_0。

如果不考虑观测空间划分方式不同所付出的判决代价有所不同，那么不同判决概率的代价因子就应该相同，并可以进行归一化处理，即 $c_{ij}=1(i,j=0,1)$。于是，由式(5-7)和式(5-8)可得 $C(H_0)=C(H_1)=C=1$。这表明此时的贝叶斯准则完全可以自然回归到假设检验理论的本质，即不同假设下的正确判决概率与错误判决概率之和为 1，以及不同假设的先验概率之和也为 1。由此可见，贝叶斯准则是准确并可行的，据此所建立的条件平均代价和总平均代价的数学模型都是可靠的。

5.2.2　平均代价指标的技术内涵

如式(5-9)所示，为了利用贝叶斯准则得到二元统计检测判决域的最佳划分结果，可以利用判决域 R_0 和 R_1 将式(5-8)展开，并进行分析求解。

$$C = c_{00}P(H_0)\int_{R_0} p(\bar{x}|H_0)\mathrm{d}\bar{x} + c_{10}P(H_0)\int_{R_1} p(\bar{x}|H_0)\mathrm{d}\bar{x}$$
$$+ c_{01}P(H_1)\int_{R_0} p(\bar{x}|H_1)\mathrm{d}\bar{x} + c_{11}P(H_1)\int_{R_1} p(\bar{x}|H_1)\mathrm{d}\bar{x} \tag{5-9}$$

利用 $\int_{R_1} p(\bar{x}|H_j)\mathrm{d}\bar{x} = 1 - \int_{R_0} p(\bar{x}|H_j)\mathrm{d}\bar{x}$，可得基于 R_0 域的平均代价为

$$C = c_{10}P(H_0) + c_{11}P(H_1)$$
$$+ \int_{R_0} [P(H_1)(c_{01}-c_{11})p(\bar{x}|H_1) - P(H_0)(c_{10}-c_{00})p(\bar{x}|H_0)]\mathrm{d}\bar{x} \tag{5-10}$$

其中，$c_{10}P(H_0)$ 和 $c_{11}P(H_1)$ 为固定平均代价，与判决域的划分无关，不影响平均代价 C 的最小化。

在式(5-10)中，C 的可变部分为积分项，其正负受 R_0 的控制。为了使 C 最小，

应该把凡是使被积函数取负值的 x 值划分给 R_0 域，其余 x 值划分给 R_1 域。由此可得使 H_0 成立的 R_0 域的划分原则为 $P(H_1)(c_{01} - c_{11})p(\bar{x}|H_1) < P(H_0)(c_{10} - c_{00})p(\bar{x}|H_0)$。据此，可得贝叶斯判决表达式为

$$\lambda(\bar{x}) = \frac{p(\bar{x}|H_1)}{p(\bar{x}|H_0)} \mathop{\gtrless}_{H_0}^{H_1} \frac{P(H_0)(c_{10} - c_{00})}{P(H_1)(c_{01} - c_{11})} = \eta \tag{5-11}$$

其中，检验统计量 $\lambda(\bar{x})$ 为似然比函数，是非负的一维随机变量函数。$\eta \geqslant 0$ 为似然比检测门限，通过设定它，能够使 C 达到最小。

式 (5-11) 体现了利用贝叶斯准则设计二元统计信号检测系统的优点在于：可以实现二元统计信号检测系统的规范化统一设计，其原理框图如图 5-5(a) 所示。任何基于不同先验概率和不同代价因子的最佳信号检测系统，均可以由 $\lambda(\bar{x})$ 计算器与判决门限为 η 的判决器级联组成。

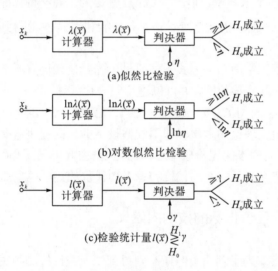

图 5-5　二元统计信号检测系统设计过程的原理框图

如式 (5-11) 所示，检验统计量 $\lambda(\bar{x})$ 的实际意义在于：作为观测信号 $\bar{x}$ 的处理方式，计算器结构具有不变性。似然比检测门限 η 的实际意义在于：作为判决域划分的依据，根据已知的先验概率和给定的代价因子，很容易确定。

图 5-5(a) 为基于似然比检验最基本的判决式所确定的二元统计信号检测系统的统一原理框图。当试图通过电子设计实现该原理框图时，会发现利用电压比较电路易于实现判决器。由于 $\lambda(\bar{x})$ 计算器执行的是复杂的似然比非线性运算，因此难以采用电子线路实现，尤其是在电子技术发展的早期。

由式 (5-3) 和式 (5-4) 可知，二元统计检测中的雷达和无线电通信信号均为高斯噪声干扰背景。并且，由式 (5-2) 可知，由于 $\lambda(\bar{x})$ 计算器中有用信号的信息均

存在于 $p(\bar{x}|H_j)$ $(j=0,1)$ 的指数内，因此可以采用求对数的方式对其进行线性化简化。初步简化后的检测系统如图 5-5(b) 所示：仍然由 $\ln\lambda(\bar{x})$ 计算器与 $\ln\eta$ 门限判决器级联组成。

最终，如图 5-5(c) 所示，可以把 $\lambda(x)$ 简化成与 x 构成线性关系的简化式 $l(x)$，从而使构成的检测系统容易通过电子设计实现。

图 5-5 所示的三种二元统计信号检测系统的性能指标均为平均代价 C。其中，计算 C 的关键在于统计式(5-9)中的四个判决概率。这四种判决概率均是根据检验统计量和判决门限统一算出的。

对于工程实现所采用的图 5-5(c) 所示的检测系统而言，检验统计量是随机变量 $l(\bar{x})$，判决门限是 γ。因此，图 5-5(c) 所示的检测系统判决概率的算法为：先计算假设 H_0 和 H_1 下检验统计量的概率密度函数 $p(l(\bar{x})|H_j)$，再根据判决门限 γ 划分 $l(\bar{x})$ 的判决域 L_0 和 L_1，最后利用式(5-12)计算判决概率中的虚警概率 $P(H_1|H_0)$ 和正确判决概率 $P(H_1|H_1)$。

$$P(H_i|H_j) = \int_{L_i} p(l|H_j)\mathrm{d}l, \quad i,j = 0,1 \tag{5-12}$$

综上所述，平均代价指标的技术内涵体现在：贝叶斯准则将平均代价同时作为设计指标和性能指标，将所有影响判决结果的判决因子都有机地综合在平均代价的数学模型中，并以观测空间的划分使平均代价最小为设计原则，针对任何基于不同先验概率和不同代价因子的二元统计信号，规范化地设计出性能最佳的检测系统(统一由似然比计算器与判决器级联组成)。

5.2.3　典型案例的工程意义

案例 5-1　贝叶斯准则的精确性。

设二元假设检验的观测信号模型为

$$\begin{cases} H_0 : x = -1 + n \\ H_1 : x = 1 + n \end{cases}$$

其中，n 是均值为 0、方差为 0.5 的高斯观测噪声。

若两种假设是等先验概率的，而代价因子为 $c_{00}=1$，$c_{10}=4$，$c_{11}=2$，$c_{01}=8$，则

似然比函数 $\lambda(x) = \dfrac{p(x|H_1)}{p(x|H_0)} = \dfrac{\left(\dfrac{1}{2\pi \times 0.5}\right)^{1/2} \exp\left[-\dfrac{(x-1)^2}{2 \times 0.5}\right]}{\left(\dfrac{1}{2\pi \times 0.5}\right)^{1/2} \exp\left[-\dfrac{(x+1)^2}{2 \times 0.5}\right]} = \exp(4x)$，似然比检测门

限 $\eta = \dfrac{P(H_0)(c_{10}-c_{00})}{P(H_1)(c_{01}-c_{11})} = \dfrac{4-1}{8-2} = 0.5$。于是，贝叶斯判决表达式为 $\exp(4x) \underset{H_0}{\overset{H_1}{\gtrless}} 0.5$，简

化后的判决表达式为 $x \underset{H_0}{\overset{H_1}{\gtrless}} -0.1733$。由此可得，$l=x$ 且 $l_0=-0.1733$。

利用式(5-12)，可得

$$P(H_1|H_0) = \int_{-0.1733}^{\infty} p(l|H_1)\mathrm{d}l = \int_{-0.1733}^{\infty}\left(\frac{1}{2\pi\times0.5}\right)^{1/2}\exp\left[-\frac{(l+1)^2}{2\times0.5}\right]\mathrm{d}l = 0.1210$$

$$P(H_1|H_1) = \int_{-0.1733}^{\infty} p(l|H_1)\mathrm{d}l = \int_{-0.1733}^{\infty}\left(\frac{1}{2\pi\times0.5}\right)^{1/2}\exp\left[-\frac{(l-1)^2}{2\times0.5}\right]\mathrm{d}l = 0.95154$$

最后，利用式(5-8)计算可得 $C=1.8269$。将检测门限 $l_0=-0.1733$ 分别向上和向下微调为-0.1700 或者-0.1800，所得的平均代价均大于 $l_0=-0.1733$ 时的平均代价。由此可以证明利用贝叶斯准则所得的判决域划分结果一定是最佳的。

案例 5-2　统计信号检测系统设计经验的获取。

在式(5-3)所描述的二元雷达信号检测的信源假设模型中，假设为 H_1 时信源输出信息为常值正电压 A，假设为 H_0 时信源输出信息为零电平；雷达信号在信道传输过程中叠加了高斯噪声 $n(t)$；每种信号的持续时间为$[0,T]$。信源假设观测模型如式(5-4)所示：接收机对接收信号 $x(t)$ 在$[0,T]$时间内进行了 N 次独立采样。并且，已知噪声样本是均值为 0、方差为 σ_n^2 的高斯噪声。

由式(5-2)可得高斯噪声样本的概率密度函数 $p(n_k) = \left(\dfrac{1}{2\pi\sigma_n^2}\right)^{1/2}\exp\left(-\dfrac{n_k^2}{2\sigma_n^2}\right)$。

于是，两种假设下观测样本的概率密度函数分别为

$$p(x_k|H_0) = \left(\frac{1}{2\pi\sigma_n^2}\right)^{1/2}\exp\left(-\frac{x_k^2}{2\sigma_n^2}\right)$$

$$p(x_k|H_1) = \left(\frac{1}{2\pi\sigma_n^2}\right)^{1/2}\exp\left[-\frac{(x_k-A)^2}{2\sigma_n^2}\right]$$

由此可得 N 次独立观测采样所得的 N 维观测矢量 $\bar{x}$ 的概率密度函数分别为

$$p(\bar{x}|H_0) = \prod_{k=1}^{N} p(x_k|H_0) = \left(\frac{1}{2\pi\sigma_n^2}\right)^{N/2}\exp\left(-\sum_{k=1}^{N}\frac{x_k^2}{2\sigma_n^2}\right)$$

$$p(\bar{x}|H_1) = \prod_{k=1}^{N} p(x_k|H_1) = \left(\frac{1}{2\pi\sigma_n^2}\right)^{N/2}\exp\left[-\sum_{k=1}^{N}\frac{(x_k-A)^2}{2\sigma_n^2}\right]$$

根据式(5-11)可得贝叶斯判决式为

$$\lambda(\bar{x})=\frac{p(\bar{x}|H_1)}{p(\bar{x}|H_0)}=\exp\left(\frac{A}{\sigma_n^2}\sum_{k=1}^{N}x_k-\frac{NA^2}{2\sigma_n^2}\right)\underset{<}{\overset{H_1}{\underset{H_0}{\gtrless}}}\eta$$

　　显然，如果依据似然比门限 η 进行似然比检测判决，数据处理器的设计将会十分复杂，因此必须对似然比函数 $\lambda(\bar{x})$ 进行简化。简化所得的检验统计量 $l(\bar{x})$ 的线性处理判决式为

$$l(\bar{x})=\frac{1}{N}\sum_{k=1}^{N}x_k\underset{<}{\overset{H_1}{\underset{H_0}{\gtrless}}}\frac{\sigma_n^2}{NA}\ln\eta+\frac{A}{2}\overset{\text{def}}{=}\gamma \tag{5-13}$$

　　显然，利用式(5-13)可以搭建图 5-6 所示的二元统计信号的线性检测系统。根据随机过程理论，检验统计量 $l(\bar{x})=\dfrac{1}{N}\sum\limits_{k=1}^{N}x_k$ 所表征的信号处理方式为：利用观测信号 $x(t)$ 的各态历经性，在$[0,T]$内对其进行时间平均处理，提取 $x(t)$ 中的直流分量作为输出信号。电子线路的实现方式为采用带宽极窄的低通滤波器，因为要求提取的信息信号不失真，所以设计结果应为线性时不变滤波器。

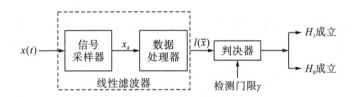

图 5-6　二元统计信号的线性检测系统

　　同时，图 5-6 也描述了采用信号采样器与数据处理器级联实现 $l(\bar{x})=\dfrac{1}{N}\sum\limits_{k=1}^{N}x_k$ 的电子线路的方式：离散—求和—平均。其中，采样器是在观测信号 $x(t)$ 的持续时间$[0,T]$内，对其进行 N 次独立采样，获取观测数据 $\{x_k\}$（$k=1,2,\cdots,N$）；数据处理器就是对 $\{x_k\}$ 进行算术平均。

　　因为 $x(t)$ 是高斯过程，而检验统计量 $l(\bar{x})$ 对 $x(t)$ 进行的是线性处理，所以在两种假设下 $l(\bar{x})$ 均仍然服从高斯分布。并且，在两种假设下 $l(\bar{x})$ 的一维数字特征分别为

$$E(l|H_0)=E\left[\frac{1}{N}\sum_{k=1}^{N}(x_k|H_0)\right]=E\left(\frac{1}{N}\sum_{k=1}^{N}n_k\right)=0 \tag{5-14a}$$

$$\mathrm{Var}(l|H_0)=E\left\{\left[\frac{1}{N}\sum_{k=1}^{N}(x_k|H_0)-E(l|H_0)\right]^2\right\}=E\left(\frac{1}{N}\sum_{k=1}^{N}n_k^2\right)=\frac{\sigma_n^2}{N} \quad (5\text{-}14\mathrm{b})$$

和

$$E(l|H_1)=E\left[\frac{1}{N}\sum_{k=1}^{N}(x_k|H_1)\right]=E\left[\frac{1}{N}\sum_{k=1}^{N}(A+n_k)\right]=A \quad (5\text{-}15\mathrm{a})$$

$$\mathrm{Var}(l|H_1)=E\left\{\left[\frac{1}{N}\sum_{k=1}^{N}(x_k|H_1)-E(l|H_1)\right]^2\right\}=E\left(\frac{1}{N}\sum_{k=1}^{N}n_k^2\right)=\frac{\sigma_n^2}{N} \quad (5\text{-}15\mathrm{b})$$

对比式(5-14)和式(5-15)可知，以 $l(\bar{x})=\dfrac{1}{N}\sum_{k=1}^{N}x_k$ 的方式对观测信号 $x(t)$ 进行处理，不仅不会造成直流分量(两种假设下的期望值 0 和 A)失真，还对噪声功率 σ_n^2 抑制了 N 倍，从而使得输出信号功率信噪比 $d^2=NA^2/\sigma_n^2$ 提高了 N 倍，达到了抑制噪声的目的。据此，两种假设下 $l(\bar{x})$ 的概率密度函数分别为

$$p(l|H_0)=\left(\frac{N}{2\pi\sigma_n^2}\right)^{1/2}\exp\left(-\frac{Nl^2}{2\sigma_n^2}\right)$$

$$p(l|H_1)=\left(\frac{N}{2\pi\sigma_n^2}\right)^{1/2}\exp\left[-\frac{N(l-A)^2}{2\sigma_n^2}\right]$$

于是，可得表征检测性能的判决概率 $P(H_1|H_0)$ 和 $P(H_1|H_1)$ 的统计结果分别为

$$P(H_1|H_0)=\int_{\gamma}^{\infty}p(l|H_0)\mathrm{d}l=Q(\ln\eta/d+d/2) \quad (5\text{-}16)$$

$$P(H_1|H_1)=\int_{\gamma}^{\infty}p(l|H_1)\mathrm{d}l=Q\{Q^{-1}[P(H_1|H_0)]-d\} \quad (5\text{-}17)$$

其中，$Q(u_0)=\int_{u_0}^{\infty}(1/2\pi)^{1/2}\exp(-u^2/2)\mathrm{d}u$ 为单调递减函数。

式(5-17)表明，在给定 $P(H_1|H_0)$ 的条件下，$P(H_1|H_1)$ 随 d 单调递增。也就是说，二元统计信号检测问题的解决，可以在设定较低的虚警检测概率 $P(H_1|H_0)$ (无目标判决为有目标的错误判决概率)的条件下，通过提高检测系统的输出信噪比来提高目标出现时的正确判决概率。其中，提高检测系统的输出信噪比，除了线性滤波处理方式，还可以采用多通道技术。理论上，通道数量越多，输出信噪比越高。由此可见，案例 5-2 为二元统计信号贝叶斯检测的工程实现提供了宝贵经验，尤其是通过预设恒定的虚警概率，将会为无法设定 γ 门限的未知信号检测提供解决方案。

5.3　贝叶斯准则的实用化

5.3.1　派生准则的工程价值

贝叶斯准则是信号统计检测理论中的通用检测准则。对贝叶斯准则中各假设的先验概率和各种判决的代价因子做出某些实用性约束，会得到它的派生准则。

1. 最小平均错误概率准则

在通信系统中，可以设定正确判决不付出代价，错误判决代价相同，即 $c_{00}=c_{11}=0$，$c_{01}=c_{10}=1$。代入式 (5-8)，可得 $C = P(H_0)P(H_1|H_0)+P(H_1)P(H_0|H_1)$。此时平均代价 C 表示的是平均错误概率 P_e。于是，使 C 最小的贝叶斯准则转化为使 P_e 最小的最小平均错误概率准则。

将 $c_{00}=c_{11}=0$、$c_{01}=c_{10}=1$ 代入式 (5-11)，可得最小平均错误概率准则的似然比检验判决式 $\lambda(\bar{x}) \stackrel{\text{def}}{=} \dfrac{p(\bar{x}|H_1)}{p(\bar{x}|H_0)} \underset{H_0}{\overset{H_1}{\gtrless}} \dfrac{P(H_0)}{P(H_1)}$。

等先验概率下的最小平均错误准则的似然比检验判决式 $\lambda(\bar{x}) \stackrel{\text{def}}{=} \dfrac{p(\bar{x}|H_1)}{p(\bar{x}|H_0)} \underset{H_0}{\overset{H_1}{\gtrless}} 1$。

于是，似然函数可以直接比较，哪个大就判决其相应的假设成立，即 $p(\bar{x}|H_1) \underset{H_0}{\overset{H_1}{\gtrless}} p(\bar{x}|H_0)$。这便是最大似然准则。

2. 最大后验概率准则

在贝叶斯准则中，当代价因子满足 $c_{10}-c_{00}=c_{01}-c_{11}$ 时，有 $\lambda(\bar{x}) \stackrel{\text{def}}{=} \dfrac{p(\bar{x}|H_1)}{p(\bar{x}|H_0)} \underset{H_0}{\overset{H_1}{\gtrless}} \dfrac{P(H_0)}{P(H_1)}$，即 $P(H_1|\bar{x}) \underset{H_0}{\overset{H_1}{\gtrless}} P(H_0|\bar{x})$。$P(H_i|\bar{x})$ 为后验概率：在已经获得观测量 x 的条件下，假设 H_i 为真的概率。

3. 极大极小化准则

解决的问题及方法是：在已经给定代价因子且无法确定假设的先验概率情况下，使可能产生的极大代价最小化。

用未知的先验概率 P_1 表示平均代价，如式 (5-18) 所示。

$$C(P_1) = c_{00} + (c_{10} - c_{00})P_F(P_1)$$
$$+ P_1[(c_{11} - c_{00}) + (c_{01} - c_{11})P_M(P_1) - (c_{10} - c_{00})P_F(P_1)] \tag{5-18}$$

其中，$P_1 = P(H_1) = 1 - P(H_0) = 1 - P_0$，虚警概率 $P_F = P(H_1|H_0)$，漏警概率 $P_M = P(H_0|H_1)$。

在 P_1 未知的情况下，为了采用贝叶斯准则，必须先猜 P_{1g}。当猜定 P_{1g} 后，判决概率 $P_F(P_{1g})$ 和 $P_M(P_{1g})$ 也就确定了，代入式 (5-18) 后可得

$$C(P_1, P_{1g}) = c_{00} + (c_{10} - c_{00})P_F(P_{1g})$$
$$+ P_1[(c_{11} - c_{00}) + (c_{01} - c_{11})P_M(P_{1g}) - (c_{10} - c_{00})P_F(P_{1g})] \tag{5-19}$$

利用式 (5-18) 可在图 5-7 中绘制曲线 a，表示 P_1 从 0 变化到 1 时的贝叶斯最小平均代价 C_{min}。如图 5-7 所示，贝叶斯准则下的最小平均代价 C_{min} 与 P_1 呈非线性关系，并且当 $P_1 = P_{1g}^*$ 时，C_{min} 将会达到其最大值 C_{minmax}。

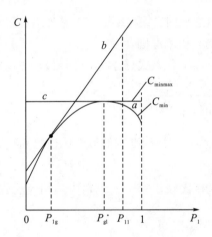

图 5-7　极大极小化准则分析

在图 5-7 中，直线 b 表示当猜定 $P_1 = P_{1g}$ 时，利用式 (5-19) 所绘制的平均代价 C 与 P_1 的关系。显然，直线 b 是以点 $[P_{1g}, C_{min}(P_{1g})]$ 为切点的直线。因此此时 C 与 P_1 呈线性关系。

如图 5-7 所示，当 P_1 的实际值与猜测值不同时，所付出的平均代价 C 大于贝叶斯准则下的最小平均代价 C_{min}。如果 P_1 的实际值在猜测点附近，那么 C 与 C_{min} 之间的差别并不大，并且当 $C < C_{minmax}$ 时，仍然能够满足贝叶斯检测的性能要求。如果 P_1 的实际值与猜测值的差别较大（如当 $P_1 = P_{11}$ 时），C 与 C_{min} 之间的差别不仅非常大，而且由于此时 $C > C_{minmax}$，因此已经不再属于贝叶斯检测。由此可见，不能随机猜测 P_{1g}，否则无法稳健地保证检测性能。

在图 5-7 中，直线 c 为极大极小化准则的平均代价曲线。直线 c 与直线 b 一

样，也是利用式(5-18)所绘制的平均代价曲线。不同之处在于：直线 c 可以被看作以曲线 a 中贝叶斯最小平均代价的最大值 C_{minmax} 所对应的 P_{1g}^* 作为 P_1 的猜测点所绘制的切线。由此可见，P_{1g}^* 是 P_1 的最佳猜测点，这是因为此时无论 P_1 的实际值是多少，以 P_{1g}^* 为猜测点的平均代价 C 均为 C_{minmax}，永远属于贝叶斯检测。此时的平均代价 $C(P_{1g}^*) = c_{00} + (c_{10} - c_{00})P_{\text{F}}(P_{1g}^*)$。

利用式(5-19)计算 $\left. \dfrac{\partial C(P_1, P_{1g})}{\partial P_1} \right|_{P_{1g}=P_{1g}^*} = 0$，可得计算 P_1 的最佳猜测点 P_{1g}^* 的极大极小化方程为

$$(c_{11} - c_{00}) + (c_{01} - c_{11})P_{\text{M}}(P_{1g}^*) - (c_{10} - c_{00})P_{\text{F}}(P_{1g}^*) = 0 \tag{5-20}$$

4. 奈曼-皮尔逊准则

解决的问题：既不能预知各种假设的先验概率，也无法给定各种判决结果的代价。此时，可以参考案例 5-2 的分析结论，在给定虚警概率 $P_{\text{F}} = P(H_1|H_0) = \alpha$ 的条件下，通过提高输出信噪比，使正确判决概率 $P_{\text{D}} = P(H_1|H_1)$ 最大。

奈曼-皮尔逊准则的意义在于，保证了信息处理系统能有效地处理有用数据，表现在：对虚警概率提出一个约束值，以避免过多的虚假信息进入信息处理系统而影响其工作效率；要求正确判决概率大，以保证有用数据尽可能没有丢失地进入信息处理系统。

如图 5-8 所示，奈曼-皮尔逊准则判决域 R_0 与 R_1 有多种划分方法。每种划分方法都能保证 $P(H_1|H_0) = \alpha$，但只有能够使 $P(H_1|H_1)$ 最大的判决域，才是奈曼-皮尔逊准则的解。

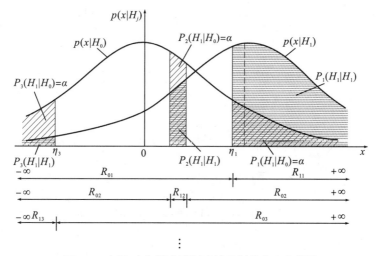

图 5-8 奈曼-皮尔逊准则判决域的划分存在多样性

奈曼-皮尔逊准则的判决式仍然为 $\lambda(\bar{x}) \overset{\text{def}}{=} \dfrac{p(\bar{x}|H_1)}{p(\bar{x}|H_0)} \overset{H_1}{\underset{H_0}{\gtrless}} \eta$。在奈曼-皮尔逊准则中，给定的是 $P(H_1|H_0)$，待求解的是 η 和 $P(H_1|H_1)$，而在贝叶斯和最小错误概率准则中，给定的是 η，待求解的是 $P(H_1|H_0)$、$P(H_1|H_1)$ 和 C。

奈曼-皮尔逊准则的应用实施分为以下三个步骤。

步骤 1：对观测量 $\bar{x}$ 进行统计描述，利用 $p(\bar{x}|H_0)$ 和 $p(\bar{x}|H_1)$ 构造似然比检验，简化后得到统计检验量 $l(\bar{x})$ 的判决式 $l(\bar{x}) \overset{H_1}{\underset{H_0}{\gtrless}} \gamma(\eta)$ 或者 $l(\bar{x}) \overset{H_1}{\underset{H_0}{\lessgtr}} \gamma(\eta)$。

步骤 2：利用 $p(l|H_0)$，根据 $P(H_1|H_0) = \int_{\gamma(\eta)}^{\infty} p(l|H_0)\mathrm{d}l = \alpha$ 或者 $P(H_1|H_0) = \int_{-\infty}^{\gamma(\eta)} p(l|H_0)\mathrm{d}l = \alpha$，反求出判决门限 $\gamma(\eta)$ 或 η。

步骤 3：计算正确判决概率 $P(H_1|H_1) = \int_{\gamma(\eta)}^{\infty} p(l|H_1)\mathrm{d}l$ 或者 $P(H_1|H_1) = \int_{-\infty}^{\gamma(\eta)} p(l|H_1)\mathrm{d}l$。

如果在案例 5-2 中，需要设计一个 $P(H_1|H_0) = 0.1$ 的奈曼-皮尔逊接收机，由于第一步设计流程与贝叶斯准则完全相符，因此可以直接根据式 (5-21) 所示的第二步设计流程，得到设计结果：$\dfrac{\sqrt{N}}{\sigma_n}\gamma(\eta) \approx 1.2817$。

$$
\begin{aligned}
P(H_1|H_0) &= \int_{\gamma(\eta)}^{\infty} p(l|H_0)\mathrm{d}l \\
&= \int_{\gamma(\eta)}^{\infty} \left(\frac{N}{2\pi\sigma_n^2}\right)^{1/2} \exp\left(-\frac{Nl^2}{2\sigma_n^2}\right)\mathrm{d}l \\
&= \int_{\frac{\sqrt{N}}{\sigma_n}\gamma(\eta)}^{\infty} (1/2\pi)^{1/2} \exp(-u^2/2)\mathrm{d}u \\
&= 0.1
\end{aligned}
\tag{5-21}
$$

然后，再利用式 (5-22) 所示的第三步设计流程，评价奈曼-皮尔逊接收机检测性能。

$$
\begin{aligned}
P(H_1|H_1) &= \int_{\gamma(\eta)}^{\infty} p(l|H_1)\mathrm{d}l \\
&= \int_{\gamma(\eta)}^{\infty} \left(\frac{N}{2\pi\sigma_n^2}\right)^{1/2} \exp\left[-\frac{N(l-A)^2}{2\sigma_n^2}\right]\mathrm{d}l \\
&= \int_{\frac{\sqrt{N}}{\sigma_n}\gamma(\eta)-d}^{\infty} (1/2\pi)^{1/2} \exp(-u^2/2)\mathrm{d}u
\end{aligned}
\tag{5-22}
$$

如式 (5-22) 所示，随着功率信噪比 $d^2 = \dfrac{NA^2}{\sigma_n^2}$ 的增大，正确判决概率 $P(H_1|H_1)$ 增大，而错误判决概率 $P(H_1|H_0)$ 始终被约束为 0.1。这表明奈曼-皮尔逊准则不仅成功摆脱了贝叶斯准则对不同假设先验概率已知和代价因子给定的应用要求，而且还有效地克服了贝叶斯准则中不同假设下正确判决概率与错误判决概率会随着判决域的划分同时递增或者递减的规律，因此检测性能大大提高。

在图 5-9 所示的不同准则下二元统计信号接收机性能关系曲线中，曲线 d_1、d_2 和 d_3 上任意一点的斜率均为达到该点对应的两种判决概率 P_F 和 P_D 所需的似然比门限 η。并且，随着 η 的增大，两种判决概率都将减小。曲线 d_1、d_2 和 d_3 位于 d_0 曲线的左上方且上凸，表明随着 d 的增大，P_F 恒定时，P_D 会增大，完全与贝叶斯准则检测性能相符合。

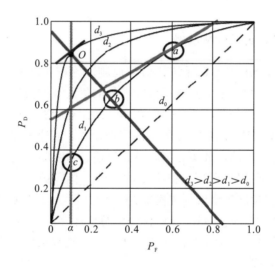

图 5-9　二元统计信号接收机在不同准则下的解

在图 5-9 中，在同一信噪比 d_1 条件下，根据已知的似然比门限 η，绘制斜率为 η 且与 d_1 曲线相切的直线，可以确定 a 点。因此，a 点对应的是贝叶斯准则和最小错误概率准则的解。根据极大极小化方程，绘制 P_D-P_F 直线，与曲线 d_1 相交于 b 点，因此，b 点对应的是极大极小化准则的解。绘制 $P_F=\alpha$ 的垂线，与曲线 d_1 相交于 c 点，因此，c 点对应的是奈曼-皮尔逊准则的解。

如图 5-9 所示，如果此时的门限 η 是该检测系统设计所需满足的最佳设计条件，那么 a 点应该是当信噪比为 d_1 时，贝叶斯准则下所能实现的最优设计结果。b 点和 c 点一定都位于曲线 d_1 上，以保证基于极大极小化准则和奈曼-皮尔逊准则的设计仍然属于贝叶斯准则下的设计，只不过不像 a 点，二者均是在门限 η 未知情况下的解。遗憾的是，a 点的正确判决概率 $P_D \approx 85\%$ 较高，错误判决概率 $P_F = 60\%$ 也很高；c 点的 $P_F = 10\%$ 很低，$P_D \approx 35\%$ 也非常低；b 点位于二者之间，检测性能实际上也不好。

　　然而如图 5-9 所示，当把检测系统输出信噪比的设计要求提高至 d_3 时，三种设计结果将会统一到性能很好的 O 点。由此可见，不仅输出信噪比 d 是二元统计信号检测中非常重要且实用的设计指标和性能指标，而且奈曼-皮尔逊准则是最为实用的设计准则，原因在于：奈曼-皮尔逊准则在完全能够达到贝叶斯最优设计目标的同时，设计要求(恒虚警概率条件)却极其简单而可行，便于实际应用。

5.3.2　典型案例剖析

1. M 元信号检测的贝叶斯准则

　　以上基于贝叶斯准则的二元统计信号检测理论在实际应用中需要进一步拓展。例如，对于二元数字通信接收机接收信号的信源观测模型而言，实际上成本相对较低的设计方案应当是，信源采用 0 和 A 的组合模式，但在实际设计时，采用的却是式(5-5)所描述的$-A$ 和 A 的信源组合模式。其原因在于：基于假设检验理论的二元统计信号检测，其核心问题是如何通过对观测空间 R 进行最优划分，达到正确判决概率高和错误判决概率低的设计目标。因此，对比图 5-10(a) 与图 5-10(b)可知，在相同的错误判决概率 $P(H_1|H_0)$ 下，$-A$ 和 A 的信源组合模式的正确判决概率 $P(H_1|H_1)$ 远远高于 0 和 A 的信源组合模式。由此可见，为了保证接收机高检测概率的设计目标实现，从二元数字通信检测系统设计出发，应当采用 $-A$ 和 A 的信源组合模式。

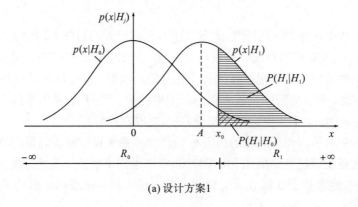

(a) 设计方案1

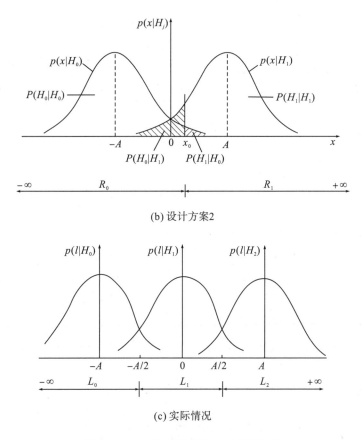

(b) 设计方案2

(c) 实际情况

图 5-10　二元数字通信检测系统的设计

然而，如图 5-10(c)所示，在实际应用中，必定会存在有用信号未出现时的接收机待机状态。因此，二元数字通信检测系统的设计，本质上应当采用式(5-23)所描述的三元统计信号检测的信源观测假设模型。

$$H_0: x_k = -A + n_k, \quad k = 1, 2, \cdots, N \tag{5-23a}$$

$$H_1: x_k = n_k, \quad k = 1, 2, \cdots, N \tag{5-23b}$$

$$H_2: x_k = A + n_k, \quad k = 1, 2, \cdots, N \tag{5-23c}$$

式中，H_1 假设描述的就是有用信号未出现时的接收信号所处的观测状态。如图 5-10(c)所示，三元统计信号检测系统需要将信号处理后的判决域划分成三个空间。

如图 5-11 所示，利用假设检验理论，同样可以建立 M 元统计信号检测的原理模型。该模型表明，在对信源的 M 种状态的假设下，需要将观测空间 R 划分为 M 个独立的子空间，从而会得到 $M \times M$ 种判决结果。其中，M 种判决是正确的，$M(M-1)$ 种判决是错误的。

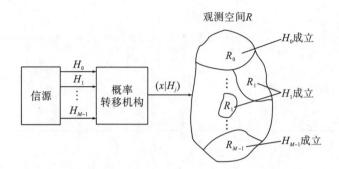

图 5-11　基于假设检验理论的 M 元统计信号检测模型

M 元信号检测的贝叶斯平均代价为

$$C = \sum_{j=0}^{M-1} \sum_{i=0}^{M-1} c_{ij} P(H_j) P(H_i | H_j) = \sum_{j=0}^{M-1} \sum_{i=0}^{M-1} c_{ij} P(H_j) \int_{R_i} p(\bar{x} | H_j) \, \mathrm{d}\bar{x} \tag{5-24}$$

与二元统计信号贝叶斯似然比判决式的推导过程相同，可以通过利用 R_i 域表示平均代价 C，寻找平均代价 C 中的可变项。

$$I_i(\bar{x}) = \sum_{j=0}^{M-1} P(H_j)(c_{ij} - c_{jj}) p(\bar{x} | H_j) \quad (i = 0, 1, \cdots, M-1 \text{且} j \neq i) \tag{5-25}$$

如果采用的似然比判决式为 $\lambda_i(\bar{x}) = \dfrac{p(\bar{x} | H_i)}{p(\bar{x} | H_0)}$ $(i=0, 1, \cdots, M-1)$，那么判决规则就是：如果式 (5-26) 所示的 $J_i(\bar{x})$ 最小，则 H_i 假设成立。

$$J_i(\bar{x}) = \frac{I_i(\bar{x})}{p(\bar{x} | H_0)} = \sum_{j=0}^{M-1} P(H_j)(c_{ij} - c_{jj}) \lambda_i(\bar{x}) \quad i = 0, 1, \cdots, M-1 \text{且} j \neq i \tag{5-26}$$

案例 5-3　实用的二元数字通信检测系统的设计。

如图 5-10 所示，二元数字通信的实际信源观测假设模型，应当为式 (5-23) 所示的三元统计信号假设模型。因此，在三种假设下 N 维观测矢量 $\bar{x}$ 的概率密度函数分别为

$$p(\bar{x} | H_0) = \left(\frac{1}{2\pi\sigma_n^2} \right)^{N/2} \exp\left[-\sum_{k=1}^{N} \frac{(x_k + 1)^2}{2\sigma_n^2} \right]$$

$$p(\bar{x} | H_1) = \left(\frac{1}{2\pi\sigma_n^2} \right)^{N/2} \exp\left(-\sum_{k=1}^{N} \frac{x_k^2}{2\sigma_n^2} \right)$$

$$p(\bar{x} | H_2) = \left(\frac{1}{2\pi\sigma_n^2} \right)^{N/2} \exp\left[-\sum_{k=1}^{N} \frac{(x_k - 1)^2}{2\sigma_n^2} \right]$$

鉴于数字通信检测系统的设计通常采用最小平均错误概率准则，并且假定各种假设的先验概率相等，因此，实际上采用的是最大似然准则。也就是说，哪个 $p(\bar{x} | H_i)$ $(i=0,1,2)$ 最大，其所对应的假设则成立，并据此解得三种假设成立时的判

决域。简化后的判决依据为 $\dfrac{2s_i}{N}\sum\limits_{k=1}^{N}x_k - s_i^2$，$i=0,1,2$。

令检验统计量 $l(\bar{x})=\dfrac{1}{N}\sum\limits_{k=1}^{N}x_k$，则三种假设下的比较量分别为

$$H_0: -2Al(\bar{x})-A^2$$
$$H_1: 0$$
$$H_2: 2Al(\bar{x})-A^2$$

于是，当 H_0 假设成立时，应当满足 $\begin{cases} -2Al(\bar{x})-A^2 \geqslant 0 \\ -2Al(\bar{x})-A^2 > 2Al(\bar{x})-A^2 \end{cases}$，从而解得

$l(\bar{x}) \leqslant -A/2$。当 H_1 假设成立时，应当满足 $\begin{cases} 0 \geqslant -2Al(\bar{x})-A^2 \\ 0 \geqslant 2Al(\bar{x})-A^2 \end{cases}$，从而解得 $-A/2 \leqslant$

$l(\bar{x}) \leqslant A/2$。当 H_2 假设成立时，应当满足 $\begin{cases} 2Al(\bar{x})-A^2 \geqslant 0 \\ 2Al(\bar{x})-A^2 > -2Al(\bar{x})-A^2 \end{cases}$，从而解得

$l(\bar{x}) \geqslant A/2$。

由此可得图 5-10（c）所示的判决域划分结果。检验统计量 $l(\bar{x})$ 的概率密度函数为

$$p(l|H_j)=\left(\dfrac{N}{2\pi\sigma_n^2}\right)^{1/2}\exp\left[-\dfrac{N(l-s_j)^2}{2\sigma_n^2}\right], \quad j=0,1,2,3$$

于是，H_0 假设下的两个错误判决概率分别为

$$P(H_1|H_0)=\int_{L_1}p(l|H_0)\mathrm{d}l=\int_{-A/2}^{A/2}\left(\dfrac{N}{2\pi\sigma_n^2}\right)^{1/2}\exp\left[-\dfrac{N(l+A)^2}{2\sigma_n^2}\right]\mathrm{d}l$$

$$=Q\left[\dfrac{\sqrt{N}A}{2\sigma_n}\right]-Q\left[\dfrac{3\sqrt{N}A}{2\sigma_n}\right]$$

$$P(H_2|H_0)=\int_{L_2}p(l|H_0)\mathrm{d}l=\int_{A/2}^{\infty}\left(\dfrac{N}{2\pi\sigma_n^2}\right)^{1/2}\exp\left[-\dfrac{N(l+A)^2}{2\sigma_n^2}\right]\mathrm{d}l=Q\left[\dfrac{3\sqrt{N}A}{2\sigma_n}\right]$$

同理可得 $P(H_0|H_1)=Q\left[\dfrac{\sqrt{N}A}{2\sigma_n}\right]$，$P(H_2|H_1)=Q\left[\dfrac{\sqrt{N}A}{2\sigma_n}\right]$，$P(H_0|H_2)=Q\left[\dfrac{3\sqrt{N}A}{2\sigma_n}\right]$，

$P(H_1|H_2)=Q\left[\dfrac{\sqrt{N}A}{2\sigma_n}\right]-Q\left[\dfrac{3\sqrt{N}A}{2\sigma_n}\right]$。

由此可得采用图 5-10（c）所示的二元统计信号观测模型的最小平均错误概率为

$$P_e=\sum_{j=0}^{2}\sum_{\substack{i=0\\j\neq i}}^{2}P(H_j)P(H_i|H_j)=\dfrac{4}{3}Q\left[\dfrac{\sqrt{N}A}{2\sigma_n}\right] \tag{5-27}$$

在同样的检测系统设计条件下,对于图 5-10(a) 所示的二元统计信号观测模型而言,只需要考虑式(5-23)中 H_1 和 H_2 假设成立的情况。因此,判决域的划分结果为 $l_0 = A/2$,最小平均错误概率为

$$P_e = P(H_0|H_2) + P(H_1|H_2) + P(H_2|H_1) = 2Q\left[\frac{\sqrt{N}A}{2\sigma_n}\right] \tag{5-28}$$

而对于图 5-10(b) 所示的二元统计信号观测模型而言,只需要考虑式(5-23)中 H_0 和 H_2 假设成立的情况。因此,判决域的划分结果为 $l_0 = 0$,最小平均错误概率为

$$P_e = P(H_0|H_2) + P(H_1|H_2) + P(H_1|H_0) + P(H_2|H_0) = 2Q\left[\frac{\sqrt{N}A}{2\sigma_n}\right] \tag{5-29}$$

比较式(5-27)~式(5-29)可知,采用图 5-10(c) 所示的实际情况下的二元统计信号观测模型进行设计时,设计结果的最小平均错误概率最小,设计性能最好。由此可以充分说明信源假设的准确性,它是保证假设检验理论下的贝叶斯检测系统设计性能好坏的基本条件。并且,本案例还得到了与案例 5-2 相同的统计信号检测系统的设计经验:输出信噪比越高,设计性能越好。

2. 参量信号的统计检测

以上分析表明,贝叶斯准则完全适用于已知确定参量信号的统计检测。其理论基础是概率论中的假设检验理论。统计信号贝叶斯检测系统设计的关键是,准确的信源观测假设模型和各假设下的概率密度函数完全已知。然而,最实用的统计信号处理系统应该是能够对信源(随机信号或未知确定信号)实现观测信号处理的系统。由于此时观测信号的概率密度函数中含有未知参量,因此需要在式(5-30)所示的一般性参量信号的信源观测假设模型的基础上,利用贝叶斯准则进行分析,观察如何能够实现最佳检测系统的设计。

$$H_j : \bar{x}_k = s_{jk|\theta_j} + \bar{n}_k, \quad j = 0, 2, \cdots, M-1; k = 1, 2, \cdots N \tag{5-30}$$

其中,N 维观测随机矢量 $\bar{x} = (x_1, x_2, \cdots, x_N)^{\mathrm{T}}$ 的统计特性不仅与观测噪声矢量 $\bar{n}_k$ 有关,还受有用信号 $s(t)$ 中的未知参量 θ_j 控制。

如式(5-30)所示,一般性参量信号贝叶斯处理问题的关键是 H_j 假设下 $\bar{x}$ 的概率密度函数 $p(\bar{x}|\theta_j; H_j)$ 是以未知参量 θ_j 为变量的不确定函数。此时,如果仍然采用基于假设检验理论的贝叶斯准则设计检测系统,那么检测结果必然与信号中的未知参量有关,从而具有不确定性或随机性。概率论中的复合假设检验的概念将是解决该问题的理论突破口。

所谓复合假设检验方法,是指在假设检验理论的基础上,对未知参量进行处理的方法,有以下两种处理方法。

第一种方法是把未知参量 θ_j 当作随机参量，先利用未知参量的概率密度函数 $p(\theta_j)$，通过统计平均的方法去除随机参量对似然函数的影响，然后再利用式(5-31)所示的二元统计信号判决，进行贝叶斯检测。

$$\lambda(\bar{x}) = \frac{p(\bar{x}|H_1)}{p(\bar{x}|H_0)} = \frac{\int_{\{\bar{\theta}_1\}} p(\bar{x}|\theta_1;H_1)p(\theta_1)\mathrm{d}\theta_1}{\int_{\{\bar{\theta}_0\}} p(\bar{x}|\theta_0;H_0)p(\theta_0)\mathrm{d}\theta_0} \overset{H_1}{\underset{H_0}{\gtrless}} \eta \qquad (5\text{-}31)$$

这种方法感兴趣的是判决成立与否，而不是信号的参量值究竟为多少，因此该方法本质上还是统计信号的参量检测。此时，如果需要采用奈曼-皮尔逊准则设计检测系统，由于 $P(H_1|H_1)$ 往往是 $\bar{\theta}$ 的函数，即 $P^{(\bar{\theta})}(H_1|H_1)$，因此，需要对设计的有效性进行一致最大功效检验。一致最大功效检验是指，对于任意的 $\bar{\theta}$，$P^{(\bar{\theta})}(H_1|H_1)$ 都是最大的。

第二种方法是先对未知参量进行最大似然估计，然后再利用式(5-32)所示的二元统计信号判决，进行贝叶斯似然比检验。这种广义似然比检验方法需要先对未知参量进行准确估计，将其变成确定参量，本质上应当属于统计信号的参量估计。

$$\lambda(\bar{x}) = \frac{p(\bar{x}|\hat{\theta}_{1\mathrm{ml}};H_1)}{p(\bar{x}|\hat{\theta}_{0\mathrm{ml}};H_0)} \overset{H_1}{\underset{H_0}{\gtrless}} \eta \qquad (5\text{-}32)$$

其中，θ_j 的最大似然估计 $\hat{\theta}_{j\mathrm{ml}}(j=0,1)$ 就是能够使 $p(\bar{x}|\hat{\theta}_j;H_1)$ 取得极大值的 θ。

案例 5-4　参量信号的统计处理。

在二元参量信号的统计处理中，两个假设下的观测信号分别为

$$H_0 : x_k = n_k$$
$$H_1 : x_k = m + n_k$$

其中，m 是有用信号的参量。

贝叶斯判决式为 $\lambda(x) = \dfrac{p(x|m;H_1)}{p(x|H_0)} = \exp\left(\dfrac{2mx}{2\sigma_n^2} - \dfrac{m^2}{2\sigma_n^2}\right) \overset{H_1}{\underset{H_0}{\gtrless}} \eta$。

(1) m 为已知的确定数值。显然，此时式(5-33)和式(5-34)所示的简化判决式与案例 5-2 中的式(5-13)吻合。因此，情况(1)描述的二元参量信号处理方式属于标准的统计信号贝叶斯检测。

$$m > 0, \quad l(x) = x \overset{H_1}{\underset{H_0}{\gtrless}} \frac{\sigma_n^2}{m}\ln\eta + \frac{m}{2} \overset{\mathrm{def}}{=} \gamma^+ \qquad (5\text{-}33)$$

$$m < 0, \quad l(x) = x \underset{\substack{> \\ H_0}}{\overset{\substack{H_1 \\ \leqslant}}{}} -\frac{\sigma_n^2}{|m|}\ln\eta - \frac{|m|}{2} \overset{\text{def}}{=} \gamma^- \tag{5-34}$$

(2) m 为随机变量，且其概率密度函数已知，即 $p(m) = \dfrac{1}{\sqrt{2\pi}\sigma_m}\exp\left(-\dfrac{m^2}{2\sigma_m^2}\right)$。

利用式 (5-31) 可得其贝叶斯判决式和最简判决式分别如式 (5-35) 和式 (5-36) 所示。其中，式 (5-36) 表明，检验统计量 $l(x)$ 对观测信号 $x(t)$ 所做的是非线性的自相关处理。此时描述的二元参量信号处理方式是否属于统计信号贝叶斯处理，还需要进一步分析。

$$\lambda(x) = \frac{\int_{-\infty}^{\infty} p(m)p(x|m;H_1)\mathrm{d}m}{p(x|H_0)} = \frac{\sigma_n}{\sqrt{\sigma_n^2 + \sigma_m^2}}\exp\left[\frac{x^2\sigma_m^2}{2\sigma_n^2(\sigma_n^2+\sigma_m^2)}\right] \tag{5-35}$$

$$l(x) = x^2 \underset{\substack{> \\ H_0}}{\overset{\substack{H_1 \\ \leqslant}}{}} \frac{2\sigma_n^2(\sigma_n^2+\sigma_m^2)}{\sigma_m^2}\left[\ln\eta + \frac{1}{2}\left(1 + \frac{\sigma_m^2}{\sigma_n^2}\right)\right] = \gamma^2 \tag{5-36}$$

(3) m 为随机变量，$0 < m_0 \leqslant m \leqslant m_1$，且其概率密度函数未知。此时，满足式 (5-33) 的成立条件，由于判决门限 γ^+ 未知，因此可以利用式 (5-37)，通过给定虚警概率 α 的方式设计检测系统。由此可见，此时描述的二元参量信号处理方式仍然属于统计信号贝叶斯检测，只不过采用的是派生贝叶斯准则——奈曼-皮尔逊准则，并且，如图 5-12 所示，检测结果只能确定 m 的下限值 $m_0 > \gamma^+$，不能确定 m 的真实值，其原因在于：采用奈曼-皮尔逊准则设计的结果是确定了 γ^+ 的值，而非 m 的值。

$$\int_{\gamma^+}^{\infty} \frac{1}{\sqrt{2\pi}\sigma_n}\exp\left(-\frac{l^2}{2\sigma_n^2}\right)\mathrm{d}l = \alpha \tag{5-37}$$

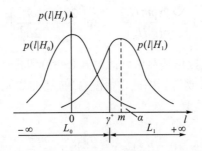

图 5-12　m 在判决域正值域随机变化的参量信号

(4) m 为随机变量，$m_0 \leqslant m \leqslant m_1 < 0$，且其概率密度函数未知。显然，情况(4)与情况(3)相似，描述的二元参量信号处理方式也属于统计信号贝叶斯检测，只不过采用式(5-38)进行奈曼-皮尔逊设计，且如图 5-13 所示，情况(4)的检测结果只能确定 m 的上限值 $m_1 < \gamma^-$，不能确定 m 的真实值，其中，γ^- 为采用奈曼-皮尔逊准则的设计结果。

$$\int_{-\infty}^{\gamma^-} \frac{1}{\sqrt{2\pi}\sigma_n} \exp\left(-\frac{l^2}{2\sigma_n^2}\right) \mathrm{d}l = \alpha \tag{5-38}$$

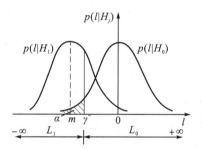

图 5-13　m 在判决域的负值域随机变化的参量信号

(5) m 为随机变量，$m_0 \leqslant m \leqslant m_1$，$m_0 < 0$，$m_1 > 0$，且其概率密度函数未知。此时，满足式(5-36)的成立条件，且判决门限 γ 未知。即使将判决式进一步简化成式(5-39)的线性形式，也无法使用奈曼-皮尔逊准则进行恒虚警概率检测。如图 5-14 所示，其原因在于：此情况下只能采用双边检验，H_1 判决域由两部分组成，因此无法通过一致最大功效检验。

$$|x| \underset{H_0}{\overset{H_1}{\gtrless}} \gamma \tag{5-39}$$

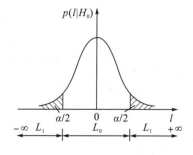

图 5-14　双边检测

情况(5)下二元参量信号的统计处理可以利用式(5-32)所示的广义似然比检验方法，通过对 m 的值进行最大似然估计设计检测系统。其中，利用式(5-40)，可以得到估计结果 $\hat{m}_{ml} = x$。

$$\frac{\partial p(x|m;H_1)}{\partial m}\bigg|_{m=\hat{m}_{ml}} = 0 \qquad (5\text{-}40)$$

其中，$p(x|m;H_1) = \dfrac{1}{\sqrt{2\pi}\sigma_n}\exp\left[-\dfrac{(x-m)^2}{2\sigma_n^2}\right]$。代入式(5-32)，简化后可得

$$x^2 \mathop{\gtrless}\limits_{H_0}^{H_1} 2\sigma_n^2 \ln\eta = \gamma^2 \quad \Rightarrow \quad |x| \mathop{\gtrless}\limits_{H_0}^{H_1} \gamma \qquad (5\text{-}41)$$

式(5-41)表明，基于未知参量最大似然估计的广义似然比检验方法，检验统计量是对观测量进行非线性处理。如果式(5-41)中的检测门限 γ 已知，那么理论上可以实现双边检测。如果式(5-41)中检测门限 γ 的信源信息部分已知，那么就属于本案例中情况(3)和(4)讨论的恒虚警概率检测问题。如果式(5-41)中检测门限 γ 的信源信息完全未知，那么统计信号的检测问题就应当升级为统计信号的参量估计问题。如式(5-40)所示，统计信号参量估计方法的关键在于，确保估计结果能够高保真地逼近信源参量的真值。本案例表明，派生贝叶斯准则——最大似然准则实际上是统计信号参量估计的理论基础。

5.4 贝叶斯准则的拓展应用

5.4.1 一般高斯信号统计检测的内涵

以上分析，尤其是关于四个案例的分析充分表明，贝叶斯准则可以有效地用于多元已知确定参量的统计信号检测系统设计；简化后的检验统计量，对观测信号采用的是离散—求和—平均的线性处理方式，并且派生准则——奈曼-皮尔逊准则不仅可以摆脱贝叶斯准则的条件性约束，实现高信噪比设计条件下的恒虚警概率检测，还可以局部解决未知参量的统计信号检测问题。案例 5-4 初步表明，派生准则——最大似然准则(等先验概率下的最小平均错误准则)是统计信号参量估计的理论基础，可能可以解决随机参量或者完全未知的确定参量的估计问题。

前面的分析还表明，在基于贝叶斯准则的统计信号处理中，各假设下观测信号的概率密度函数起着至关重要的作用。鉴于感兴趣的电信号 $\bar{x} = (x_1, x_2, \cdots, x_N)^{\mathrm{T}}$ 的概率密度函数往往呈高斯或近高斯分布，因此，可以通过分析一般高斯信号统计检测的内涵，进一步确定贝叶斯准则是否为统计信号处理的通用准则，能否用

于解决更为复杂的电信号的统计处理问题——统计信号的波形检测和统计信号的波形估计，并明确解决相关问题的切入点。

N 维高斯变量 $\bar{x}$ 的概率密度函数如式(5-42)所示。

$$p(\bar{x}) = \frac{1}{(2\pi)^{N/2} \left| \bar{C}_{\bar{x}} \right|^{1/2}} \exp\left[-\frac{(\bar{x} - \bar{\mu}_{\bar{x}})^{\mathrm{T}} \bar{C}_{\bar{x}}^{-1} (\bar{x} - \bar{\mu}_{\bar{x}})}{2} \right] \tag{5-42}$$

其中，$\bar{\mu}_{\bar{x}} = E[\bar{x}]$ 为均值矢量；$\bar{C}_{\bar{x}} = E[(\bar{x} - \bar{\mu}_{\bar{x}})(\bar{x} - \bar{\mu}_{\bar{x}})^{\mathrm{T}}]$ 为协方差矩阵。

根据式(5-42)，可以确定一般高斯二元信号在两种假设下的概率密度函数分别为

$$p(\bar{x}|H_0) = \frac{1}{(2\pi)^{N/2} \left| \bar{C}_{\bar{x}_0} \right|^{1/2}} \exp\left[-\frac{(\bar{x} - \bar{\mu}_{\bar{x}_0})^{\mathrm{T}} \bar{C}_{\bar{x}_0}^{-1} (\bar{x} - \bar{\mu}_{\bar{x}_0})}{2} \right] \tag{5-43}$$

$$p(\bar{x}|H_1) = \frac{1}{(2\pi)^{N/2} \left| \bar{C}_{\bar{x}1} \right|^{1/2}} \exp\left[-\frac{(\bar{x} - \bar{\mu}_{\bar{x}_1})^{\mathrm{T}} \bar{C}_{\bar{x}_1}^{-1} (\bar{x} - \bar{\mu}_{\bar{x}_1})}{2} \right] \tag{5-44}$$

根据式(5-43)和式(5-44)，可以得到简化后的一般高斯二元信号统计检测通用判决式为

$$l(\bar{x}) = \frac{(\bar{x} - \bar{\mu}_{\bar{x}_0})^{\mathrm{T}} \bar{C}_{\bar{x}_0}^{-1} (\bar{x} - \bar{\mu}_{\bar{x}_0}) - (\bar{x} - \bar{\mu}_{\bar{x}_1})^{\mathrm{T}} \bar{C}_{\bar{x}_1}^{-1} (\bar{x} - \bar{\mu}_{\bar{x}_1})}{2} \underset{H_0}{\overset{H_1}{\gtrless}} \ln\eta + \left(\ln\left|\bar{C}_{\bar{x}_1}\right| - \ln\left|\bar{C}_{\bar{x}_0}\right| \right)/2 \tag{5-45}$$

显然，简单高斯信号的信源信息存在于观测信号的均值矢量中，复杂高斯信号的信源信息存在于观测信号的协方差矩阵中。因此，可以根据一般高斯二元信号两种假设下观测信号的均值矢量和协方差矩阵的不同特征，分析贝叶斯准则的普适性，并由此确定相关统计信号的处理方式。

(1)简单高斯信号：两种假设下观测信号均值矢量不同、协方差矩阵相同的情况。

首先，可以根据观测所得的高斯信号 $x(t)$ 在不同假设下均值矢量不同且协方差矩阵相同的特征，进一步简化式(5-45)所示判决式，简化结果为

$$l(\bar{x}) = \Delta\bar{\mu}_{\bar{x}}^{\mathrm{T}} \bar{C}_{\bar{x}}^{-1} \bar{x} \underset{H_0}{\overset{H_1}{\gtrless}} \ln\eta + (\bar{\mu}_{\bar{x}_1}^{\mathrm{T}} \bar{C}_{\bar{x}}^{-1} \bar{\mu}_{\bar{x}_1} - \bar{\mu}_{\bar{x}_0}^{\mathrm{T}} \bar{C}_{\bar{x}}^{-1} \bar{\mu}_{\bar{x}_0})/2 = \gamma \tag{5-46}$$

其中，$\Delta\bar{\mu}_{\bar{x}}^{\mathrm{T}} = \bar{\mu}_{\bar{x}_1}^{\mathrm{T}} - \bar{\mu}_{\bar{x}_0}^{\mathrm{T}}$。因为 $\Delta\bar{\mu}_{\bar{x}}^{\mathrm{T}} \bar{C}_{\bar{x}}^{-1}$ 项具有确定数值的特征，所以检验统计量 $l(\bar{x})$ 为高斯随机变量，在两种假设下的一维和二维数字特征分别为

$$E[l|H_0] = E[\Delta\bar{\mu}_{\bar{x}}^{\mathrm{T}}\bar{C}_{\bar{x}}^{-1}\bar{x}|H_0] = \Delta\bar{\mu}_{\bar{x}}^{\mathrm{T}}\bar{C}_{\bar{x}}^{-1}E[\bar{x}|H_0] = \Delta\bar{\mu}_{\bar{x}}^{\mathrm{T}}\bar{C}_{\bar{x}}^{-1}\bar{\mu}_{\bar{x}_0}$$

$$E[l|H_1] = E[\Delta\bar{\mu}_{\bar{x}}^{\mathrm{T}}\bar{C}_{\bar{x}}^{-1}\bar{x}|H_1] = \Delta\bar{\mu}_{\bar{x}}^{\mathrm{T}}\bar{C}_{\bar{x}}^{-1}E[\bar{x}|H_1] = \Delta\bar{\mu}_{\bar{x}}^{\mathrm{T}}\bar{C}_{\bar{x}}^{-1}\bar{\mu}_{\bar{x}_1}$$

$$\mathrm{Var}[l|H_0] = E\{[(l|H_0)^2 - E(l|H_0)]^2\}$$

$$= E[(\Delta\bar{\mu}_{\bar{x}}^{\mathrm{T}}\bar{C}_{\bar{x}}^{-1}\bar{x}|H_0 - \Delta\bar{\mu}_{\bar{x}}^{\mathrm{T}}\bar{C}_{\bar{x}}^{-1}\bar{\mu}_{\bar{x}_0})(\Delta\bar{\mu}_{\bar{x}}^{\mathrm{T}}\bar{C}_{\bar{x}}^{-1}\bar{x}|H_0 - \Delta\bar{\mu}_{\bar{x}}^{\mathrm{T}}\bar{C}_{\bar{x}}^{-1}\bar{\mu}_{\bar{x}_0})^{\mathrm{T}}]$$

$$= \Delta\bar{\mu}_{\bar{x}}^{\mathrm{T}}\bar{C}_{\bar{x}}^{-1}E[(\bar{x}|H_0 - \bar{\mu}_{\bar{x}_0})(\bar{x}|H_0 - \bar{\mu}_{\bar{x}_0})^{\mathrm{T}}]\bar{C}_{\bar{x}}^{-1}\Delta\bar{\mu}_{\bar{x}}$$

$$= \Delta\bar{\mu}_{\bar{x}}^{\mathrm{T}}\bar{C}_{\bar{x}}^{-1}\bar{C}_{\bar{x}}\bar{C}_{\bar{x}}^{-1}\Delta\bar{\mu}_{\bar{x}} = \Delta\bar{\mu}_{\bar{x}}^{\mathrm{T}}\bar{C}_{\bar{x}}^{-1}\Delta\bar{\mu}_{\bar{x}}$$

$$\mathrm{Var}[l|H_1] = \Delta\bar{\mu}_{\bar{x}}^{\mathrm{T}}\bar{C}_{\bar{x}}^{-1}\Delta\bar{\mu}_{\bar{x}}$$

由此可得

$$P(H_1|H_0) = \int_{\gamma}^{\infty} p(l|H_0)\mathrm{d}l = Q[\ln\eta / d + d / 2] \tag{5-47}$$

$$P(H_1|H_1) = \int_{\gamma}^{\infty} p(l|H_1)\mathrm{d}l = Q\{Q^{-1}[P(H_1|H_0)] - d\} \tag{5-48}$$

其中，功率信噪比 $d^2 = \dfrac{(E[l|H_1] - E[l|H_0])^2}{\mathrm{Var}[l|H_0]} = \Delta\bar{\mu}_{\bar{x}}^{\mathrm{T}}\bar{C}_{\bar{x}}^{-1}\Delta\bar{\mu}_{\bar{x}}$。

式 (5-46) 表明，检验统计量 $l(\bar{x})$ 与观测信号 $\bar{x}$ 之间呈线性关系。并且，表征统计信号处理性能的式 (5-47) 和式 (5-48) 与案例 5-2 中的式 (5-16) 和式 (5-17) 完全相同。由此可见，对于一般高斯二元信号而言，当两种假设下观测信号均值矢量不同、协方差矩阵相同时，可以采用贝叶斯准则进行信号处理，并且能够在高信噪比设计条件下使用奈曼-皮尔逊准则。

观测信号属性 1：观测信号为淹没在高斯白噪声中的已知确定参量信号，并且每次观测信号 $x_k(k=1, 2, \cdots, N)$ 之间互不相关。于是有 $\bar{\mu}_{\bar{x}_0} = (\mu_{x_0}, \mu_{x_0}, \cdots, \mu_{x_0})^{\mathrm{T}}$，$\bar{\mu}_{\bar{x}_1} = (\mu_{x_1}, \mu_{x_1}, \cdots, \mu_{x_1})^{\mathrm{T}}$，$\bar{C}_{\bar{x}} = \sigma^2\bar{I}$，$\bar{C}_{\bar{x}}^{-1} = \dfrac{1}{\sigma^2}\bar{I}$。其中，信源的确定参量信号的特征表现在：两种假设下的均值矢量 $\bar{\mu}_{\bar{x}_0}$ 和 $\bar{\mu}_{\bar{x}_1}$ 分别为数值不同 ($\bar{\mu}_{\bar{x}_0} \neq \bar{\mu}_{\bar{x}_1}$) 的两个等值数列。高斯白噪声的均值为零、方差为 σ^2。

将上述均值矢量 $\bar{\mu}_{\bar{x}_0}$ 和 $\bar{\mu}_{\bar{x}_1}$ 以及逆协方差矩阵 $\bar{C}_{\bar{x}}^{-1} = \dfrac{1}{\sigma^2}\bar{I}$ 代入式 (5-46)，最终所得的判决式为

$$l(\bar{x}) = \frac{\Delta\mu_x}{\sigma^2}\sum_{k=1}^{N}x_k \underset{H_0}{\overset{H_1}{\gtrless}} \ln\eta + \frac{N}{2\sigma^2}(\bar{\mu}_{\bar{x}_1}^2 - \bar{\mu}_{\bar{x}_0}^2) = \gamma \tag{5-49}$$

此时 $d^2 = \dfrac{N}{\sigma^2}\Delta\mu_{\bar{x}}^2$。由此可见，判决式和功率信噪比均与案例 5-2 的分析结果完全相同。

观测信号属性 2：观测信号为淹没在高斯色噪声中的已知确定参量信号，并

且每次观测信号 x_k 之间互不相关。此时，$\bar{C}_{\bar{x}} = \begin{bmatrix} \sigma_1^2 & 0 & \cdots & 0 \\ 0 & \sigma_2^2 & \cdots & 0 \\ \vdots & \vdots & & \vdots \\ 0 & 0 & \cdots & \sigma_N^2 \end{bmatrix}$。据此，由

式 (5-46) 所得的最终的判决式为

$$l(\bar{x}) = \Delta\mu_x \sum_{k=1}^{N} \frac{x_k}{\sigma_k^2} \underset{H_0}{\overset{H_1}{\gtrless}} \ln\eta + \frac{\bar{\mu}_{\bar{x}_1}^2 - \bar{\mu}_{\bar{x}_0}^2}{2} \sum_{k=1}^{N} \frac{1}{\sigma_k^2} = \gamma \tag{5-50}$$

此时 $d^2 = \Delta\mu_x^2 \sum_{k=1}^{N} \frac{1}{\sigma_k^2}$。在此种情况下，只需要通过对高斯色噪声进行白化处理，就能够将观测信号的属性转换成属性 1，从而实现式 (5-50) 与式 (5-49) 以及二者功率信噪比的统一。

观测信号属性 3：观测信号为淹没在高斯白噪声中的已知随机参量信号，并且每次观测信号 x_k 之间互不相关。于是有 $\bar{\mu}_{\bar{x}_0} = (\mu_{x_{01}}, \mu_{x_{02}}, \cdots, \mu_{x_{0N}})^T$，$\bar{\mu}_{\bar{x}_1} = (\mu_{x_{11}}, \mu_{x_{12}}, \cdots, \mu_{x_{1N}})^T$，$\bar{C}_{\bar{x}} = \sigma^2 \bar{I}$，$\bar{C}_{\bar{x}}^{-1} = \frac{1}{\sigma^2}\bar{I}$。其中，信源的随机参量信号的特征表现在：两种假设下的均值矢量 $\bar{\mu}_{\bar{x}_0}$ 和 $\bar{\mu}_{\bar{x}_1}$ 分别为两个非等值数列。高斯白噪声的均值为零、方差为 σ^2。

将上述均值矢量 $\bar{\mu}_{\bar{x}_0}$ 和 $\bar{\mu}_{\bar{x}_1}$ 以及逆协方差矩阵 $\bar{C}_{\bar{x}}^{-1} = \frac{1}{\sigma^2}\bar{I}$ 代入式 (5-46)，最终所得的判决式为

$$l(\bar{x}) = \frac{1}{\sigma^2} \sum_{k=1}^{N} \Delta\mu_{x_k} x_k \underset{H_0}{\overset{H_1}{\gtrless}} \ln\eta + \frac{1}{2\sigma^2} \sum_{k=1}^{N} (\bar{\mu}_{\bar{x}_{k1}}^2 - \bar{\mu}_{\bar{x}_{k0}}^2) = \gamma \tag{5-51}$$

且 $d^2 = \frac{1}{\sigma^2} \sum_{k=1}^{N} \Delta\mu_{x_k}^2$。在此种情况下，需要通过进行统计信号的参量估计，获得均值矢量 $\bar{\mu}_{\bar{x}_0}$ 和 $\bar{\mu}_{\bar{x}_1}$ 的估计值 $\hat{\mu}_{\bar{x}_0}$ 和 $\hat{\mu}_{\bar{x}_1}$，才能够将观测信号的属性转换成属性 1，从而实现式 (5-51) 与式 (5-49) 以及二者功率信噪比的统一。

观测信号属性 4：观测信号为淹没在高斯色噪声中的已知随机参量信号，并且每次观测信号 x_k 之间互不相关。此时，$\bar{C}_{\bar{x}} = \begin{bmatrix} \sigma_1^2 & 0 & \cdots & 0 \\ 0 & \sigma_2^2 & \cdots & 0 \\ \vdots & \vdots & & \vdots \\ 0 & 0 & \cdots & \sigma_N^2 \end{bmatrix}$。据此，由

式 (5-46) 所得的最终判决式为

$$l(\bar{x}) = \sum_{k=1}^{N} \frac{\Delta\mu_{x_k} x_k}{\sigma_k^2} \underset{H_0}{\overset{H_1}{\gtrless}} \ln\eta + \frac{1}{2}\sum_{k=1}^{N} \frac{\bar{\mu}_{\bar{x}_{k1}}^2 - \bar{\mu}_{\bar{x}_{k0}}^2}{\sigma_k^2} = \gamma \tag{5-52}$$

且 $d^2 = \sum_{k=1}^{N} \frac{\Delta\mu_{x_k}^2}{\sigma_k^2}$。显然，在此种情况下，需要先对高斯色噪声进行白化处理，再通过进行统计信号的参量估计，获得均值矢量 $\bar{\mu}_{\bar{x}_0}$ 和 $\bar{\mu}_{\bar{x}_1}$ 的估计值 $\hat{\mu}_{\bar{x}_0}$ 和 $\hat{\mu}_{\bar{x}_1}$，才能够将观测信号的属性转换成属性 1，从而实现式(5-52)与式(5-49)以及二者功率信噪比的统一。

观测信号属性 5：观测信号为淹没在高斯色噪声中的已知随机参量信号，并且每次观测信号 x_k 之间是相关的。

首先，基于协方差矩阵 $\bar{C}_{\bar{x}}$ 的对称正定性，利用基于对称矩阵正交变换定理的式(5-53)，将 $\bar{C}_{\bar{x}}$ 转换成对角矩阵 Λ，并据此确定正交矩阵 T。然后，再对两种假设下观测信号矢量的均值差矢量进行正交化处理，处理结果如式(5-54)所示。

$$\Lambda = T^{\mathrm{T}}\bar{C}_{\bar{x}}T \tag{5-53}$$

其中，Λ 的根 $\lambda_i(i=1, 2, \cdots, N)$ 是 $\bar{C}_{\bar{x}}$ 的特征方程 $|\bar{C}_{\bar{x}} - \lambda I| = 0$ 的 N 个特征根。T 的第 i 列单位矢量 $\eta_i = [\eta_{i1}, \eta_{i2}, \cdots, \eta_{iN}]^{\mathrm{T}}$ 可由齐次线性方程组 $(\bar{C}_{\bar{x}} - \lambda_i I)\bar{u} = 0(i = 1, 2, \cdots, N)$ 求得。

$$\Delta\bar{\mu}_{\bar{x}_t} = \bar{T}^{\mathrm{T}}\Delta\bar{\mu}_{\bar{x}} = \begin{bmatrix} \eta_{11} & \eta_{12} & \cdots & \eta_{1N} \\ \eta_{21} & \eta_{22} & \cdots & \eta_{2N} \\ \vdots & \vdots & & \vdots \\ \eta_{N1} & \eta_{N2} & \cdots & \eta_{NN} \end{bmatrix} \begin{bmatrix} \Delta\mu_{x_1} \\ \Delta\mu_{x_2} \\ \vdots \\ \Delta\mu_{x_N} \end{bmatrix} = \begin{bmatrix} \Delta\mu_{x_{1t}} \\ \Delta\mu_{x_{2t}} \\ \vdots \\ \Delta\mu_{x_{Nt}} \end{bmatrix} \tag{5-54}$$

于是，利用 $\Delta\bar{\mu}_{\bar{x}_t}$、$\Lambda^{-1}$ 和 $\bar{x}_t$，可将式(5-46)所示的判决式修正为式(5-55)。

$$l(\bar{x}_t) = \Delta\bar{\mu}_{\bar{x}_t}^{\mathrm{T}}\Lambda^{-1}\bar{x}_t \underset{H_0}{\overset{H_1}{\gtrless}} \ln\eta + (\bar{\mu}_{\bar{x}_{1t}}^{\mathrm{T}}\Lambda^{-1}\bar{\mu}_{\bar{x}_{1t}} - \bar{\mu}_{\bar{x}_{0t}}^{\mathrm{T}}\Lambda^{-1}\bar{\mu}_{\bar{x}_{0t}})/2 = \gamma \tag{5-55}$$

其中，$\bar{x}_t = \bar{T}^{\mathrm{T}}\bar{x}$。将 $\Delta\bar{\mu}_{\bar{x}_t}$、$\Lambda^{-1}$ 和 $\bar{x}_t$ 代入上式，最终的判决式为

$$l(\bar{x}_t) = \sum_{k=1}^{N} \frac{\Delta\mu_{x_{kt}} x_{kt}}{\lambda_k} \underset{H_0}{\overset{H_1}{\gtrless}} \ln\eta + \sum_{k=1}^{N} (\mu_{x_{k1t}}^2 - \mu_{x_{k0t}}^2)/2\lambda_k = \gamma \tag{5-56}$$

此时 $d^2 = \Delta\bar{\mu}_{\bar{x}_t}^{\mathrm{T}}\Lambda^{-1}\Delta\bar{\mu}_{\bar{x}_t} = \sum_{k=1}^{N} \frac{\Delta\mu_{x_{kt}}^2}{\lambda_k}$。显然，在此种情况下，需要先对高斯色噪声进行白化处理，再通过进行统计信号的参量估计，获得均值矢量 $\mu_{\bar{x}_0}$ 和 $\mu_{\bar{x}_1}$ 的估计值 $\hat{\mu}_{\bar{x}_{0t}}$ 和 $\hat{\mu}_{\bar{x}_{1t}}$，才能够将观测信号的属性转换成属性 1，从而实现式(5-56)与式(5-49)以

及二者功率信噪比的统一。比较式(5-52)和式(5-56)可知，此种情况对色噪声白化处理和均值矢量的参量估计都会提出更高的要求，这是因为只有保证这两种处理方式的性能足够高，才能确保 $\lambda \to \sigma^2$、$\hat{\mu}_{\bar{x}_{0t}} \to \hat{\mu}_{\bar{x}_0}$ 和 $\hat{\mu}_{\bar{x}_{1t}} \to \hat{\mu}_{\bar{x}_1}$。

(2)复杂高斯信号：两种假设下观测信号均值矢量相同、协方差矩阵不同的情况。

首先，可以根据观测所得的高斯信号 $x(t)$ 在不同假设下均值矢量相同、协方差矩阵不同的特征，进一步简化式(5-45)所示判决式，简化结果为

$$l(\bar{x}) = \bar{x}^T \Delta \bar{C}_{\bar{x}}^{-1} \bar{x} \underset{H_0}{\overset{H_1}{\gtrless}} 2\ln\eta + \ln\left|\bar{C}_{\bar{x}_1}^{-1}\right| - \ln\left|\bar{C}_{\bar{x}_0}^{-1}\right| = \gamma \tag{5-57}$$

其中，$\Delta \bar{C}_{\bar{x}}^{-1} = \bar{C}_{\bar{x}_0}^{-1} - \bar{C}_{\bar{x}_1}^{-1}$。

案例 5-5　统计信号波形估计的必要性。

式(5-58)中，$\bar{s} = (s_1, s_2, \cdots, s_N)^T$ 是均值为零、协方差矩阵为 $\bar{C}_{\bar{s}}$ 的高斯信号；$\bar{n} = (n_1, n_2, \cdots, n_N)^T$ 是均值为零、协方差矩阵为 $\sigma_n^2 I$ 的高斯白噪声；s_k 与 n_k 相互统计独立。

$$H_0 : x_k = n_k, \quad k = 1, 2, \cdots, N \tag{5-58a}$$

$$H_1 : x_k = s_k + n_k, \quad k = 1, 2, \cdots, N \tag{5-58b}$$

将 $\bar{C}_{\bar{x}_0}^{-1} = \dfrac{1}{\sigma_n^2} I$，$\bar{C}_{\bar{x}_1}^{-1} = \dfrac{1}{\sigma_n^2}(I - H)$，$H = (\bar{C}_{\bar{s}} + \sigma_n^2 I)^{-1} \bar{C}_{\bar{s}}$ 和 $\Delta \bar{C}_{\bar{x}}^{-1} = \dfrac{1}{\sigma_n^2} H$ 代入式(5-57)，所得判决式为

$$l(\bar{x}) = \frac{1}{\sigma_n^2} \bar{x}^T H \bar{x} \underset{H_0}{\overset{H_1}{\gtrless}} \gamma \tag{5-59}$$

观测信号属性 1：观测信号为淹没在高斯白噪声中的已知随机信号，并且每次观测信号 x_k 之间互不相关。其中，信源的已知性表现在：H_1 假设下信源 $s(t)$ 的协方差矩阵为等值的对角线矩阵，即 $\bar{C}_{\bar{s}} = \sigma_s^2 I$。由此可得 $H = \dfrac{\sigma_s^2}{\sigma_s^2 + \sigma_n^2} I$。据此，由式(5-59)所得的最终的判决式为

$$l(\bar{x}) = \bar{x}^T \bar{x} = \sum_{k=1}^{N} x_k^2 \underset{H_0}{\overset{H_1}{\gtrless}} \frac{\sigma_s^2 + \sigma_n^2}{\sigma_s^2} \sigma_n^2 \gamma = \gamma_1 \tag{5-60}$$

其中，检验统计量 $l(\bar{x})$ 为非高斯随机变量，与观测信号 $\bar{x}$ 之间呈非线性关系。

根据随机过程理论中平稳过程的各态历经性，对于随机信号 $s(t)$ 而言，式(5-60)所示的自相关的处理方式，可以通过设计线性时不变滤波器，从观测信号 $x(t) = s(t) + n(t)$ 中滤除噪声 $n(t)$，将 $s(t)$ 的波形恢复为 $\bar{s} = (\hat{s}_1, \hat{s}_2, \cdots, \hat{s}_N)^T$。因此，此种情况下的

信号处理方式为统计信号的波形估计。显然，当观测矢量 $\bar{s} = (s_1, s_2, \cdots, s_N)^{\mathrm{T}}$ 是已知确定信号时，恢复 $s(t)$ 的波形的信号处理方式则为统计信号的波形检测。

由于 $l(\bar{x})$ 服从伽马分布，因此在两种假设下 $l(\bar{x})$ 的概率密度函数分别为

$$p(l|H_0) = \begin{cases} \dfrac{l^{N/2-1}\exp\left(-\dfrac{l}{2\sigma_n^2}\right)}{(2\sigma_n^2)^{N/2}\Gamma(N/2)}, & l \geqslant 0 \\ 0, & l < 0 \end{cases}$$

$$p(l|H_1) = \begin{cases} \dfrac{l^{N/2-1}\exp\left(-\dfrac{l}{2\sigma_1^2}\right)}{(2\sigma_1^2)^{N/2}\Gamma(N/2)}, & l \geqslant 0 \\ 0, & l < 0 \end{cases}$$

其中，$\sigma_1^2 = \sigma_s^2 + \sigma_n^2$。

于是，可得表征信号处理系统的设计指标 P_{F} 和性能指标 P_{D}，分别如式(5-61)和式(5-62)所示。据此，可以分别绘制图 5-15 和图 5-16，用以论证统计信号波形处理方式的本质和呈现相关检测系统的优化设计要求。

$$P(H_1|H_0) = P_{\mathrm{F}} = \int_{\gamma_1}^{\infty} p(l|H_0)\mathrm{d}l \tag{5-61}$$

$$P(H_1|H_1) = P_{\mathrm{D}} = \int_{\gamma_1}^{\infty} p(l|H_1)\mathrm{d}l \tag{5-62}$$

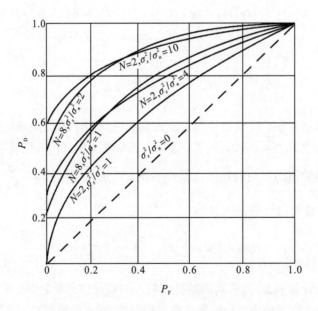

图 5-15   统计信号波形估计系统的 P_{D}-P_{F} 曲线

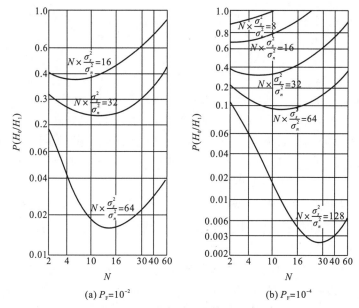

(a) $P_F = 10^{-2}$　　　　　　　　　　　(b) $P_F = 10^{-4}$

图 5-16　恒虚警概率条件下的最优设计

对比图 5-9，图 5-15 表明统计信号波形估计系统的设计准则本质上仍然属于贝叶斯准则，同时统计信号波形估计系统的 $P_D\text{-}P_F$ 曲线又与采用标准的贝叶斯准则所得到的设计结果不同，表现在：对于不同设计指标——恒虚警概率 P_F 和输出功率信噪比 $N\sigma_s^2/\sigma_n^2$，均存在一个最佳的 N 值。

图 5-16 表明，在统计信号波形估计系统的设计中，需要根据输入信噪比 σ_s^2/σ_n^2，设计最优的 N 值，才能使得输出信噪比 $N\sigma_s^2/\sigma_n^2$ 最大化。因此，得到统计信号参量检测系统的设计经验——N 越大，恒虚警概率检测性能越好，对统计信号波形估计系统的设计不再完全适用。这也说明了统计信号波形估计系统的设计比统计信号参量检测系统的设计更为复杂。

观测信号属性 2：观测信号为淹没在高斯白噪声中的未知随机信号，并且每次观测信号 x_k 之间互不相关。其中，信源的未知性表现在：H_1 假设下信源 $s(t)$ 的协方差矩阵为非等值的对角线矩阵，即 $\bar{C}_{\bar{s}} = \sigma_{s_k}^2 I$（$k = 1, 2, \cdots, N$）。由此可得

$$\boldsymbol{H} = \begin{bmatrix} \dfrac{\sigma_{s_1}^2}{\sigma_{s_1}^2 + \sigma_n^2} & 0 & \cdots & 0 \\[3mm] 0 & \dfrac{\sigma_{s_2}^2}{\sigma_{s_2}^2 + \sigma_n^2} & \cdots & 0 \\[3mm] \vdots & \vdots & & \vdots \\[3mm] 0 & 0 & \cdots & \dfrac{\sigma_{s_N}^2}{\sigma_{s_N}^2 + \sigma_n^2} \end{bmatrix}$$

据此，由式(5-59)所得的最终的判决式为

$$l(\bar{x}) = \sum_{k=1}^{N} \frac{\sigma_{s_k}^2}{\sigma_{s_k}^2 + \sigma_n^2} x_k^2 \mathop{\gtrless}\limits_{H_0}^{H_1} \sigma_n^2 \gamma = \gamma_2 \tag{5-63}$$

式(5-63)表明，在此种情况下，需要通过进行统计信号的参量估计，获得协方差矩阵 $\bar{C}_{\bar{s}} = \sigma_{sk}^2 I$ 的估计值 $\hat{\sigma}_s^2$，才能够将观测信号的属性转换成属性1，从而实现式(5-63)与式(5-60)的统一，并且还可以进一步得到与图5-15和图5-16相似的结论。因此，此种情况下的信号处理方式为统计信号的波形估计，相关系统的设计准则本质上也属于贝叶斯准则。

此外，当观测信号的噪声背景为色噪声时，在进行统计信号波形检测或者波形估计时，首先要对观测信号进行白化滤波处理。当观测量之间存在相关性时，对信号处理方式的性能要求将有所提高。

由此可见，有关一般高斯信号统计检测的内涵分析表明，信源信号的复杂度、噪声干扰信号的白化程度以及观测量之间的相关强度，决定了电信号处理的方式及其对性能要求的高低，从而也就决定了相关电子系统设计的成本和难度。其中，最为复杂的电信号处理方式为统计信号波形估计，其他复杂度依次降阶的电信号处理方式分别为统计信号波形检测、统计信号参量估计和统计信号参量检测。这四种内涵不同的信号处理系统设计的理论和技术基础都是贝叶斯准则，贝叶斯准则对统计信号处理系统的设计具有普适性。

5.4.2　统计信号波形检测的实现

如果雷达通过发射波形特殊的信号 $s(t)$，并以能否在被噪声干扰 $n(t)$ 混叠的接收信号 $x(t) = s(t) + n(t)$ 中检测到 $s(t)$ 的波形作为判断是否有目标出现的依据，那么该雷达系统的性能将会大大增强。其中，在统计信号 $x(t)$ 中检测已知确定信号 $s(t)$ 波形的检测系统设计方法，就是统计信号的波形检测技术。

基于贝叶斯准则设计统计信号波形检测系统的关键在于，首先要从式(5-64)所示的信源观测模型出发，然后再利用正交级数展开，构建式(5-65)所示的 N 次独立观测结果 $x_k (k=1, 2, \cdots, N)$ 的信源观测假设模型。

$$H_j : x(t) = s_j(t) + n(t), \quad 0 \leq t \leq T, \quad j = 0, 1, \cdots M - 1 \tag{5-64}$$

$$H_j : x_k = s_{kj}(t) + n_k, \quad 0 \leq t \leq T, \quad j = 0, 1, \cdots, M-1, \quad k = 1, \cdots, N \tag{5-65}$$

其中，$s_j(t)$ 是已知的确定信号。根据帕塞瓦尔定理，$s_j(t)$ 的能量 $E_{s_j} = \int_0^T s_j^2(t) f_k \mathrm{d}t$。$n(t)$ 是均值为零、功率谱密度 $P_n(\omega) = N_0/2$ 的高斯白噪声。

式(5-65)中，常数 x_k 是平稳过程 $x(t)$ 按照式(5-66)进行正交级数展开后的展开系数，是 $x(t)$ 在正交函数集 $\{f_k(t)\}$ 上的正交投影。由于 $x(t)$ 的正交级数展开是

建立在式(5-67)所示的均方收敛意义上的，因此$\{x_k\}$是$x(t)$的高保真离散化重现。并且，由于确定信号$s(t)$和高斯白噪声$n(t)$都是平稳过程，因此也可以进行正交级数展开。

$$x_k = \int_0^T x(t)f_k(t)\mathrm{d}t, \quad k=1,2,\cdots,N \text{ 且} x(t) = \lim_{N \to \infty} \sum_{k=1}^N x_k f_k(t) \tag{5-66}$$

$$\lim_{N \to \infty} E\left\{\left[x(t) - \sum_{k=1}^N x_k f_k(t)\right]^2\right\} = 0 \tag{5-67}$$

其中，$f_k(t)$是正交函数集$\{f_k(t)\}$的第 k 个坐标函数，其特征为$\int_0^T f_i(t)f_j(t)\mathrm{d}t = \begin{cases} 1, & i=j \\ 0, & i \neq j \end{cases}$。并且，在白噪声背景下正交函数集的选取具有任意性。

1. 高斯白噪声中已知确定信号波形的贝叶斯检测

对于雷达目标检测而言，接收机接收信号$x(t)$的信源假设模型为

$$\begin{cases} H_0 : x(t) = n(t), & 0 \leqslant t \leqslant T \\ H_1 : x(t) = s(t) + n(t), & 0 \leqslant t \leqslant T \end{cases} \tag{5-68}$$

基于贝叶斯准则的统计信号波形检测系统的设计过程可以分为以下三个步骤。

步骤 1：基于任选的正交函数集，对式(5-68)中的$x(t)$进行正交级数展开，相互统计独立的展开系数$x_k(k=1,2,\cdots,N)$在两种假设下的一维数字特征分别为

$$E(x_k|H_0) = E(n_k) = E\left[\int_0^T n(t)f_k(t)\mathrm{d}t\right] = 0$$

$$\mathrm{Var}(x_k|H_0) = E(n_k^2) = E\left[\int_0^T n(t)f_k(t)\mathrm{d}t \int_0^T n(u)f_k(u)\mathrm{d}u\right] = N_0/2$$

$$E(x_k|H_1) = E(s_k + n_k) = s_k$$

$$\mathrm{Var}(x_k|H_1) = E(n_k^2) = N_0/2$$

由此可得展开系数$x_k(k=1,2\cdots,N)$在两种假设下的概率密度函数分别为

$$p(x_k|H_0) = \left(\frac{1}{\pi N_0}\right)^{1/2} \exp\left(-\frac{x_k^2}{N_0}\right), \quad k=1,2,\cdots,N$$

$$p(x_k|H_1) = \left(\frac{1}{\pi N_0}\right)^{1/2} \exp\left[-\frac{(x_k - s_k)^2}{N_0}\right], \quad k=1,2,\cdots,N$$

步骤 2：基于 N 维展开系数 $x_k(k=1,2,\cdots,N)$ 在两种假设下的概率密度函数，构造似然比检验。

$$p(x_N|H_0) = \prod_{k=1}^N p(x_k|H_0) = \left(\frac{1}{\pi N_0}\right)^{N/2} \exp\left(-\sum_{k=1}^N \frac{x_k^2}{N_0}\right)$$

$$p(x_N|H_1) = \prod_{k=1}^{N} p(x_k|H_1) = \left(\frac{1}{\pi N_0}\right)^{N/2} \exp\left[-\sum_{k=1}^{N} \frac{(x_k - s_k)^2}{N_0}\right]$$

$$\lambda(x_N) = \frac{p(x_N|H_1)}{p(x_N|H_0)} = \exp\left(\frac{2}{N_0}\sum_{k=1}^{N} x_k s_k - \frac{1}{N_0}\sum_{k=1}^{N} s_k^2\right) \underset{H_0}{\overset{H_1}{\gtrless}} \eta$$

步骤 3：将离散判决式转换成连续形式的判决式，并分析最终的波形检测性能。

$$\ln\lambda(x_N) = \frac{2}{N_0}\sum_{k=1}^{N} x_k s_k - \frac{1}{N_0}\sum_{k=1}^{N} s_k^2 \underset{H_0}{\overset{H_1}{\gtrless}} \ln\eta$$

$$\ln\lambda[x(t)] = \lim_{N\to\infty}[\ln\lambda(x_N)]$$

$$= \lim_{N\to\infty}\left(\frac{2}{N_0}\sum_{k=1}^{N} x_k s_k - \frac{1}{N_0}\sum_{k=1}^{N} s_k^2\right)$$

$$= \lim_{N\to\infty}\left[\frac{2}{N_0}\sum_{k=1}^{N}\int_0^T x(t)f_k(t)dt s_k - \frac{1}{N_0}\sum_{k=1}^{N}\int_0^T s(t)f_k(t)dt s_k\right]$$

$$= \frac{2}{N_0}\int_0^T x(t)s(t)dt - \frac{1}{N_0}\int_0^T s^2(t)dt = \frac{2}{N_0}\int_0^T x(t)s(t)dt - \frac{E_s}{N_0} \underset{H_0}{\overset{H_1}{\gtrless}} \ln\eta$$

由此可得简化后的统计信号波形检测的贝叶斯判决式为

$$l[x(t)] = \int_0^T x(t)s(t)dt \underset{H_0}{\overset{H_1}{\gtrless}} \frac{N_0}{2}\ln\eta + \frac{E_s}{2} = \gamma \tag{5-69}$$

据此，可得两种假设下检验统计量的概率密度函数分别为

$$p(l|H_0) = \left(\frac{1}{\pi N_0 E_s}\right)^{1/2}\exp\left(-\frac{l^2}{N_0 E_s}\right)$$

$$p(l|H_1) = \left(\frac{1}{\pi N_0 E_s}\right)^{1/2}\exp\left[-\frac{(l-E_s)^2}{N_0 E_s}\right]$$

于是，可以确定统计信号波形检测的虚警概率 P_F 和正确检测概率 P_D，分别为

$$P(H_1|H_0) = P_F = \int_\gamma^\infty p(l|H_0)dl = Q[\ln\eta/d + d/2] \tag{5-70}$$

$$P(H_1|H_1) = P_D = \int_\gamma^\infty p(l|H_1)dl = Q\{Q^{-1}[P(H_1|H_0)] - d\} \tag{5-71}$$

其中，$d^2 = \frac{[E(l|H_1) - E(l|H_0)]^2}{\text{Var}(l|H_0)} = \frac{2E_s}{N_0}$。这表明检测性能只与信号能量有关，与其波形无关，因此可以根据需要进行最佳波形设计。

此外，式(5-70)和式(5-71)与案例 5-2 中的式(5-16)和式(5-17)完全相同。据

此所绘制的图 5-17 和图 5-18 表明，在高斯白噪声背景下，统计信号波形检测系统的设计准则实际上就是贝叶斯准则。与图 5-15 相比，图 5-17 表明统计信号波形估计系统的设计比统计信号检测系统的设计更为复杂。

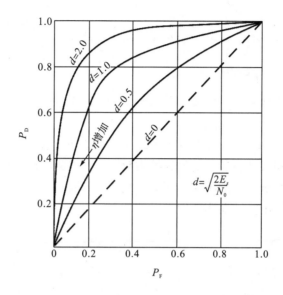

图 5-17　统计信号波形检测系统的 P_D-P_F 曲线

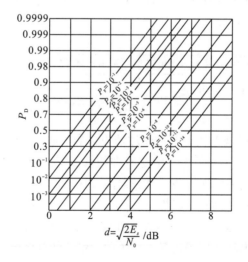

图 5-18　恒虚警概率条件下的统计信号波形检测性能

由此可见，利用贝叶斯准则，完全可以根据性能指标的要求，设计出与环境相匹配的检测系统，能够从被噪声污染的接收信号中恢复已知确定信号波形。显然，根据贝叶斯准则在多元统计信号检测中应用的有效性，该系统也完全可以在噪声干扰背景中识别具有不同特性和不同参量的已知确定信号的波形，并且利用式(5-69)，可以建立雷达目标二元统计信号波形的贝叶斯检测系统模型，如图 5-19 所示。

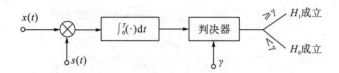

图 5-19　已知确定信号波形的相关式处理检测系统

图 5-19 表明，该检测系统由模拟乘法器、低通滤波器和判决器三个部件级联组成。其中，模拟乘法器的最优设计结果应当是采用集成运算放大器。由于集成运放器件经历了很长的发展阶段，因此，统计信号波形检测系统有效实现的经典方案是通过设计匹配滤波器实现的。

2. 匹配滤波器

根据统计信号检测理论的重要结论——接收信号被处理后的功率信噪比越大，贝叶斯检测的性能就越好。因此对匹配滤波器的设计要求是，通过构造最佳的线性滤波器，使检测系统的输出功率信噪比最大化。据此，可以确定匹配滤波器的结构如图 5-20 所示。

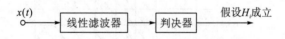

图 5-20　匹配滤波器的结构

图 5-20 中，线性滤波器是匹配滤波器设计的核心。其中，线性滤波器的设计目标是，对接收信号 $x(t)=s(t)+n(t)$ 进行非线性加工处理，以提高其功率信噪比，确保正确判决的高概率实现。线性滤波器的设计条件是，信源信号 $s(t)$ 为已知确定信号，加性噪声 $n(t)$ 具有平稳性。

如图 5-21 所示，最佳线性滤波器设计的关键在于：在其输入功率信噪比一定的条件下，使其输出功率信噪比最大。因此，最佳线性滤波器的设计分为两步。

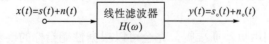

图 5-21　最佳线性滤波器的设计

步骤 1：基于设计对象——线性滤波器的频谱 $H(\omega)$，利用输入信号 $x(t)$ 中已知信源信号 $s(t)$ 的频谱 $S(\omega)$ 以及输出信源信号 $s_o(t)$ 的频谱 $S_o(\omega)$ 与二者之间的关系 $S_o(\omega)=S(\omega)H(\omega)$，可得 $s_o(t)$ 的数学模型，如式 (5-72) 所示。同时，还可利用输出噪声 $n_o(t)$ 的功率谱密度 $P_{n_o}(\omega)$ 与输入噪声 $n(t)$ 的功率谱密度 $P_n(\omega)$ 之间的数学关系 $P_{n_o}(\omega)=\left|H(\omega)\right|^2 P_n(\omega)$，得到输出噪声的平均功率如式 (5-73) 所示。

$$s_o(t)=F^{-1}[S_o(\omega)]=\frac{1}{2\pi}\int_{-\infty}^{\infty}H(\omega)S(\omega)\mathrm{e}^{\mathrm{j}\omega t_0}\,\mathrm{d}\omega \tag{5-72}$$

$$E[n_o^2(t)]=\frac{1}{2\pi}\int_{-\infty}^{\infty}\left|H(\omega)\right|^2 P_n(\omega)\mathrm{d}\omega \tag{5-73}$$

步骤 2：由式 (5-72) 可得输出信源信号在峰值时刻 t_0 的功率 $\left|s_0(t_0)\right|^2$。据此可得线性滤波器输出功率信噪比的数学模型为

$$\mathrm{SNR}_o=\frac{\left|s_o(t_0)\right|^2}{E[n_o^2(t)]}=\frac{\left|\dfrac{1}{2\pi}\displaystyle\int_{-\infty}^{\infty}H(\omega)S(\omega)\mathrm{e}^{\mathrm{j}\omega t_0}\,\mathrm{d}\omega\right|^2}{\dfrac{1}{2\pi}\displaystyle\int_{-\infty}^{\infty}\left|H(\omega)\right|^2 P_n(\omega)\mathrm{d}\omega} \tag{5-74}$$

定义 $F^*(\omega)=\dfrac{S(\omega)\mathrm{e}^{\mathrm{j}\omega t_0}}{\sqrt{P_n(\omega)}}$，$Q(\omega)=\sqrt{P_n(\omega)}H(\omega)$，再利用式 (5-75) 所示的不等式关系代入式 (5-74)，可得式 (5-76)。

$$\left|\frac{1}{2\pi}\int_{-\infty}^{\infty}F^*(t)Q(t)\mathrm{d}t\right|^2\leqslant\frac{1}{2\pi}\int_{-\infty}^{\infty}F^*(t)F(t)\mathrm{d}t\,\frac{1}{2\pi}\int_{-\infty}^{\infty}Q^*(t)Q(t)\mathrm{d}t \tag{5-75}$$

$$\mathrm{SNR}_o=\frac{\left|\dfrac{1}{2\pi}\displaystyle\int_{-\infty}^{\infty}\left[H(\omega)\sqrt{P_n(\omega)}\right]\left[\dfrac{S(\omega)\mathrm{e}^{\mathrm{j}\omega t_0}}{\sqrt{P_n(\omega)}}\right]\mathrm{d}\omega\right|^2}{\dfrac{1}{2\pi}\displaystyle\int_{-\infty}^{\infty}\left|H(\omega)\right|^2 P_n(\omega)\mathrm{d}\omega}\leqslant\frac{1}{2\pi}\int_{-\infty}^{\infty}\frac{\left|S(\omega)\right|^2}{P_n(\omega)}\mathrm{d}\omega \tag{5-76}$$

式 (5-76) 中，当等号成立时，SNR_o 最大。等号成立的条件为

$$H(\omega)=\frac{\alpha S^*(\omega)}{P_n(\omega)}\mathrm{e}^{-\mathrm{j}\omega t_0} \tag{5-77}$$

此时的 $H(\omega)$ 为广义匹配滤波器。其中，α 为常数。

将 $P_n(\omega)=N_0/2$ 代入式 (5-77)，可得输入噪声为白噪声时的匹配滤波器为

$$H(\omega)=kS^*(\omega)\mathrm{e}^{-\mathrm{j}\omega t_0} \tag{5-78}$$

其中，常数 $k=2\alpha/N_0$。

由式 (5-78) 可得白噪声背景下最佳线性滤波器的冲激响应函数如式 (5-79) 所示。据此绘制图 5-22，以表明匹配滤波器的设计原理。

$$h(t)=F^{-1}[H(\omega)]=ks(t_0-t)U(t) \tag{5-79}$$

其中，$U(t)$ 为阶跃响应函数，表明 $h(t)$ 是物理可实现的因果系统。

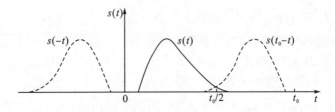

图 5-22　匹配滤波器的设计原理

如图 5-22 所示，匹配滤波器中匹配设计的概念是指 $h(t)$ 的特征函数 $s(t_0-t)$ 实际上是以信源信号 $s(t)$ 为依据，二者在 $s(t)$ 的能量持续时间 $t_0/2$ 处具有镜像对称的匹配关系。此时，输出信噪比为

$$\mathrm{SNR_o} = \frac{1}{2\pi}\int_{-\infty}^{\infty}\frac{|S(\omega)|^2}{N_0/2}\mathrm{d}\omega = \frac{2E_s}{N_0} \tag{5-80}$$

其中，$E_s = \int_0^{t_0/2} s^2(t)\mathrm{d}t$。

由此可见，匹配设计只与信源信号 $s(t)$ 的能量有关，而与其波形无关。因此可以通过对 $s(t)$ 进行最佳波形设计，使其在 $0<t<t_0$ 时 E_s 最大。

此外，如图 5-23 所示，当 $x(t)$ 为无噪声的正弦波信号时，由式 (5-69) 可得相关处理的输出信号 $y_c(t)=\int_0^t s(u)s(u)\mathrm{d}t$，而匹配滤波器的输出信号 $y_f(t)=\int_0^t s(t_0-\tau)s(t-\tau)\mathrm{d}\tau$。其中，$y_f(t)$ 为线性增长的调幅正弦波，其包络为 $y_c(t)$。并且，二者在 $t=t_0$ 时刻的输出信号相等。由此可见，对于信号 $s(t)$ ($0\leqslant t\leqslant T$) 而言，在零均值白噪声条件下，在 $t=T$ 时刻，匹配滤波器等价于相关器。

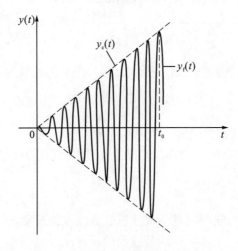

图 5-23　匹配滤波器的相关处理本质

5.4.3　统计信号参量估计的实现

根据最小错误概率准则，可利用最大似然估计确定观测信号中未知确定参量的数值。所谓最大似然估计，就是将能够使似然函数最大的未知确定参量的数值，作为其估计量。

当式 (5-4) 和式 (5-5) 所表征的电信号中有用信息参量 A 未知时，由于观测信号具高斯背景特征，未知的信息参量成为信源观测量概率密度函数的均值，也就是信源观测量(观测空间)波动的中心，因此其数值必然能够使信源观测量的概率密度函数达到极大值。如图 5-24 所示，$\theta=\theta_1$ 时能够使 $x=A$ 的概率肯定远远小于 $\theta=\theta_2$ 时的概率。因此，θ_2 就是最大似然估计量 $\hat{\theta}_{ml}$，计算 $\hat{\theta}_{ml}$ 的最大似然方程为

$$\left.\frac{\partial p(\bar{x}|\theta)}{\theta}\right|_{\theta=\hat{\theta}_{ml}}=0 \quad \text{或者} \quad \left.\frac{\partial \ln p(\bar{x}|\theta)}{\theta}\right|_{\theta=\hat{\theta}_{ml}}=0 \tag{5-81}$$

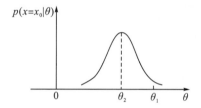

图 5-24　最大似然估计原理

假设案例 5-2 中式 (5-4) 的 H_1 假设 " $x_k = A + n_k, k = 1, 2, \cdots, N$ " 中的 A 是未知确定参量，则可对其进行最大似然估计。

已知 H_1 假设下 N 维观测矢量 $\bar{x} = (x_1, x_2, \cdots, x_N)^{\mathrm{T}}$ 的概率密度函数为

$$p(\bar{x}|A) = \left(\frac{1}{2\pi\sigma_n^2}\right)^{N/2} \exp\left[-\sum_{k=1}^{N}\frac{(x_k-A)^2}{2\sigma_n^2}\right]$$

代入式 (5-81)，可得

$$\left.\frac{\partial \ln p(\bar{x}|A)}{A}\right|_{A=\hat{A}_{ml}} = \frac{N}{\sigma_n^2}\left(\frac{1}{N}\sum_{k=1}^{N}x_k - \hat{A}_{ml}\right) = 0$$

因此，未知确定参量 A 的最大似然估计结果及其均方误差分别为

$$\hat{A}_{ml} = \frac{1}{N}\sum_{k=1}^{N}x_k \tag{5-82}$$

$$E[(A - \hat{A}_{\mathrm{ml}})^2] = E\left[\left(A - \frac{1}{N}\sum_{k=1}^{N} x_k\right)^2\right] = \frac{\sigma_n^2}{N} \tag{5-83}$$

由式 (5-82) 可得，$E[\hat{A}_{\mathrm{ml}}] = A$。由式 (5-83) 可得，当 $N \to \infty$ 时，$E[(A - \hat{A}_{\mathrm{ml}})^2] \to 0$。因此，统计信号中未知确定参量的最大似然估计属于无偏、一致有效估计。

进一步假设案例 5-2 中 H_1 假设 "$x_k = A + n_k, k = 1, 2, \cdots, N$" 中的 A 为均值为零、方差为 σ_A^2 的高斯随机变量，为了实现对 A 的估计。首先由 $p(\bar{x}|A)$ 和 $p(A) = \left(\frac{1}{2\pi\sigma_A^2}\right)^{1/2} \exp\left(-\frac{A^2}{2\sigma_A^2}\right)$，可得后验概率密度函数：

$$p(A|\bar{x}) = \frac{p(\bar{x}|A)p(A)}{p(\bar{x})} = K \exp\left\{-\frac{1}{2\sigma_m^2}\left[A - \frac{\sigma_A^2}{\sigma_A^2 + \sigma_n^2/N}\left(\frac{1}{N}\sum_{k=1}^{N} x_k\right)\right]^2\right\} \tag{5-84}$$

其中，$K = K_1 \exp\left\{\frac{1}{2\sigma_m^2}\left[\frac{\sigma_A^2}{\sigma_A^2 + \sigma_n^2/N}\left(\frac{1}{N}\sum_{k=1}^{N} x_k\right)\right]^2\right\}$；$K_1 = K_2 \exp\left(-\frac{1}{2\sigma_n^2}\sum_{k=1}^{N} x_k^2\right)$；$K_2 = \frac{1}{p(\bar{x})}\left(\frac{1}{2\pi\sigma_n^2}\right)^{N/2}\left(\frac{1}{2\pi\sigma_A^2}\right)^{1/2}$；$\sigma_m^2 = \frac{\sigma_A^2\sigma_n^2}{N\sigma_A^2 + \sigma_n^2}$。

因为 K 和 σ_m^2 均与 A 无关，所以利用式 (5-84) 所示的后验概率密度函数 $p(A|\bar{x})$，对 A 进行最大后验估计的结果及其均方误差分别为

$$\hat{A}_{\mathrm{map}} = \frac{\sigma_A^2}{\sigma_A^2 + \sigma_n^2/N}\left(\frac{1}{N}\sum_{k=1}^{N} x_k\right) \tag{5-85}$$

$$E[(A - \hat{A}_{\mathrm{map}})^2] = \frac{1}{N + \sigma_n^2/\sigma_A^2} \tag{5-86}$$

由式 (5-85) 可得，如果通过增加 N，使得 $\sigma_A^2 \gg \sigma_n^2/N$，$E[\hat{A}_{\mathrm{map}}] = A$。并且，由式 (5-86) 可得，$N \gg \sigma_n^2/\sigma_A^2$，当 $N \to \infty$ 时，$E[(A - \hat{A}_{\mathrm{map}})^2] \to 0$。因此，统计信号中随机参量的最大后验估计属于渐进无偏、一致有效估计。

此外，当 $N \to \infty$ 使得 σ_n^2/N 的值非常小时，如果仍然存在 $\sigma_A^2 \ll \sigma_n^2/N$ 的情况，使得 $\hat{A}_{\mathrm{map}} \to 0$，就意味着 $\{A_i\}(i=1, 2, \cdots, N)$ 本身围绕其均值 0 波动很小，如果近似地将其认定为确定信号，那么此时检测到的随机变量 A 的均值 0，就是这个确定信号本身的数值。当然，如果 A 实际上就是确定量 0，那么就应当属于未知确定参量的估计问题，而在 A 为未知确定参量的最大似然估计中，利用式 (5-82) 和式 (5-83) 可得，$\hat{A}_{\mathrm{ml}} = 0$，且当 $N \to \infty$ 时，$E[(A - \hat{A}_{\mathrm{ml}})^2] \to 0$。这说明当信源参量先验知识完全未知，把其当作随机变量进行统计信号估计时，即使其本身是未知的确定参量，也能够获取其信息。

5.4.4 统计信号波形估计的实现

统计信号波形估计与统计信号波形检测的不同之处在于观测信号 $x(t)$ 中的有用信号 $s(t)$ 属于未知的确定信号或者随机信号。根据随机过程理论，此时可以统一将 $s(t)$ 作为随机过程处理。根据统计信号波形检测系统中相关处理的设计经验，参考图 5-19，可以建立随机过程 $s(t)$ 的波形估计系统，如图 5-25 所示。

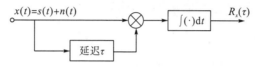

图 5-25 随机过程波形估计的相关式处理系统

在图 5-25 中，根据观测过程 $x(t)$ 的各态历经性，利用其统计平均与时间平均相等的特性，可得自相关函数的数学模型为

$$R_x(\tau) = \int_{-\infty}^{\infty} x(t)x(t-\tau)\mathrm{d}t = R_s(\tau) + R_n(\tau) + R_{sn}(\tau) + R_{ns}(\tau) \qquad (5\text{-}87)$$

其中，因为 $s(t)$ 与 $n(t)$ 互不相关，所以 $R_{sn}(\tau) = R_{ns}(\tau) = 0$。因此，高输出信噪比设计条件下，$R_x(\tau)$ 中的有效成分为 $R_s(\tau) = E[s(t)s(t+\tau)]$。

图 5-26 中，当随机过程波形估计的相关式处理需要通过设计线性时不变滤波器 $h(t)$ 实现时，可以利用 $x(t)$ 与 $s(t)$ 的互相关函数 $R_{xs}(\tau)$ 实现 $R_s(\tau)$。因此，与统计信号的参量估计相同，统计信号的波形估计也需要利用线性最小均方误差准则实现设计目标。

$$x(t) = s(t) + n(t) \quad \boxed{\begin{array}{c} \text{线性时不变滤波器} \\ h(t) \end{array}} \quad \hat{s}(t)$$

图 5-26 统计信号波形估计的实现——线性时不变滤波器

图 5-26 中，平稳过程 $\hat{s}(t)$ 表示利用冲激响应函数为 $h(t)$ 的线性时不变滤波器对观测信号 $x(t)$ 中有用信号 $s(t)$ 的估计结果。$\hat{s}(t)$、$x(t)$ 和 $h(t)$ 三者之间的卷积关系为

$$\hat{s}(t) = \int_{-\infty}^{t} h(t-u)x(u)\mathrm{d}u \qquad (5\text{-}88)$$

为了使波形的估计结果 $\hat{s}(t)$ 具有最小的均方误差，利用估计误差与观测信号的正交性原理，可得 $E\{[s(t) - \hat{s}(t)]x(t)\} = 0$。用相关函数表示此式，并将式 (5-88) 代入，可得式 (5-89) 所示的维纳-霍夫方程。估计结果 $\hat{s}(t)$ 的均方误差 (估计误差的方差) 如式 (5-90) 所示。

$$R_{xs}(\tau) = \int_0^\infty h(t) R_x(\tau - t) \mathrm{d}t, \quad 0 < \tau < \infty \tag{5-89}$$

$$\mathrm{Var}[\tilde{s}(t)] = R_s(0) - \int_0^\infty h(t) R_{xs}(t) \mathrm{d}t \tag{5-90}$$

由此可见，维纳-霍夫方程是图 5-26 中线性时不变物理可实现滤波器冲激响应函数 $h(t)$ 的设计方程。该滤波器是能够实现统计信号波形估计的维纳滤波器。

利用维纳-辛钦定理，可得维纳-霍夫方程的频域表征，如式 (5-91) 所示。维纳滤波器的设计就是在对观测信号 $x(t)$ 进行时频域统计分析建模的基础上，利用图 5-27 所示的设计模型进行维纳滤波器的频域设计。

$$P_{xs}(\omega) = H(\omega) P_x(\omega) \tag{5-91}$$

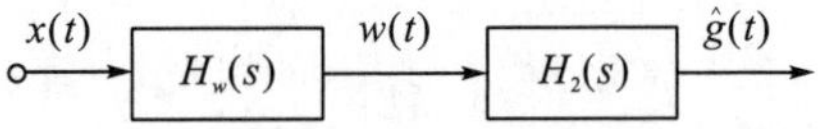

$$x(t) \circ\!\!\longrightarrow \boxed{H_w(s)} \xrightarrow{\ w(t)\ } \boxed{H_2(s)} \xrightarrow{\ \hat{g}(t)\ }$$

图 5-27　维纳滤波器的频域设计模型

如图 5-27 所示，因为维纳-霍夫方程易于在白过程输入条件下求解，因此维纳滤波器的设计分为 $H_w(s)$ 和 $H_2(s)$ 两级级联。其中，白化滤波器 $H_w(s)$ 将平稳过程 $x(t)$ 转换为白过程 $w(t)$。

设观测信号 $x(t)$ 是具有有理功率谱密度 $P_x(\omega)$ 的平稳过程，且 $P_x(\omega)$ 的复频域表示为 $P_x(s) = P_x^+(s) P_x^-(s)$。其中，$P_x^+(s)$ 的所有零极点在 s 平面的左侧，$P_x^-(s)$ 的所有零极点在 s 平面的右侧。

根据 $x(t)$ 转换为 $w(t)$ 的白化条件 $\left| H_w(s) \right|^2 P_x(s) = 1$，$H_w(s) = \dfrac{1}{P_x^+(s)}$。因此，结合式 (5-91) 可得维纳滤波器系统函数 $H(s)$ 的设计模型为

$$H(s) = H_w(s) H_2(s) = \frac{1}{P_x^+(s)} \left[\frac{P_{xs}(s)}{P_x^-(s)} \right]^+ \tag{5-92}$$

案例 5-6　淹没在高斯白噪声中的随机信号的波形恢复。

对随机信号 $s(t)$ 进行统计分析和建模后，得到了 $s(t)$ 的自相关函数的数学模型 $R_s(\tau) = \dfrac{1}{2} \mathrm{e}^{-|\tau|}$。当 $s(t)$ 被与其无关的功率谱密度为 1 的白噪声 $n(t)$ 淹没后 [即 $P_n(s) = 1$ 且 $P_{sn}(s) = P_{ns}(s) = 0$]，可以通过对观测信号 $x(t)$ 设计维纳滤波器，恢复 $s(t)$ 的波形。

根据维纳-辛钦定理，可得 $P_s(s) = \displaystyle\int_{-\infty}^{\infty} R_s(\tau) \mathrm{d}\tau = \dfrac{1}{1+s^2}$。于是，$P_x(s) = P_s(s) + P_n(s) = \dfrac{s^2 - 2}{s^2 - 1}$。所以，有 $P_x^+(s) = \dfrac{s + \sqrt{2}}{s+1}$，$P_x^-(s) = \dfrac{s - \sqrt{2}}{s-1}$，$P_{xs}(s) = P_s(s) + P_{ns}(s) =$

$\dfrac{1}{1-s^2}$。据此，根据式(5-92)，可得 $H(s)=\dfrac{1}{(1+\sqrt{2})(s+\sqrt{2})}$。再对 $H(s)$ 进行拉普拉斯反变换，可得维纳滤波器的冲激响应函数 $h(t)=L^{-1}\big[H(s)\big]=\dfrac{1}{(1+\sqrt{2})}e^{-\sqrt{2}t}$，$t\geq 0$。

$h(t)$ 表明所设计的维纳滤波器为物理可实现的线性时不变滤波器。并且，由式(5-90)计算可得所设计的维纳滤波器波形估计的均方误差约为 0.414。

5.5　本 章 小 结

淹没在噪声干扰中信息信号的复杂度决定了电信号处理方式的多样性。但是，电信号处理的基本原则——贝叶斯准则的提出，却是从最简单的二元统计信号检测问题着手，通过利用假设检验理论建立二元统计信号检测模型，提出平均代价指标作为设计指标和性能评估指标。利用平均代价指标作为设计指标，构建了二元统计信号检测系统的设计基础——贝叶斯判决表达式。典型案例分析不仅证明了贝叶斯准则的精确性及其用于统计信号参量检测系统设计的有效性，还提供了设计经验，而派生准则对贝叶斯准则约束条件的摆脱充实了其实用性。典型案例的剖析不仅证明了最小错误概率准则和奈曼-皮尔逊准则的工程实用性，还表明贝叶斯准则是解决统计信号参量估计和波形估计等复杂问题的理论和技术基础。关于一般高斯信号统计检测的内涵分析，进一步明确了贝叶斯准则是统计信号处理的通用准则。基于正交函数展开，贝叶斯准则成功用于统计信号的波形检测。在统计信号参量检测的高输出信噪比设计经验指导下，实现了高斯噪声背景下已知确定信号波形检测的匹配滤波器设计；在最小错误概率准则基础上，实现了淹没在噪声干扰中的未知确定参量的最大似然估计；在最大后验准则基础上，实现了淹没在噪声干扰中的随机参量的最大后验概率估计；在统计信号波形检测系统设计原理的指导下，通过对随机过程波形的相关式处理估计系统进行分析，确定了用于统计信号波形估计的维纳滤波器的设计方案。

电信号处理知识体系的构建充分体现了化繁为简、深入浅出地解决复杂工程问题的基本规律。应找准数学基础，构建原理模型，寻求原理模型实用性约束条件的突破方案，根据时代条件探索设计原理的工程替代方案。在数学、物理等基础理论超前的时代，创新性工程设计方案的提出取决于思维的不断跳跃和思维方式的灵活转换。

第 6 章　总结与展望

6.1　总　　结

电子系统设计方案的提出依赖于电信号处理方式的确定，电信号处理方式的确定依赖于对电信号的建模分析，而处理方式的实现方法和性能好坏依赖于新型半导体器件的发明及其所组成电路的优化设计。

半导体器件的发明是现代电子信息系统小型化的理论与技术基础，半导体有源器件具有将输入信号放大的基本功能，因此是复杂半导体电路的核心器件。

半导体器件的发明是现代电子设计的开端。通过第 2 章的剖析，会发现半导体器件发明的源头在于对其设计模型的深入认知。半导体有源器件的发明创造，是以器件级别实现放大电路模型为设计目标。采用二端口网络表征的放大电路模型，可以根据其输入端口信号源表征理念的不同，以及其输出端口提供电压或者电流输出的功能不同，搭建放大电路的四种简化等效电路模型：电压放大电路模型、电流放大电路模型、互阻放大电路模型和互导放大电路模型。其中，判断哪种放大电路模型最易于器件级别实现，在研发的起始阶段显得尤为重要和关键。设计模型若选择不当，必将会使新型器件的研发误入歧途。

第 2 章揭示了戴维宁定理与诺顿定理的本质区别：只能够最佳地提供输出电压或者输出电流。如果仅从信号源自身的输出能力进行独立分析，那么戴维宁电压源只有在低阻值内阻条件下，才能提供理想的电压输出，而诺顿电流源只有在高阻值内阻条件下，才能提供理想的电流输出。如果从包含信号源输出对象——电子系统输入端口的设计角度进行综合分析，就会发现：完全可以通过对电子系统的输入端口采用高阻值输入电阻或者低阻值输入电阻的最优化设计，使得性能较差的高阻值内阻的戴维宁电压源和低阻值内阻的诺顿电流源，仍然能够理想化地提供电压输出或者电流输出。其中，电压放大电路模型实际上是戴维宁定理无条件理想化应用的最佳工程解决方案，互导放大电路模型实际上是戴维宁定理无条件理想化地转换为诺顿定理应用的最佳工程解决方案。

第 2 章还揭示了电压放大电路二端口简化等效模型中的三个元件是以受输入节点电压控制的受控电压源为核心，输入电阻和输出电阻表征了该受控电压源提供输出电压的能力，而受控源所提供的电压增益来自供电电源。这也就决定了电压放大电路进行器件级别实现时，应当选用半导体材料。这是因为只要在导体两端接入供电电源，就会无条件地产生电流，导体的阻值相对恒定，电流的大小取决于电源强度。半导体材料导电是有条件的，只有半导体材料的阻值和产生的电流大小会同时受供电电源所控制，而绝缘体材料阻值无穷大，即使接入很强的供电电源，也绝对不会产生电流。

第 2 章在进一步剖析戴维宁电压源和诺顿电流源这两种电信号源在表征输入信号强度时存在本质上的不同的基础上，通过结合电子学基本定律——$V\text{-}I$ 定律所描述的电信号产生的激励条件，认为互导放大电路模型应当作为半导体有源器件最易于实现的最基本的原始模型。研发难度小、成本低和研制周期短，是将互导放大电路模型确定为首个半导体有源器件设计模型的工程意义所在。该结论完全可以从半导体器件发展的历程中得到印证。半导体器件最具代表性的设计案例是集成运放的设计与实现，集成运放器件作为标志半导体技术发展到巅峰的里程碑式器件，其放大电路模型属于电压放大电路。集成运放器件是基于大量的双极结型晶体管或者场效应晶体管功能不同的单元电路所组成的大规模复杂电路。显然，如果半导体有源器件早期的研发人员将电压放大电路模型作为设计模型启动研发工作，那么后果必将不堪设想。

在明确了半导体有源器件的创新源头之后，如何有效地实现互导放大器件也就成为下一个亟待解决的创新性问题。第 2 章还通过剖析 $V\text{-}I$ 定律最基本的应用——欧姆定律所描述的电阻器件的线性特性，结合互导放大电路模型核心器件——受输入电压控制的受控电流源的特点、设计要求及其所提供的功能，根据最优互导放大电路非线性 $V\text{-}I$ 特性曲线，预测了设计互导放大器件所需的半导体材料的基本 $V\text{-}I$ 特性，这是互导放大器件设计的关键与创新的基础。然后，以此为突破口，让读者尝试理解采用硅基半导体材料和专门的掺杂工艺设计，实现互导放大器件设计的必要性和可行性。据此，对半导体器件的发明创新基础——PN结设计过程的来龙去脉进行了深入阐述，凸显了 PN 结创新所具有的重要学术意义和工程价值。其中，PN 结创新的学术意义体现在：基于半导体材料和掺杂工艺技术实现的 PN 结呈现出独特的非线性 $V\text{-}I$ 特性——单向导电性，表现在其第一象限的 $V\text{-}I$ 特性具有导通电阻低和导通电流大的特点，而其第三象限的 $V\text{-}I$ 特性具有截止电阻高和截止电流恒定的特点。电子学基本定律——$V\text{-}I$ 定律的非线性实现，便是 PN 结的学术价值所在。PN 结创新的工程价值体现在基于 PN 结的数学模型及其简化模型，在探索利用 PN 结对互导放大电路进行器件级别实现的过程中，奠定了半导体电路分析的基本方法：一种是定性分析的方法，即基于 $V\text{-}I$ 特性曲线的图解分析；另一种是定量分析的方法，即在直流（大信号）等效电路静态分析基础上的交流（小信号）等效电路的动态分析。

　　利用 PN 结对互导放大电路进行器件级别实现时，必然面临的核心问题是如何将 PN 结正向偏置时产生的大电流有效地转换成 PN 结反向偏置时的恒流输出。其中，分析 PN 结正向偏置产生大电流的条件，成为设计器件工艺结构前必须要解决的首要问题。在第 2 章中，对硅二极管小信号放大电路的分析充分表明了 PN 结正向偏置电路只有在满足能够提供毫安数量级大电流直流通路的设计条件下，才能够具有对交流输入信号的放大能力。即使对 PN 结正向偏置电路进行最优化设计，设计极限也仅仅能够满足对交流小信号进行电压增益为 1 的电压跟随传输，相关分析为 BJT 的研发提供了足够的设计经验。

　　在明确了半导体有源器件的创新基础之后，如何利用 PN 结设计实现器件级别的互导放大电路，则成为半导体器件研发的终极问题。在第 2 章中，通过对具有互导放大功能的 NPN 型 BJT 的设计原理结构图进行剖析，揭示了半导体有源器件设计的关键在于：器件的工艺结构及其外围电路的合理设计。其中，BJT 工艺结构设计的关键在于：在同一个本征半导体基片上，通过掺杂生成三个杂质半导体区域，一个 P 型区夹在两个 N 型区之间；当然也可以一个 N 型区夹在两个 P 型区之间。于是，能够在同一个半导体器件内部形成两个 PN 结。然后再通过外围电路的设计，使其中的一个 PN 结正向偏置，而另一个 PN 结则反向偏置，从而能够确定 BJT 被放大激活后三个管脚的电流生成和分配条件。并且，在对 BJT 放大功能激活条件的分析过程中，发现 BJT 可以被放大激活的三种组态非常值得关注。其中，共基极组态是设计发明 BJT 器件时所采用的放大电路组态，其输入回路和输出回路分别仅包含一个正向偏置的 PN 结(发射结)和一个反向偏置的 PN 结(集电结)，因此，在共基极组态下，更易于准确观察和有效获取 BJT 器件内部载流子的输运机理及其放大能力被激活的工艺设计条件和外围电路的设计要求。对于共发射极组态而言，由于其输入特性和电流增益特性远远优于共基极组态，且二者的电压增益能力基本相同，因此，同样作为互导放大电路，共发射极组态的性能和放大能力比共基极组态的更好。共集电极放大电路具有输入电阻高和输出电阻低的电压跟随功能，其本质上属于电压放大电路。显然，共集电极组态直接与共基极组态构成复合管，或者当作共基极组态放大电路的输入级，可以明显提高共基极放大电路的输入性能，从而确保 BJT 器件的实用性和应用的灵活性。

　　鉴于在 BJT 的三种组态中，共发射极组态的性能和放大能力均较好，因此在第 2 章中，还通过分析该组态下 BJT 输入和输出端口 V-I 特性的实验观测结果，建立了共发射极组态下 BJT 的本征等效电路模型。该模型的建模分析过程不仅在理论上系统证明了实用状态下的 BJT 本质上属于互导放大电路的器件级别实现，同时也为 BJT 放大电路定量分析与设计提供了技术基础。在 BJT 共发射极组态建模分析的过程中，会发现采用复合管技术或者两级组合电路设计，能够改善 BJT

放大电路的性能，这也充分表明了 BJT 器件绝非互导放大电路模型器件级别的理想化实现。由此可见，BJT 的发明实际上并未最终解决基本的半导体有源器件的最优设计问题。

与 NPN 型 BJT 相比，N 沟道增强型 MOSFET 在使用半导体和导体材料的基础上，还使用了无导电性能的绝缘体材料(二氧化硅绝缘层)作为该器件栅极管脚 g 所对应的工作区。由于绝缘栅极的管脚电流始终为零，因此完全能够有效地保证当栅极管脚 g 被用作晶体管的输入管脚时，晶体管的输入端口始终处于开路状态，从而有效地实现互导放大电路模型的理想输入性能。MOSFET 还存在另外三个功能管脚：源极 s、漏极 d 和衬底引线 B。其中，哪一个管脚是 MOSFET 比 BJT 多出的一个功能管脚，另外两个管脚又是如何与 BJT 的发射极管脚 e 和集电极管脚 c 相对应的，是通过 MOSFET 器件结构设计最终实现理想化的互导放大电路模型的关键所在。由此可见，若无工艺设计上更简单的 BJT 的先导性实现，就难以启发 MOSFET 复杂的工艺结构优化设计。因此，半导体三极管的标志性创新成果仍然是 BJT。

MOSFET 与 BJT 本质上都是属于互导放大电路模型的半导体有源器件，由于二者的工艺设计原理完全不同，因此，共源极组态下输入电压 v_{GS} 是按平方律的数学关系对 MOSFET 所提供的输出电流 i_D 进行控制的，而共发射极组态下 v_{BE} 是按 PN 结正向偏置的 e 指数数学关系对 BJT 所提供的输出电流 i_C 进行控制的。此外，共源极组态在深三极管区，漏极输出电流 i_D 与漏-源输出电压 v_{DS} 之间形成了有效的线性关系。因此，MOSFET 可以作为阻值大小由 v_{GS} 控制的可变线性电阻应用于集成电路设计。

MOSFET 作为互导放大电路的理想化实现，不仅输入性能远优于 BJT，而且在通过采用比较复杂的器件结构优化 MOSFET 器件性能时，由于其源极与漏极对称分布在栅极两侧，因此，s 管脚与 d 管脚存在通用性，从而使得在实际的电路设计与实现中，MOSFET 比 BJT 更具应用的便捷性和灵活性，尤其是在大规模集成电路设计的应用中。

当 MOSFET 被用于集成电路设计时，器件放大工作时所出现的沟道长度调制效应和衬底调制效应会使其输出特性和互导控制能力均明显变差，如果对其进行放大激活的电源 V_{GG} 和 V_{DD} 均处于低压状态，则可以大大弱化沟道长度调制效应和衬底调制效应。此外，当 MOSFET 在集成电路设计中被用于高阻值的线性电阻时，也恰好处于可变电阻区的低电源电压偏置条件下。由此可见，MOSFET 实际上更加适用于现代大规模集成电路。

在实际的研发过程中，当每种新型半导体器件被成功发明时，能激发或辅助器件发挥功能的电子线路结构往往是随之确定的。该电路通常为新型半导体器件的原理电路，它明确表征了新型器件的使用条件或者基本的使用方法。BJT 作为首个器件级别实现的半导体放大电路，因为其是在共基极组态下被设计发明的，所以 BJT 放大电路的初始原理电路就是共基极放大电路。在第 3 章中，通过分析共基极放大电路的原理电路，明确了在共基极组态下，共基极放大电路本质上属于互导放大电路，也能够提供高电压增益。当发射极作为交流小信号源的输入管脚且集电极作为输出管脚时，发射极偏置电阻 R_e 的阻值不能太高，而集电极偏置电阻 R_c 应当为高阻值电阻。据此，可以充分明确 BJT 提供的互导放大功能被激活时，所需的外部电路的所有设计条件。

对于性能比共基极放大电路好、功能比其强的共发射极放大电路而言，由于二者在本质上均属于互导放大电路，因此二者的原理电路本质上没有区别，仅仅共发射极放大电路将基极作为交流小信号源的输入管脚且基极偏置电阻 R_b 为极高阻值的电阻，其根本原因在于 $i_B \ll i_E$。通过对共发射极放大电路的原理电路做进一步图解分析和小信号等效电路分析后发现，该电路的结构在面向实际应用时存在局限性，主要表现在两个方面：一方面，由于信号源和负载分别与基极输入管脚和集电极输出管脚直接相连，因此不同的信号源内阻和负载电阻会对输入和输出静态工作点的稳定性造成严重影响；另一方面，由于在小信号交流等效电路中，基极偏置电阻 R_b 是以串联的方式接入基极管脚的，因此会造成共发射极放大电路的互导增益和电压增益均剧烈降低。

在第 3 章中，为了切实克服共发射极放大电路的原理电路在面向实际应用时所存在的两种局限性，对其电路结构的组成形式做了两方面的改进。一方面，分别在放大电路的输入和输出端口各增加一个耦合电容 C_{b1} 和 C_{b2}，从而使信号源和负载均能够和放大电路进行有效的直流隔离，确保能够将 BJT 的输出静态工作点设计在能使交流输出电压摆幅最大的最佳位置并保持稳定。另一方面，将 R_b 的一端与输出回路电源 V_{CC} 相连，另一端则连接到基极管脚 b 并通过 C_{b1} 与信号源相连。于是，在小信号交流等效电路中，从信号源向放大电路的输入方向观察时，R_b 则是以并联的方式接入基极管脚的，从而对共发射极放大电路的互导增益和电压增益均不再存在衰减作用。改进后的电路虽然具备了实用性，但还是仅仅被认定为"实用的原理电路"，这是因为该电路未解决 BJT 作为半导体器件所固有的热不稳定性，造成的放大电路输出静态工作点会随着温度升高向饱和区漂移的缺陷。当然，作为实用的原理电路，它确实可以在恒温条件下直接使用，但是，采用专门的恒温装置或手段所带来的使用成本增加和应用复杂性提高，都将大大限制半导体有源器件及其放大电路的实用性。

在第 3 章中，为了最终解决共发射极放大电路的原理电路在面向实际应用时存在的局限性，分别针对分立电路和集成电路设计与实际应用的需要，剖析了基极分压式发射极偏置电路、阻容耦合式双电源发射极偏置放大电路和差分放大电路的设计过程，以揭示如何通过电路结构的优化，灵活地解决半导体放大电路的实用性问题。其中，基极分压式发射极偏置电路是在共发射极放大电路的实用原理电路的基础上，利用电流串联负反馈的原理，通过在 BJT 发射极管脚引入 R_e 偏置电阻形成负反馈，达到稳定 I_{CQ} 的作用。为了有效形成 R_e 电流串联负反馈，特别增添了一个基极偏置电阻 R_{b2} 在基极端口与原有的 R_b 电阻相连后接地，这两个电阻对电源 V_{CC} 进行基极分压，从而在基极管脚形成了固定的电压 V_B，相当于找回了放大电路的输入回路电源，进而充分满足了原理电路的设计要求。同时，为了有效地避免 R_e 反馈电阻对放大电路电压增益的强抑制作用，又增添了旁路电容 C_e 与 R_e 并联，从而形成有效的发射极偏置电路，使得 R_e 只在直流通路中起稳定静态输出电流的作用，而不出现在交流小信号等效电路中。阻容耦合式双电源发射极偏置放大电路的设计原理实际上与基极分压式发射极偏置电路完全相同。前者将后者中与 V_{CC} 相连的 R_b 电阻去掉，而在发射极管脚增添了电源 V_{EE} 作为输入回路电源，实质上与基极分压式的设计原理大同小异。此外，前者还尝试将 R_e 分解成阻值大小不同的两个发射极偏置电阻，并仅将高阻值的电阻通过 C_e 做旁路处理，而利用低阻值的发射极偏置电阻，提高放大电路的输入电阻和稳定放大电路的电压增益。

在第 3 章中，还分析了耦合电容与旁路电容的高通滤波效应及其设计方法，以及 BJT 发射结扩散电容和集电结势垒电容的低通滤波效应，进而明确了共发射极分立放大电路属于带通型放大电路的本质。

为了设计可满足集成电路要求的共发射极放大电路，在其发展历程中，曾尝试将阻容耦合式双电源发射极偏置放大电路中不满足集成电路设计要求的耦合电容与旁路电容，以及高阻值电阻直接去掉，形成直接耦合的双电源发射极偏置放大电路。电路分析表明，面向集成电路设计，仅仅将阻容耦合式双电源发射极偏置放大电路中输出管脚处的耦合电容去掉，才属于合理设计。为此，又尝试将阻容耦合式双电源发射极偏置放大电路中的 R_e 用高性能的恒流源电路替代，此种设计实际上弱化了共发射极放大电路对基极偏置电阻 R_b 的需要。为了在此基础上进一步去除旁路电容，最终设计了差分式放大电路结构。显然，差分式放大电路应当被作为集成电路的输入级。这样信号源 v_s 就可以通过 C_{b1} 与集成电路的输入级相连，因此也就没有必要将高容值的 C_{b1} 固化到集成电路的内部，而在实际情况中，由于 C_{b1} 是根据 v_s 信号带宽的下限频率 f_L 选取的，具有一定的随机性，因此无法集成到芯片内部。且由于静态工作点的生成和稳定已经由恒流源提供保障，因此，差分式放大电路实际上对输入耦合电容不存在依赖性，输入信号的下限截止频率可以扩展到直流。

与单管共发射极放大电路的实用电路相比，差分式放大电路结构设计的主要特点在于：在利用恒流源 I_o 替代原有的发射极偏置电路（R_e 与 C_e 的并联支路）的基础上，增加一个与 $V_{CC} \to R_{c1} \to T_1 \to I_o \to -V_{EE}$ 支路并联的 $V_{CC} \to R_{c2} \to T_2 \to I_o \to -V_{EE}$

支路，即共发射极组态的 $R_{c1} \to T_1$ 支路与 $R_{c2} \to T_2$ 支路共用 V_{CC}、I_0 和 $-V_{EE}$，从而形成一个具有双输入和双输出的双管共发射极放大电路，即差分式放大电路。

如果用电路指标表征差分放大电路的设计要求，那么就应该是差模电压增益 A_{vd} 高和共模电压增益 A_{vc} 低，并且当满足对称条件(即 $T_1=T_2$，$R_{c1}=R_{c2}$)和恒流源 I_O 接近理想诺顿电流源条件(即 $r_o \to \infty$)时，无论输入信号是双端输入或单端输入的差模信号、共模信号，只要其处于双端输出状态，差分式放大电路的功能与性能就与单管共发射极放大电路的实用电路完全相同，而无须使用高容值的耦合电容与旁路电容以及高阻值的基极与发射极偏置电阻。当差分式放大电路处于其实用的单端输出状态时，其共模信号的传输特性与双端输出时的无异，单端输出时的差模电压增益仅为双端输出时的一半。为此，可通过将差分放大电路的集电极负载 R_{c1} 和 R_{c2} 用高性能的恒流源电路替代，从而形成共发射极集成放大电路的实用电路——带有源负载的射极耦合差分式放大电路。

在第 3 章中，除了通过剖析典型 BJT 放大原理电路的固有局限性，揭示了半导体电路设计需要历经原理电路、实用原理电路和实用电路三个研发阶段的必要性及其优化改进的设计理念，还通过论述集成运算放大器和电信号滤波处理电路的设计理念，揭示了半导体电路优化由量变到质变、由简单到复杂的技术原理与内涵。

集成运放器件设计的重要性体现在其电路设计所特有的复杂性和代表性。它以本质上属于互导放大电路的半导体三极管为核心，在对具有不同功能的半导体三极管放大电路进行高性能设计的基础上，最终以集成工艺在小尺寸单晶硅上对大规模电子线路进行了器件级别实现。另外，集成运放器件设计的重要性还体现在，集成运放本质上属于电压放大电路器件级别的理想化实现，是在本质上与其设计基础——半导体三极管完全不同的高性能半导体器件。集成运放器件的设计是电子线路设计中量变到质变的典型体现。

集成运放器件的电路被分解成三级组成结构。其中，输入级电路的功能为差分放大，主要是为了在抑制输入信号中共模干扰信号的同时，为输入差模电压信号 $v_P - v_N$ 提供高电压增益。显然，集成运放电路的输入级电路应当为差分式放大电路。中间级电路的功能是为输入级输出的电压信号提供高电压增益，中间级电路应当采用单级或者多级级联的共发射极放大电路或者共源极放大电路。鉴于集成运放电路的设计目标为对电压放大电路模型进行器件级别的理想化实现，其输入级和中间级电路均为互导放大电路，因此，其输出级电路本质上就应当为电压放大电路，无须再提供高电压增益，其关键是提供高性能的电压输出，输出级电路应当具有理想的高输入电阻和低输出电阻特性。为此，专门以共集电极放大电路为基础，设计了乙类双电源互补对称功率放大电路。

　　高性能的集成运放器件在实际应用中具有线性放大区输入信号动态范围过小的局限性，因此，非常有必要设计集成运放线性放大电路，以拓展集成运放器件线性放大区的输入信号动态范围，增强其实用性。其中，集成运放线性放大电路设计和应用的关键在于：如何准确地识别两种基本的集成运放线性放大电路的本质特性，以及如何基于这两种基本放大电路的本质特性，设计实用的集成运放求差运算电路。

　　同相放大电路本质上与集成运放器件一样，属于电压放大电路，而且是理想的电压放大电路。反相放大电路本质上与集成运放器件完全不同，并非属于电压放大电路，而属于互阻放大电路。因此，当反相放大电路像同相放大电路一样，被当作电压放大电路设计和应用时，输入性能根本无法达到输入电阻$(R_i=R_1)$开路的最优设计状态，从而造成反相放大电路的应用存在局限性：仅适用于强电压信号作为输入信号时的电压放大电路。

　　在第 3 章中，还分析了同相放大电路典型应用电路——电压跟随电路和反相放大电路典型应用电路——直流毫伏表电路，以更好地理解放大电路中的诺顿电流源表征强电压信号的本质特性，以及同相和反相放大电路在传输电压信号时存在本质上的不同。其中，高内阻的诺顿电流源实际上表征的是强电压信号，且同相放大电路对强电压信号和弱电压信号均可以进行高性能的电压传输，尤其是当输入电压信号足够强时，可以采用其简化电路——电压跟随器，以提高信号源的带载能力。而反相放大电路只能够对强电压信号进行高性能的电压传输，却不能对微弱的电压信号进行高性能的电压传输。

　　集成运放器件的本质运算是对其同相和反相输入端口的输入电压信号 v_p 和 v_n 进行求差运算，其性能越好，能够线性放大的求差输入信号 v_p-v_n 的动态范围就会越窄。因此，可以通过综合应用同相和反相放大电路，设计能够有效实现集成运放求差运算的线性放大电路，以拓展其输入电压的线性动态范围。显然，因为限于同相和反相放大电路在传输电压信号时存在本质上的不同，所以集成运放求差运算实用电路的设计也同样经历了原理电路、实用的原理电路和实用电路三个研发阶段。其中，原理电路就是利用单个集成运放器件的同相和反相放大电路进行综合设计，设计的关键在于在同相输入端口设计一对比例校正电阻。实用的原理电路就是在原理电路的反相输入端口前，增加一级具有高电压增益的同相放大电路，用于理想化改善整个求差电路的输入性能，但这种改善措施破坏了对输入信号的正常求差运算。为此，还需要在原理电路的同相输入端口前，增加一级与反相输入端口前电压增益相同的同相放大电路，用于校正对输入信号的正常求差运算。由此可见，实用的求差电路本质上是由三级集成运放放大电路组成的。目前，已能够将该电路中的三个集成运放器件制作在一个小尺寸硅晶片上，从而设计出集成度更高、性能更稳定的测量系统专用单片集成电路——仪用放大器。

在第 3 章中，还通过剖析典型滤波电路——低频正弦波信号发生电路的设计原理，进一步揭示了半导体电路优化由量变到质变、由简单到复杂的技术原理内涵。该电路是由本质上属于有源带通滤波电路的 RC 桥式振荡电路，通过进一步实用性优化设计得到的，而 RC 桥式振荡电路是基于电压串联正反馈原理，利用由无源 RC 器件组成的选频网络和由有源集成运放器件组成的同相放大电路级联组成。其中，选频网络为正反馈网络，是由 RC 低通滤波电路和 RC 高通滤波电路串联组成的具有单频点选频功能的带通滤波电路。由于选频网络是以电路元器件微弱的固有白噪声作为原始输入信号，因此，同相放大电路的设计就是以选频网络在谐振频点的电压反馈系数为依据，其既是满足起振条件的电路设计依据，又是满足稳定条件的电路优化依据。由此可见，低频正弦波信号发生电路的电路虽然规模不大，但是其设计原理的内涵却极其丰富。

同样，作为高频电子技术关键的 LC 谐振回路虽然结构简单，但其设计应当针对其在实现选频和匹配功能的不同应用时本征模型的区别，采取完全不同的电路分析方法，以确定设计功能不同的 LC 谐振回路时，所需采用的设计指标或者合理的电路结构。例如，在第 3 章中分析的 LC 并联谐振选频回路，由于其本征模型的信号源是理想的诺顿电流源，负载条件为空载，所以不仅决定了 LC 并联谐振回路应当被用于优化设计后的互导或者电流放大电路的输出端口，而且决定了 LC 并联谐振回路选频分析的关键在于如何确定能够实现其本征模型转换为最优等效模型的电路设计条件。在第 3 章中，基于 LC 并联谐振选频回路的本征模型，通过电路分析，确定了 LC 谐振选频回路的设计指标为空载品质因数、通频带和矩形系数，并将设计指标的数学模型作为电路设计的依据，但同样是 LC 并联谐振回路，当其用于匹配网络分析时，由于其本征模型的信号源是非理想的诺顿电流源，负载条件为有载，所以其电路分析的重点转移到对 LC 并联谐振回路的电路结构的设计上。其中，第一类阻抗变换电路的设计是利用 LC 元件各自的特性，设计指标为接入系数 n；第二类阻抗变换电路的设计是利用 LC 回路的选频特性，重点设计 T 型或者 π 型匹配网络的电路参数最优取值。

电信号建模理论和技术是信号传输与处理系统设计与实现的理论与技术基础。帕塞瓦尔定理的工程意义在于利用该定理可以有效地实现确定信号的时频域转换，并在频域确定性地表征信号的特征，从而有效剔除电信号起始相位这一随机因子对电子系统设计的物理可实现性及其稳定性的影响，而且基于帕塞瓦尔定理，还可利用占据信号主要能量且具有周期性的基波成分进行线性时不变系统的简化设计。表征线性时不变系统的冲激响应函数 $h(t)$ 是基于冲激信号 $\delta(t)$ 定义的，作为理想信号的冲激信号 $\delta(t)$，其究竟是确定信号还是随机信号，探究该信号发生原理及其工程实现的技术手段是什么，也是帕塞瓦尔定理工程意义的另一个重要体现。

在第 4 章中，通过分析帕塞瓦尔定理的公式在信号分析应用时的求解对象、时域和频域积分上限与下限的物理意义和使用条件，发现该定理在实际应用中存在明显的局限性：仅仅适用于确定信号分析，而无法直接对随机信号进行分析。

帕塞瓦尔定理的原始应用目标应该是瞄准随机信号的，无非是在滞后于其近20 年被提出的狄利克雷条件下，才明确了其仅适用于确定信号分析。这是因为随机信号根本不满足绝对可积条件。此外，在同一时间段内，随机信号的每条样本的极值点数量不统一，第一类间断点的属性也难以满足。

显然，基于帕塞瓦尔定理的确定信号分析理论发展了相当长的时间，已经非常成熟。如果能够在帕塞瓦尔定理的基础上，通过对其进行修正，使其升级为可以用于随机信号分析的方法，必将会得到事半功倍的效果。

帕塞瓦尔定理面向随机信号分析应用的升级的关键就是必须有效地建立确定信号与随机信号的内在联系，尤其是数学意义上严格的定量关系。统计学中随机过程的概念恰好能够充分解决这一难题。

在第 4 章中，以电子工程领域经典分析案例——雷达接收机本机噪声观测记录的方式为出发点，剖析了随机过程概念的理论意义与技术内涵：随机过程不仅可作为区分确定信号和随机信号的观测条件，而且明确了随机信号分析的基础(条件)、目标、方法和结果，是随机信号处理的理论核心和关键技术。其中，明确了随机信号分析的基础(条件)体现在：为了准确地高保真采集随机信号的原始数据，必须在满足确定信号的观测条件的前提下(对于未知信号而言，在有效的观测时间段内，信号的观测时间间隔必须足够小)，尽量多地采集样本。明确了随机信号分析的目标体现在：随机信号分析的首要问题是如何将其多样本的时间函数转换成单样本有效的时间函数，然后在此基础上研究如何采用已有的基于帕塞瓦尔定理的确定信号分析方法，进一步建立随机信号的统一模型。明确了随机信号分析的方法体现在：在采用随机变量统计处理方法对随机信号进行预处理的基础上，通过构建自功率谱密度的概念对基于能量谱密度概念的帕塞瓦尔定理进行修正，修正的结果就是得到了适用于随机信号分析的维纳-辛钦定理。明确了随机信号分析的结果体现在：获取信号观测的最大观测时间间隔和随机信号的平均功率。

基于概率论对随机电信号 $X(t)$ 进行数理统计，可以得到随机电信号的三个一维数字特征函数(数学期望、均方值和方差函数)与两个二维数字特征函数(自相关和自协方差函数)均为确定的时间函数。其中，三个一维数字特征函数可以完全表征随机电信号的强度特征(瞬时功率)；而两个二维数字特征函数分别含有随机电信号所有特征(自相关函数)和交流成分特征(自协方差函数)，并且两个二维数字特征函数不仅含有随机电信号的强度特征,还含有随机电信号的本质特征(信号交流成分的频率特征)。

在第 4 章中,通过辨识随机电信号的核心数字特征,确定了自相关函数 $R_X(t,t+\tau)$ 中 τ 变量因子完全具有确定信号的时域变量空间属性。通过对两个核心数字特征的数列表征形式进行确定性条件分析,以及随机电信号直流成分和交流成分特征的确定性识别,利用两个核心数字特征的等值数列的约束条件,认定在完备的统计条件下,随机电信号仅与其自相关函数 $R_X(\tau)$ 构成了具有确定性的一一对应的时间函数关系,并据此引出随机过程的宽平稳概念。通过分析 $X(t)$ 宽平稳性的统计数学原理及其工程实现条件,进一步明确了随机信号宽平稳条件的内涵及其在随机信号处理中的理论意义和工程价值。其中,基于随机过程宽平稳概念进行随机信号统计分析的充分必要条件为:样本数 m 必须充足,即 $m\to\infty$;观测时间间隔足够小,即 $\tau\to0$;采样的时间点足够多,即 $n\to\infty$。其中,在 τ 足够小的同时,也能够保证满足 $n\to\infty$ 的条件。因此,对未知信号进行统计分析,通常不需要观测很长的时间,为了保证信号分析结果的有效性和精度,宽平稳性主要要求同一个时间观测点上的采样数量足够多。对此,列举了案例 4-1、案例 4-2、案例 4-3 和案例 4-4 进行论证和工程应用说明。

在第 4 章中,还通过分析宽平稳条件下随机信号自相关函数性质的内涵,建立了随机信号可用于精确计算随机信号最大观测时间间隔的数学模型,其中的关键是非周期平稳过程自相关函数建模与自相关时间的算法。这表明,在完备的统计条件下,仅仅使用随机过程宽平稳性的概念,即使在理论上也未能够实现对随机信号本身的时域统一建模,只能够建立其代表性的核心统计特征统一的数学拟合模型。该模型最大的应用价值体现在:利用该模型能够定量地获取能区分不同随机信号的特征参量,而当完备的统计条件无法满足时,该模型将可能失去实用价值意义。

此外,典型案例 4-2 的分析表明,永远无法满足样本充足的统计平均的完备条件,是对未知信号进行统计平均处理时客观存在的实际问题。即使对于像余弦信号这样理想的周期确定信号进行统计平均分析,实验工作量也很大,处理方法也可能很复杂。据此,明确了宽平稳概念的实用性主要体现在理论分析上。实际上,基于宽平稳性的随机过程的统计分析在工程应用中很难直接实现,这可以看作宽平稳概念的缺点。为了弥补该缺点,就必须在随机过程宽平稳性的基础上提出具有工程实用性的新概念。

案例 4-2 同时也启发性地表明,既然可以利用随机过程和宽平稳性的概念,对确定信号做基于多样本的统计平均分析,那么,能否参考帕塞瓦尔定理用于确定信号分析时所需满足的约束条件,通过足够长的观测时间,从一个样本函数 $x(t)$ 中提取得到整个过程统计特征的所有信息呢?由此在随机过程宽平稳性的基础上，提出了针对随机过程的各态历经性。"各态历经过程"的任意一个样本函数都经历了过程的各种可能状态，从它的一个样本函数中可以提取到整个过程统计特征的所有信息。

在第 4 章中，通过剖析各态历经性实现所需的工程条件，揭示其实用性体现在：可用平稳过程 $X(t)$ 的任意一个样本函数 $x(t)$ 的"时间平均"来代替它的"统计平均"。案例 4-5、案例 4-6、案例 4-7、案例 4-8 和案例 4-9 具体呈现了各态历经性的工程意义。

鉴于确定信号分析是基于帕塞瓦尔定理，通过对确定信号进行时频域变换的傅里叶分析，再利用确定信号的频域特征，建立确定信号统一的时域傅里叶级数模型，而且随机过程的概念又可以将确定信号和随机信号有机地统一在一起，因此，应当能够基于随机过程代表性的核心数字特征——自相关函数，通过综合利用随机过程宽平稳性分析和各态历经性分析的概念与算法，对帕塞瓦尔定理进行修正，从而有效地解决随机信号的时域统一建模问题。

在第 4 章中，综合随机过程宽平稳性分析和各态历经性分析的概念与算法，修正帕塞瓦尔定理的核心价值体现在：克服了实际应用中难以满足的宽平稳观测条件(样本充足)的约束，通过有效地延长对随机过程的观测时间，可以将仅适用于确定信号分析的帕塞瓦尔定理从确定信号的时频域能量统一修正为随机过程的时频域功率统一，从而最终构建了随机信号分析理论和技术的应用基础——自功率谱密度函数及其数学模型。

自功率谱密度函数的理论意义体现在：基于自功率谱密度函数定义式的数学模型，成功创建了用于随机信号分析的维纳-辛钦定理。维纳-辛钦定理通过综合利用时间平均和统计平均，巧妙地解决了随机信号统计分析中宽平稳条件在实际应用中根本无法满足的瓶颈问题。案例 4-10 的分析呈现了维纳-辛钦定理的实用价值。

自功率谱密度函数的工程应用价值则体现在：基于自功率谱密度函数性质所归纳的有理函数表达式，不仅定义和准确描述了典型的随机信号——白噪声，而且还被成功用于建立随机信号的统一时域模型——时间序列的自回归滑动平均(ARMA)模型。在第 4 章中，不仅揭示了基于自功率谱密度函数的有理函数表达式，建立了三种时间序列的线性模型，还给出了三种模型的识别方法：利用 $MA(q)$ 模型自相关函数独有的截尾性，将其从三种时间序列模型中识别出来，并且其自相关函数截尾处的值就是该模型的阶数 q；利用 $AR(p)$ 模型偏自相关函数独有的截尾性，将其从三种时间序列模型中识别出来，并且其偏自相关函数截尾处的值就是该模型的阶数 p。

在第 5 章中，为了有效地构建具有普适性的电信号处理理论，并据此获取相关电子系统设计的技术基础，需要针对电信号处理中的普遍性问题，首先描述输入信号的统一观测模型。电信号处理装置输入信号 $x(t)$ 统一观测模型的一般形式为含有信息的有用信号 $s(t)$ 以线性叠加的方式与高斯噪声信号 $n(t)$ 相混合。其中，高斯噪声 $n(t)$ 的统计特性完全已知是该模型的实用性条件。从 $x(t)$ 中获取 $s(t)$ 的信号处理方式，属于统计信号处理，并且 $s(t)$ 的复杂度决定了信号处理方式的复杂度和信号处理概念的内涵。当 $s(t)$ 是信息极其简单的已知参量型电信号时，相关问题属于统计信号的参量检测问题，是统计信号处理中最简单的基本问题；当 $s(t)$ 是信息丰富的确定信号时，相关问题属于统计信号的波形检测问题；当 $s(t)$ 是信息简单的未知参量型电信号时，相关问题属于统计信号的参量估计问题；当 $s(t)$ 是信息丰富的随机过程（未知的确定信号或者随机信号）时，相关问题属于统计信号的波形估计问题。

为了构建电信号处理的普适性理论和相关处理系统的电子设计基础，前人首先针对受噪声干扰的随机信号中，已知信息信号的有、无或信息信号属于哪种状态的最佳判决的概念、方法和性能等"统计信号的检测问题"开展研究。研究的数学基础是概率论中的统计判决理论，又称假设检验理论。利用假设检验理论，可建立二元统计信号检测的原理模型。该模型的理论意义在于：通过对基于假设检验理论所建立的原理模型中的四个组成部分进行系统分析，在综合考虑统计信号检测方法（即如何实现判决域的最佳划分）与检测性能之间关系的基础上，衍生出了二元统计信号处理的基本原则——贝叶斯准则。贝叶斯准则将平均代价同时作为设计指标和性能指标，将所有影响判决结果的因素有机地综合在平均代价的数学模型中，并以观测空间的划分使平均代价最小为设计原则，针对任何不同先验概率和不同代价因子的二元统计信号，规范化地设计出性能最佳的检测系统（统一由似然比计算器与判决器级联组成）。这正是贝叶斯准则的核心——平均代价指标的技术内涵所在。典型案例分析不仅验证了贝叶斯准则的精确性和实用性，还为二元统计信号贝叶斯检测的工程实现提供了宝贵经验，尤其是通过预设恒定的虚警概率，为无法设定 γ 门限的未知信号检测提供了解决方案。

贝叶斯准则是信号统计检测理论中的通用检测准则。对贝叶斯准则中各假设的先验概率和各种判决的代价因子做出某些实用性约束，就会得到它的派生准则。本书结合典型案例分析，充分挖掘了最小错误概率准则和奈曼-皮尔逊准则的实用性。二者不仅可以有效地用于实用的二元数字通信检测系统的设计，还表明贝叶斯准则是解决统计信号参量估计和波形估计等复杂问题的理论和技术基础。有关一般高斯信号统计检测的内涵分析表明，信源信号的复杂度、噪声干扰信号的白化程度以及观测量之间的相关强度，决定了电信号处理的方式及其对性能要求的高低，从而也就决定了相关电子系统设计的成本和难度。其中，最为复杂的电信号处理方式为统计信号波形估计，其他复杂度依次降阶的电信号处理方式分别为统计信号波形检测、统计信号参量估计和统计信号参量检测。这四种内涵不同的信号处理系统设计的理论和技术基础都是贝叶斯准则，贝叶斯准则对统计信号处理系统的设计具有普适性。

基于正交函数展开，贝叶斯准则成功用于统计信号的波形检测。利用贝叶斯准则，完全可以根据性能指标的要求，设计出与观测信号相匹配的检测系统，从被噪声污染的接收信号中恢复已知确定信号波形。显然，根据贝叶斯准则在多元统计信号检测系统应用中的有效性，该系统也完全可以在噪声干扰背景中识别具有不同特性和不同参量的已知确定信号的波形。

在统计信号参量检测的高输出信噪比设计经验指导下，可以实现高斯噪声背景下已知确定信号波形检测的匹配滤波器设计。据此建立雷达目标二元统计信号波形的贝叶斯检测系统模型，该检测系统由模拟乘法器、低通滤波器和判决器三个部件级联组成。其中，模拟乘法器的最优设计结果应当是采用集成运算放大器。由于集成运放器件经历了很长的发展阶段，因此，统计信号波形检测系统有效实现的经典方案是通过设计匹配滤波器实现的。根据统计信号检测理论的重要结论——接收信号被处理后的功率信噪比越大，贝叶斯检测的性能就越好，因此对匹配滤波器的设计要求是，通过构造最佳的线性滤波器，使检测系统的输出功率信噪比最大化。线性滤波器是匹配滤波器设计的核心。最佳线性滤波器设计的关键在于：在其输入功率信噪比一定的条件下，使其输出功率信噪比最大。通过建立和分析线性滤波器输出功率信噪比的数学模型，实现了广义匹配滤波器的设计。通过对白噪声背景下最佳线性滤波器的冲激响应函数 $h(t)$ 的分析，揭示了匹配滤波器的设计原理：匹配滤波器设计的概念是指 $h(t)$ 的特征函数 $s(t_0-t)$ 实际上是以信源信号 $s(t)$ 为依据，二者在 $s(t)$ 的能量持续时间 $t_0/2$ 处具有镜像对称的匹配关系。此时匹配设计只与信源信号 $s(t)$ 的能量有关，而与其波形无关。因此可以通过对 $s(t)$ 进行最佳波形设计，使其在 $0<t<t_0$ 时信号能量 E_s 最大。

在最小错误概率准则基础上，可以实现淹没在噪声干扰中的未知确定参量的最大似然估计。所谓最大似然估计，就是将能够使似然函数最大的未知确定参量数值作为其估计量。在最大后验准则基础上，可以实现淹没在噪声干扰中的随机参量的最大后验估计。所谓最大后验估计，就是将能够使后验概率密度函数最大的未知参量数值作为其估计量。案例分析表明，当信源参量先验知识完全未知时，把其当作随机变量进行统计信号估计，即使其本身是未知的确定参量，也能够获取其信息，并且统计信号中未知确定参量的最大似然估计属于无偏、一致有效估计，而统计信号中随机参量的最大后验估计属于渐进无偏、一致有效估计。

最后，在统计信号波形检测系统设计原理的指导下，通过对随机过程波形的相关估计系统进行分析，可以确定用于统计信号波形估计的维纳滤波器的设计方案。与统计信号的参量估计相同，统计信号的波形估计也是利用线性最小均方误差准则实现的。为了使波形估计结果具有最小的均方误差,利用估计误差与观测信号的正交性原理,得到用于统计信号波形估计的维纳滤波器的设计方程——维纳-霍夫方程,以及用于评估估计性能的指标。利用维纳-辛钦定理和维纳滤波器的频域设计模型,可以建立维纳滤波器系统函数的设计模型。案例分析表明,针对淹没在噪声中的未知随机信号,所设计出的维纳滤波器属于物理可实现的因果响应系统。

6.2 展 望

在当今的人工智能热下,电子设计自动化(electronic design automation,EDA)工具的人工智能化,属于电子信息技术领域新的科研方向。现有 EDA 工具的熟练使用,需要对具有专业知识的人员进行专门培训或者由专业设计人员自行根据使用手册进行反复的案例训练。目前普遍使用的是 EDA 工具的开发原则——在保证其设计可靠性的同时,确保设计精度。由于 EDA 工具自主升级更新功能是封闭的。为此,待研发的半导体电路智能 EDA 设计系统,在适宜素人进行指令式简单操作的同时,还应当具有自学习功能,能够在实践中自动搜集设计条件的随机变化并理解新的设计要求,通过分析判断和规划自身行为,不断地充实智能 EDA 设计系统的知识库。

例如,射频与微波/毫米波电路 EDA 工具开发与应用的技术基础为半导体有源器件建模。其中,晶体管建模是一项专业性极强的复杂且烦琐的工作。如图 6-1 所示,目前不同类型晶体管的模型并非完全统一,从而增加了 EDA 工具的开发难度以及应用的复杂度。

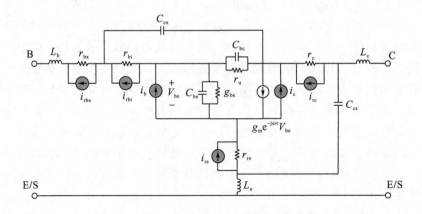

(a)SiGe HBT的高频小信号等效噪声电路模型[9]

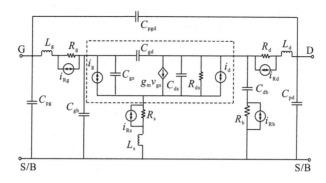

(b) N沟道MOSFET的高频小信号等效噪声电路模型[10]

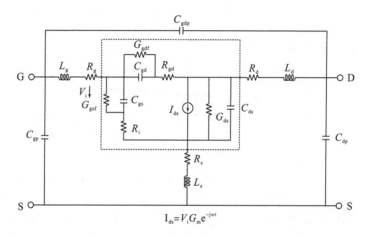

(c) GaN HEMTs的高频小信号等效电路模型[11]

图 6-1　三种晶体管的高频小信号等效模型

在图 6-1(a)所示的硅锗异质结双极型晶体管(silicon-germanium heterojunction bipolar transistors，SiGe HBT)的高频小信号等效噪声电路模型中，本征元件参数包括基极-发射极本征电容 C_{be}、基极-集电极本征电容 C_{bc}、基极-集电极外部电容 C_{cx}、集电极-衬底电容 C_{cs}、基极-集电极本征电阻 r_{μ}、内基极电阻 r_{bi}、基极-发射极本征电导 g_{be}、小信号跨导 g_{m} 和延迟时间因子 τ。管脚寄生元件参数包括基极、集电极和发射极的寄生电感 L_b、L_c 和 L_e，基极、集电极和发射极的寄生电阻 r_{bx}、r_c 和 r_e，寄生电容 C_{pbc}、C_{pce} 和 C_{pbe}。此外，噪声源表征方式为：i_b 和 i_c 分别为基极电流散粒噪声源和集电极电流散粒噪声源，i_{rbx}、i_{rc} 和 i_{re} 均属于晶体管寄生电阻的热噪声电流源，i_{rbi} 噪声源包含了晶体管的电流拥挤效应和内基极电阻 r_{bi} 的热噪声效应。

在图 6-1(b)所示的 N 沟道 MOSFET 的高频小信号等效噪声电路模型中，本征元件参数包括栅-源极间电容 C_{gs}、栅-漏交叠电容 C_{gd}、漏-源极间电容 C_{ds}、跨

导 g_m、延迟时间因子 τ 和输出电导 g_{ds}。功能管脚寄生元件参数包括寄生电感 L_g、L_s 和 L_d，寄生电容 C_{pg}、C_{pd} 和 C_{pgd}，以及寄生电阻 R_g、R_s 和 R_d。衬底管脚寄生元件参数包括衬底集总电阻 R_b、栅-衬电容 C_{gb} 和漏-衬电容 C_{db}。此外，噪声源表征方式为：i_g 和 i_d 分别为栅极感应噪声源和沟道过剩噪声源，i_{Rg}、i_{Rs} 和 i_{Rd} 均属于 MOSFET 功能管脚寄生电阻的热噪声电流源；i_{Rb} 属于 MOSFET 衬底寄生的热噪声电流源。

在图 6-1(c) 所示的氮化镓高电子迁移率晶体管(gallium-nitride high electron mobility transistor，GaN HEMTs)的高频小信号等效电路模型中，本征元件参数包括栅极正向电导 G_{gsf} 和击穿电导 G_{gdf}，输出电导 G_{ds}，漏极、栅极和源极间的极间电容 C_{ds}、C_{gs} 和 C_{gd}，表示充放电过程的 R_i、R_{gd}，以及通道跨导 G_m 和传输时延 τ。寄生参数包括衬底寄生电容 C_{gdp} 和 C_{dp}，极间电容 C_{gp}，金属镀层电感 L_d、L_g 和 L_s，体电阻 R_d、R_g 和 R_s。

比较图 6-1(a)～图 6-1(c) 可知，三种晶体管的高频小信号等效电路模型大致可分为本征和寄生两个部分。其中，本征部分本质上是统一的，属于互导放大电路模型。寄生部分则由 RLC 组成。对比图 6-1(a) 和图 6-1(b) 可知，本征部分的噪声模型可以统一采用导纳等效噪声模型，寄生部分的噪声模型可以由管脚寄生电阻的等效热噪声电流模型表征。据此，可联想图 6-1(c) 的高频小信号等效噪声模型。

由此可见，为了保证半导体电路智能 EDA 系统的开发与应用简洁、高效，新的基础性研究课题就是如何根据人类大脑所具有的记忆和联想功能，利用人工神经网络研发半导体有源器件的统一模型。该模型在晶体管偏置电压、工作频率和器件类型等条件的控制下，应当能够准确输出高频电路设计感兴趣的散色参数和四噪声参数等晶体管特征参数。显然，该模型的研发需要在对现有的人工神经网络知识进行挖掘的同时进行更新。

此外，在当今科技发展日新月异的形势下，在对新事物不断成功探索的基础上，电子信息技术领域的科研人员应开展一些目前看似天方夜谭的颠覆性创新研究工作。比如，参照 BJT 创新发明所依赖的 PN 结设计，研发能够使电压放大电路模型进行极其简易化器件级别实现的新型材料以及与之配套的工艺技术。该项研究工作的工程应用价值在于，能够颠覆性地简化集成运放器件的复杂设计流程，降低实现难度和成本，从而摆脱当下对大规模集成电路迫切的设计需求。其在学术上的颠覆性，则体现在新型材料及工艺技术的成功研发，无疑将会动摇伏安定律在电子学中的基础性地位，具有牵动电子设计基础理论的重大意义。

参 考 文 献

[1] 康华光，张林. 电子技术基础(模拟部分)(第六版)[M]. 北京：高等教育出版社，2021.

[2] 童诗白，华成英. 模拟电子技术基础(第五版)[M]. 北京：高等教育出版社，2015.

[3] 拉扎维. 模拟 CMOS 集成电路设计(第二版)[M]. 陈贵灿，程军，张瑞智，等译. 西安：西安交通大学出版社，2019.

[4] 沈伟慈，李霞，陈田明. 通信电路(第四版)[M]. 西安：西安电子科技大学出版社，2017.

[5] 王永德，王军. 随机信号分析基础(第五版)[M]. 北京：电子工业出版社，2020.

[6] 奥本海姆，威尔斯基，纳瓦卜. 信号与系统(第二版)[M]. 刘树棠译. 北京：电子工业出版社，2013.

[7] 路德曼. 随机过程：滤波、估计与检测[M]. 邱天爽，李婷，毕英伟，等译. 北京：电子工业出版社，2005.

[8] 赵树杰，赵建勋. 信号检测与估计理论(第二版)[M]. 北京：清华大学出版社，2013.

[9] Xia K J, Niu G F, Sheridan D C, et al. Frequency and bias-dependent modeling of correlated base and collector current RF noise in SiGe HBTs using quasi-static equivalent circuit[J]. IEEE Trans Electron Devices，2006，53：515-522.

[10] 王军. 短沟道 MOSFET 的高频噪声机理分析与表征[M]. 北京：科学出版社，2020.

[11] Hussein A S, Jarndal A H. Reliable hybrid small-signal modeling of GaN HEMTs based on particle-swarm-optimization[J]. IEEE Transactions on Computer-Aided Design of Integrated Circuits and Systems，2018，37：1816-1824.